"十二五"普通高等教育本科国家级规划教材

房屋建筑学

（第四版）

主　编　崔艳秋　吕树俭
副主编　姜丽荣　杨倩苗
参　编　郑　红　纪伟东　王德华　何文晶
　　　　姬　慧　王　波　王亚平　牛盛楠
主　审　王崇杰　陈衍庆

中国电力出版社
CHINA ELECTRIC POWER PRESS

内 容 提 要

本书为"十二五"普通高等教育本科国家级规划教材，也是国家级精品资源共享课配套教材。全书共分两篇。第一篇是民用建筑，第二篇是工业建筑。本书着重于民用建筑部分，结合现行国家规范、标准，对民用建筑设计与构造的基本原理和方法进行了较为全面、系统的阐述，并精选了大量的建筑工程实例。工业建筑部分则以单层厂房为主，阐述了工业建筑的特点及其不同于民用建筑的设计与构造原理和方法。本书在内容上精心组合，强化了基本原理和方法，突出了新材料和新技术的运用，语言简练，图文并茂。

本书可作为高等院校土木工程、交通工程、工程管理等专业的本科教材，也可根据教学要求筛选相应章节作为高职高专教材，还可作为建筑设计、管理、施工技术人员的参考用书。

图书在版编目（CIP）数据

房屋建筑学 / 崔艳秋，吕树俭主编 . —4 版 . —北京：中国电力出版社，2020.1（2023.7重印）

"十二五"普通高等教育本科国家级规划教材

ISBN 978-7-5198-4668-8

Ⅰ．①房… Ⅱ．①崔…②吕… Ⅲ．①房屋建筑学－高等学校－教材 Ⅳ．① TU22

中国版本图书馆 CIP 数据核字（2020）第 080794 号

出版发行：中国电力出版社

地　　址：北京市东城区北京站西街 19 号（邮政编码 100005）

网　　址：http://www.cepp.sgcc.com.cn

责任编辑：霍文婵

责任校对：黄　蓓　常燕昆

装帧设计：赵姗姗

责任印制：钱兴根

印　　刷：三河市百盛印装有限公司

版　　次：2005 年 1 月第一版　2020 年 1 月第四版

印　　次：2023 年 7 月北京第四十三次印刷

开　　本：787 毫米 ×1092 毫米　16 开本

印　　张：22.75

字　　数：552 千字

定　　价：65.00 元

前言

随着"互联网＋"技术的不断发展，为适应信息化、数字化学习手段的需求，对该书进行了第四次修订再版。本次修订的主要工作是对教材中的重点、难点知识，从通俗易懂的角度嵌入电子信息，实现了数字化教材解析；对抽象、枯燥知识，通过动画演示、交互体验来直观形象诠释知识的规律和内涵；针对该书知识内容理论性、实践性强的特点，补充了典型工程案例立体化剖析，进一步动态展现知识的本质与联系等，从而搭建了在线学习知识的平台，方便学习者利用书中"二维码"进行自主学习、巩固和提升，另外依据现行规范、标准更新了相关旧有内容，适时地跟上科学技术的发展要求。

本书是"十二五"普通高等教育本科国家级规划教材，也是国家级精品资源共享课配套教材，可与《房屋建筑学与建筑构造复习指南》（978-7-5123-6528-5）搭配使用。本书修订编写分工如下：第一、二、三章由山东建筑大学吕树俭、王德华编写；第四章由山东建筑大学纪伟东编写；第五、八、十、十三章由山东建筑大学崔艳秋、杨倩苗编写；第六、七章由山东大学姜丽荣编写；第九、十一、十二章由山东建筑大学郑红、济南大学王波编写；第十四章由山东建筑大学何文晶编写；第十五、十六章由山东建筑大学王亚平编写；第十七、十八章由太原大学姬慧、山东建筑大学牛盛楠编写。全书由崔艳秋、吕树俭任主编，姜丽荣、杨倩苗任副主编，山东建筑大学王崇杰教授、清华大学陈衍庆教授主审。

为学习贯彻落实党的二十大精神，本书根据《党的二十大报告学习辅导百问》《二十大党章修正案学习问答》，在数字资源中设置了"二十大报告及党章修正案学习辅导"栏目，以方便师生学习。

本书可作为高等院校土木工程、建筑工程、交通工程、管理工程、工程造价等专业的本科教材，也可根据教学要求筛选相应章节作为高职高专教材，还可作为建筑设计、管理、施工技术人员的参考用书。

限于编者水平及时间较紧，书中不合宜之处，恳请读者批评指正。

编　者

本书为普通高等教育"十五"规划教材。

本门课是土木工程及其他相关专业的技术基础课,是一门综合性和实践性很强的课程。随着建筑业的飞速发展、建筑新材料和新技术的不断涌现,该课程所需涵盖内容日益增多,涉及面越来越广。为了适应当前高校教学计划、教学学时的调整要求,本书在内容上精心组合,强化基本原理和方法的同时,有针对性地选用了国内某些典型工程的设计方案和构造详图,求精、求新,内容丰富,在知识整合的基础上,突出了新材料和新技术的运用,语言简练,图文并茂。

全书共分两篇。第一篇是民用建筑,第二篇是工业建筑。本书着重于民用建筑部分,结合现行国家规范、标准,对民用建筑设计与构造的基本原理和方法进行了较为全面、系统的阐述。对于工业建筑部分,则以单层厂房为主,阐述了工业建筑的特点及其不同于民用建筑的设计与构造原理和方法。此外,为便于教学和学生自学,在本书各章课后附有思考题,以强化学生对理论知识的掌握。

本书编写分工如下:第一、二、三章由山东建筑工程学院吕树俭编写;第四章由山东建筑工程学院纪伟东编写;第五、八、十、十三章由山东建筑工程学院崔艳秋编写;第六、七、十一章(第一、二节)由山东大学姜丽荣编写;第九、十一章(第三节)、十二章由山东建筑工程学院郑红编写;第十四、十五章由山东建筑工程学院薛一冰编写;第十六、十七章由太原大学姬慧编写。全书由崔艳秋、吕树俭任主编,姜丽荣、姬慧任副主编,山东建筑工程学院王崇杰教授主审。

本书主要作为普通高等学校土木工程、建筑工程、交通工程、管理工程等专业的教材,也可作为专科、高职及函授教材,还可作为建筑设计、管理、施工技术人员的参考用书。

由于编写时间紧迫,书中难免存在一些不足和差错,恳请广大读者批评、指正。

编　者

第二版
前　言

　　本书问世以来，作为几十所高校多个专业的教材，深受广大读者欢迎，取得了较好成绩，现被列为普通高等教育"十一五"国家级规划教材。随着改革开放的逐步深入，建筑科学技术又有了很大的进步，建筑业的新体系、新技术、新材料日趋成熟，为适应学科的发展，结合近几年教学改革的阶段性成果，依据国家颁布的最新规范、技术标准，完成本书的再版修订工作，具有十分重要的意义。

　　本书的再版修订工作，在整体上未作大的变动，重点是更新了部分内容，特别应读者要求，调整、充实了部分插图。

　　全书内容共分两篇。其中，第一篇为民用建筑，结合现行国家规范、标准，对民用建筑设计与构造的基本原理和方法进行了较为全面、系统的阐述，并精选了大量的建筑工程实例；第二篇为工业建筑，以单层厂房为主，阐述了工业建筑的特点及其不同于民用建筑的设计与构造原理和方法。此外，为便于教学和学生自学，在本书各章后附有思考题，以强化学生对理论知识的掌握。

　　本书修订工作分工如下：第一、二、三章由山东建筑大学的吕树俭负责修订；第四章由山东建筑大学的纪伟东负责修订；第五、八、十章由山东建筑大学的崔艳秋负责修订；第六、七章由山东大学的姜丽荣负责修订；第九、十二章由山东建筑大学的郑红负责修订；第十一、十三章由济南大学的王波负责修订；第十四、十五章由山东建筑大学的薛一冰负责修订；第十六、十七章由太原大学的姬慧负责修订；全书由崔艳秋、吕树俭任主编，姜丽荣、姬慧任副主编，山东建筑大学王崇杰教授、清华大学陈衍庆教授主审。

　　本书可作为高等院校土木工程、建筑工程、交通工程、管理工程等专业的本科教材，也可根据教学要求筛选相应章节作为高职高专教材，还可作为建筑设计、管理、施工技术人员的参考用书。

　　限于编者水平及时间较紧，书中不合宜之处，恳请读者批评指正。

编　者

前 言

　　本书是"十二五"普通高等教育本科国家级规划教材，也是国家级精品资源共享课的配套教材，可与《房屋建筑学与建筑构造复习指南》（978-7-5123-6528-5）搭配使用。本书自问世以来，已经历了 10 多个春秋，作为几十所高校十多个专业的教材，深受广大读者欢迎，取得了较好成绩。随着建筑业的新体系、新技术、新材料、新工艺的日趋成熟，作者结合近几年教学改革的阶段性成果，依据国家颁布的最新规范、技术标准，对本书进行了第三版的修订再版工作。

　　本次的再版修订工作主要有：首先依据现行规范、标准更新了相关旧有内容，适时地跟上科学技术的发展要求；其次考虑到随着人类对自然规律和可持续发展认识的不断深入，建筑与环境保护，可持续发展的关系已变得和传统的要素，如功能、空间、形式等同等重要，而且将会影响到建筑最后的外部形象和空间舒适性，因此新增加了"建筑节能技术与设计"章节内容，以使学生能学到一些基本概念和技巧，并积极地将其转化为建筑设计的方法，培养学生能够将可持续发展和能源保护意识深入到建筑创作的核心；三是新增设了"附录节能建筑工程设计案例分析"，为学生充分展示从建筑设计之初即将节能设计的理论和手法贯穿其中，并启发学生要达到同样目的的手法还很多，在掌握了基本理论方法之后可以触类旁通、灵活运用。总之，使本次修订后的教材在内容上充分体现完整性、科学性与先进性。

　　全书内容共分两篇。其中，第一篇为民用建筑，结合现行国家规范、标准，对民用建筑设计与构造的基本原理和方法进行了较为全面、系统的阐述，并精选了大量的建筑工程实例；第二篇为工业建筑，以单层厂房为主，阐述了工业建筑的特点及其不同于民用建筑的设计与构造原理和方法。此外，为便于教学和学生自学，在本书各章后附有思考题，以强化学生对理论知识的掌握。

　　本书修订编写分工如下：第一、二、三章由山东建筑大学吕树俭、王德华编写；第四、五、十一章由山东建筑大学纪伟东、杨倩苗编写；第六、七章由山东大学姜丽荣编写；第八、十、十四章由山东建筑大学崔艳秋、何文晶编写；第九、十二、十三章由山东建筑大学郑红、济南大学王波编写；第十五、十六章由山东建筑大学王亚平、牛盛楠编写；第十七、十八章由太原大学姬慧编写；全书由崔艳秋、吕树俭任主编，姜丽荣、姬慧任副主编，山东建筑大学王崇杰教授、清华大学陈衍庆教授主审。

　　本书可作为高等院校土木工程、交通工程、工程管理、工程造价等专业的本科教材，也可根据教学要求筛选相应章节作为高职高专教材，还可作为建筑设计、管理、施工技术人员的参考用书。

　　限于编者水平及时间较紧，书中不合宜之处，恳请读者批评指正。

编　者

目　录

第二篇　工　业　建　筑

第一篇

民 用 建 筑

民用建筑设计概论

　　建筑是人们为满足生活、生产或其他活动的需要而创造的物质的、有组织的空间环境。从广义上讲，建筑既表示建筑工程或土木工程的营建活动，又表示这种活动的成果。有时建筑也泛指某种抽象的概念，如隋唐建筑、现代建筑、哥特式建筑等。一般情况下，建筑仅指营建活动的成果，即建筑物和构筑物。建筑物是供人们进行生活、生产或其他活动的房屋或场所。如住宅、厂房、商场等。构筑物是为某种工程目的而建造的、人们一般不直接在其内部进行生活和生产活动的建筑。如桥梁、烟囱、水塔等。

　　建筑学是研究建筑物及其环境的学科，主要包括建筑设计和建筑构造等内容，涉及建筑功能、工程技术、建筑艺术、建筑经济以及环境规划等许多方面的问题。

第一节　建筑的基本构成要素

　　构成建筑的基本要素是建筑功能、建筑技术、建筑形象，通常称为建筑的三要素。

一、建筑功能

　　人们建造房屋总是有其具体的目的和使用要求，这就是建筑功能。例如，住宅是为了家庭生活起居的需要，学校建筑是为了教学活动的需要，厂房是为了生产的需要。不同类型的建筑具有不同的建筑功能。随着人类社会的发展和人们物质生活水平的提高，建筑功能日趋复杂多样，人们对建筑功能的要求也越来越高。

二、建筑技术

　　建筑技术包括建筑材料、建筑结构、建筑设备和建筑施工等内容。建筑材料和建筑结构是构成建筑空间环境的骨架；建筑设备是保证建筑物达到某种要求的技术条件；建筑施工是实现建筑生产的过程和方法。随着社会生产和科学技术的不断发展，各种新材料、新结构、新设备不断出现，施工工艺不断更新。而先进的建筑技术给建筑功能和建筑形式带来了新的变化，如产生了技术复杂的多功能建筑、现代化的超高层建筑等。

三、建筑形象

　　建筑既是物质产品，又具有一定的艺术形象，不仅用来满足人们的物质功能要求，还应满足人们的精神和审美要求。建筑形象包括建筑内部空间组合、建筑外部体形、立面构图、细部处理、材料的色彩和质感及装饰处理等内容。良好的建筑形象具有较强的艺术感染力，如庄严雄伟、宁静幽雅、简洁明快等，使人获得精神上的满足和享受。另外，建筑形象还要反映社会和时代的特点。不同时期和不同地域、不同民族的建筑具有不同的建筑形象，从而形成了不同的建筑风格和特色，如图 1-1 所示。

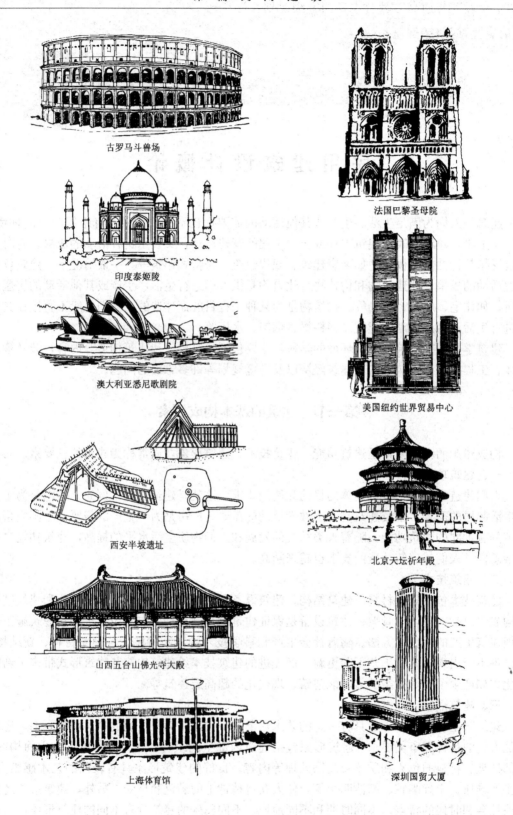

古罗马斗兽场

法国巴黎圣母院

印度泰姬陵

澳大利亚悉尼歌剧院

美国纽约世界贸易中心

西安半坡遗址

北京天坛祈年殿

山西五台山佛光寺大殿

上海体育馆

深圳国贸大厦

图 1-1 不同时期和不同地域的建筑形象

建筑功能、建筑技术、建筑形象三者是辩证统一的，既不可分割又相互制约。建筑功能通常起着主导作用，满足功能要求是建筑的主要目的；建筑技术是达到建筑目的的手段，对建筑功能和建筑形象有着制约和促进作用；而建筑形象则是建筑功能、建筑技术与建筑艺术的综合表现，但也不完全是被动地反映建筑功能和建筑技术，在同样的功能和技术条件下，也可创造出不同的建筑形象。

第二节 建筑的分类和分级

一、建筑的分类

（一）按使用性质分类

建筑物按使用性质通常可分为民用建筑、工业建筑和农业建筑三大类。

1. 民用建筑

民用建筑按使用功能分为居住建筑和公共建筑两种。

（1）居住建筑，是指供人们生活起居用的建筑物。按使用功能可分为住宅建筑和宿舍建筑。

（2）公共建筑，是指供人们进行各项社会活动的建筑物，按使用功能和特点可分为以下几种类型：

行政办公建筑：各种办公楼等。

文教建筑：学校、图书馆等。

托幼建筑：托儿所、幼儿园等。

科研建筑：研究所、科学实验楼等。

医疗建筑：医院、疗养院等。

生活服务建筑：食堂、菜场、浴室等。

商业建筑：商店、商场等。

观演建筑：电影院、剧院、杂技场等。

展览建筑：展览馆、博物馆等。

体育建筑：体育馆、体育场、健身房等。

旅馆建筑：旅馆、宾馆、招待所等。

交通建筑：火车站、汽车站、航空港、水路客运站、地铁站等。

通信广播建筑：电信楼、广播电视台、邮电局等。

园林建筑：公园、动物园、植物园等。

纪念性建筑：纪念馆、纪念碑等。

上述各种类型的建筑都是单一功能的。目前随着人民生活水平的提高，社会活动日益频繁，对建筑物使用功能提出了更复杂的要求。近年来逐渐产生了一些多功能建筑和综合体建筑，大大提高了建筑物的使用效率和经济效益。

多功能建筑是指一幢建筑物在同一特定位置和空间、不同的时间可以满足几种不同的使用功能要求，即以一种使用功能为主，兼作他用的建筑。如以一种或几种体育比赛为主，兼有群众集会和文艺演出等功能的体育馆。

综合体建筑是指一幢建筑物在同一时间、不同的位置和空间内可以满足几种不同的使用功能要求，如集商业、行政办公和居住等功能于一楼的综合大楼。

2．工业建筑

工业建筑是指为工业生产服务的各类建筑，如主要生产厂房、辅助生产厂房、动力用房、运输用房、仓库等。

3．农业建筑

农业建筑是指供农牧业生产和加工用的建筑，如饲养场、粮仓、粮食与饲料加工站、拖拉机站等。

（二）按建筑高度和层数分类

（1）单层建筑：建筑层数为 1 层的建筑。

（2）多层建筑：指建筑高度不大于 24m（住宅建筑不大于 27m）的非单层建筑。

（3）高层建筑：指建筑高度大于 24m（住宅建筑大于 27m）且不大于 100m 的非单层建筑。

（4）超高层建筑：指建筑高度大于 100m 的高层建筑。

二、建筑的分级

建筑物按设计使用年限和耐火程度可分为不同的建筑等级。在进行建筑设计时，依照不同的建筑等级，采用不同的标准和定额，选择相应的材料和结构，使其符合使用要求。

（一）按设计使用年限分级

建筑物的设计使用年限主要依建筑物的重要性和规模来划分等级，作为基本建设投资的依据，见表 1-1。

表 1-1　　　　　　　　　　　　设计使用年限分类

类　　别	设计使用年限（年）	示　　例
1	5	临时性建筑
2	25	易于替换结构构件的建筑
3	50	普通建筑和构筑物
4	100	纪念性建筑和特别重要的建筑

（二）按耐火程度分级

建筑物的耐火等级是根据构件的燃烧性能和耐火极限来确定的，共分为四级，各级建筑物构件的燃烧性能和耐火极限不应低于表 1-2 的规定。

表 1-2　　　　　　　　建筑物构件的燃烧性能和耐火极限　　　　　　　　h

构 件 名 称		耐 火 等 级			
		一　级	二　级	三　级	四　级
墙	防火墙	不燃性 3.00	不燃性 3.00	不燃性 3.00	不燃性 3.00
	承重墙	不燃性 3.00	不燃性 2.50	不燃性 2.00	难燃性 0.50

续表

构件名称		耐火等级			
		一级	二级	三级	四级
墙	非承重外墙	不燃性 1.00	不燃性 1.00	不燃性 0.50	可燃性
	楼梯间的墙、电梯井的墙、住宅 单元之间的墙、住宅分户墙	不燃性 2.00	不燃性 2.00	不燃性 1.50	难燃性 0.50
	疏散走道两侧的隔墙	不燃性 1.00	不燃性 1.00	不燃性 0.50	难燃性 0.25
	房间隔墙	不燃性 0.75	不燃性 0.50	不燃性 0.50	难燃性 0.25
柱		不燃性 3.00	不燃性 2.50	不燃性 2.00	难燃性 0.50
梁		不燃性 2.00	不燃性 1.50	不燃性 1.00	难燃性 0.50
楼板		不燃性 1.50	不燃性 1.00	不燃性 0.50	可燃性
屋顶承重构件		不燃性 1.50	不燃性 1.00	可燃性 0.50	可燃性
疏散楼梯		不燃性 1.50	不燃性 1.00	不燃性 0.50	可燃性
吊顶（包括吊顶格栅）		不燃性 0.25	难燃性 0.25	难燃性 0.15	可燃性

1. 构件的燃烧性能

按建筑构件在空气中遇火时的不同反应将燃烧性能分为三类：

（1）不燃性，用不燃烧材料做成的构件，如砖、石、混凝土等天然或人工的无机矿物材料和金属材料。

（2）难燃性，用难燃烧材料做成的构件或用燃烧材料做成而用不燃烧材料做保护层的构件，如沥青混凝土、水泥石棉板、板条抹灰等。

（3）可燃性，用燃烧材料制成的构件，如木材等。

2. 构件的耐火极限

在标准耐火试验条件下，建筑构件、配件或结构从受到火的作用时起，至失去承载能力、完整性或隔热性时止所用时间，称为耐火极限，用小时（h）表示。

第三节　建筑设计的内容和程序

一项工程从立项到建成使用都要经过若干环节，一般包括编制设计任务书、选址和场地勘测、设计、施工、竣工验收及交付使用等几个阶段。设计工作是其中比较关键的环节，具有较强的政策性、技术性和综合性。

一、建筑设计的内容

广义地讲，建筑设计是指设计一个建筑物（或建筑群）所要做的全部工作，即建筑工程设计。通常所说的建筑设计，是指建筑学范围内的工作。

建筑工程设计包括建筑设计、结构设计、设备设计等几个方面的内容。各专业设计既有明确分工，又需密切配合。

1. 建筑设计

建筑设计是根据设计任务书，在满足总体规划的前提下，对基地环境、建筑功能、结构施工、建筑设备、建筑经济和建筑美观等方面做全面的分析，解决建筑物内部各种使用功能和使用空间的合理安排，建筑物与周围环境、与各种外部条件的协调配合，内部和外部的艺术效果，各个细部的构造方式，以及建筑与结构、设备等相关技术的综合协调等问题，最终使所设计的建筑物满足适用、经济、美观的要求。

建筑设计在整个建筑工程设计中起着主导和先行的作用，一般由建筑师来完成。

2. 结构设计

结构设计是结合建筑设计选择结构方案，进行结构布置、结构计算和构件设计等，最后绘出结构施工图，一般由结构工程师来完成。

3. 设备设计

设备设计包括给水排水、采暖通风、电气照明、通信、燃气、动力等专业的设计，通常由各有关专业的工程师来完成。

二、建筑设计的程序

进行建筑设计时，会遇到许多矛盾和问题，寻找解决各种矛盾和问题的最佳方案是建筑设计的核心。为使建筑设计顺利进行，保证质量，少走弯路，少出差错，在众多矛盾和问题中，应有先后地加以解决。通常是从宏观到微观，从整体到局部，从大处到细节，从功能体型到具体构造，逐步深入，循序渐进。

（一）设计前的准备工作

在进行设计之前，必须做好充分的准备工作，了解并掌握与设计有关的各种文件、外部条件和客观情况。

1. 核实并熟悉设计任务的必要文件

（1）主管部门的批文。上级主管部门对建设项目的批准文件，文件中包括建设项目的使用要求、建筑面积、单方造价、投资总额等内容。

（2）城建部门的批文。城建部门同意设计的批复文件，文件中包括用地范围（常用红线划定），以及规划、环境等城镇建设对该建筑的设计要求等内容。

（3）设计任务书。经上级部门批准，提供给设计部门进行设计的依据性文件，一般包括以下内容：

1）建设项目总的要求和建设目的的说明。

2）建筑物的具体使用要求、建筑面积以及各类用途房间之间的面积分配。

3）建设项目的总投资和单方造价，以及土建费用、房屋设备费用和道路等室外设施费用的分配情况和说明。

4）建设基地范围、大小，周围原有建筑、道路和地段环境，并附有地形测量图。

5）供电、供水和采暖、空调等设备方面的要求，并附有水源、电源等各种工程管网接用许可文件。

6）设计期限和项目的建设进程要求。

设计人员应对照国家或所在地区规定的有关定额指标，校核任务书中的相关内容，也可对任务书中的一些内容提出补充或修改意见。

2. 收集资料

（1）气象资料。所在地区的温度、湿度、日照、雨雪、风向和风速以及冻土深度等。

（2）地形、地质和水文资料。基地地形及标高、土壤种类及承载力、地震烈度以及地下水位等。

（3）设备管线资料。基地地下的给水、排水、供电、供热、燃气、通信等管线布置以及基地上的架空线等供电线路情况。

（4）定额指标。国家或所在地区有关设计项目的定额指标，如面积定额、用地和用材指标等。

3. 调查研究

（1）建筑物的使用要求。了解使用单位对拟建建筑物的使用要求，调查同类已建建筑物的实际使用情况，通过分析和总结，掌握所设计建筑物的使用要求。

（2）建筑材料供应和施工等技术条件。了解所在地区建筑材料供应的种类、规格、价格以及施工单位的技术力量和起重运输等设备条件。

（3）基地踏勘。对城建部门划定的建设基地进行现场踏勘，深入了解基地和周围环境的现状，考虑拟建建筑物的位置及总平面布局的可能性。

（4）当地传统建筑经验和风俗习惯。了解当地传统建筑的设计布局和创作经验以及文化传统、生活习惯、风土人情等。

（二）设计阶段

建筑工程设计一般分为初步设计和施工图设计两个阶段。对于技术上复杂而又缺乏经验的工程，经主管部门指定或由设计部门自行确定可增加技术设计阶段，即初步设计、技术设计和施工图设计三个阶段。大型民用建筑工程设计在初步设计之前应进行方案设计，小型建筑工程设计可以用方案设计代替初步设计。

1. 初步设计阶段

初步设计阶段是设计过程中的一个关键性阶段，也是整个设计构思基本成型的阶段。它的主要任务是根据设计任务书及收集和调研所得的资料，结合基地条件、功能要求、建筑标准以及技术上和经济上的可能性与合理性，提出设计方案。一般可提出几个方案，以供比较和选择，在征求建设单位的意见并经有关部门审议后，确定最后的方案。

初步设计的内容包括确定房屋内部各种使用空间的大小和形状；确定建筑平面、空间布局和外形以及总平面布置；选定主要建筑材料、设备型号和数量以及结构方案；提出主要技术经济指标和建筑工程概算。

初步设计的图纸和文件有：

（1）设计说明书，包括设计方案的主要意图，主要结构方案及构造特点，主要技术经济指标，建筑材料、装修标准以及结构、设备等系统的说明。

（2）建筑总平面图，比例1：500～1：2000，表示出用地范围，建筑物在基地上的位置、标高，道路、绿化以及基地上各种设施的布置等。

（3）各层平面图、剖面图、立面图，比例1：100～1：200，表示出建筑物的主要尺寸（如总尺寸、开间、进深、层高等），门窗位置，室内固定设备和部分家具的布置等。

（4）工程概算书。大型民用建筑及重要工程，根据需要可绘制透视图、鸟瞰图或制作模型。

2. 技术设计阶段

技术设计阶段是初步设计的具体化阶段，也是各种技术问题的定案阶段。它的主要任务是在初步设计的基础上，解决建筑、结构、设备等各工种之间的技术问题，并根据技术要求，对初步设计做合理修改。

技术设计的内容包括确定结构和设备的布置并进行结构和设备的计算；修正建筑设计方案并进行主要的建筑细部和构造设计；确定主要建筑材料、建筑构配件、设备管线的规格及施工要求等。

技术设计的图纸和文件有建筑总平面图和平、立、剖面图，图中应标明与技术有关的详细尺寸；结构、设备的设计图和计算书；各技术工种的技术条件说明书；根据技术要求修正的工程概算书。

3. 施工图设计阶段

施工图就是把设计意图和全部的设计结果通过图纸表达出来，作为施工制作的依据。施工图设计阶段是设计工作和施工工作的桥梁。它的主要任务是在初步设计或技术设计的基础上，确定各个细部的构造方式和具体做法，进一步解决各技术工种之间的矛盾，并编制出一套完整的、能据以施工的图纸和文件。

施工图设计的内容包括确定全部工程尺寸和用料；绘制建筑、结构、设备等工种的全部施工图纸，编制工程说明书、计算书和预算书。

施工图设计的图纸和文件有：

（1）建筑总平面图，比例 1∶500～1∶2000，应详细表明建筑物的位置、尺寸和标高，道路、绿化以及各种设施的布置，并附必要的说明。

（2）建筑各层平面图、立面图、剖面图，比例 1∶100～1∶200，除了表示出初步设计或技术设计内容以外，还应详细标明细部尺寸和标高以及详图索引、门窗编号等。

（3）建筑构造详图，比例 1∶1～1∶20，包括墙身、屋顶等部位的节点详图，楼梯、门窗、装修详图等。应表示清楚各部分构件的构造关系、材料、尺寸及做法等。

（4）各工种相应配套的施工图，如基础平面图、结构布置图、结构详图等结构施工图以及给排水、电照、暖通等设备施工图。

（5）设计说明书，包括施工图设计依据，设计规模和建筑面积，主要结构类型，标高定位，建筑装修做法以及用料说明等。

（6）结构和设备计算书。

（7）工程预算书。

第四节　建筑设计的依据

一、人体和家具设备所需的空间尺度

1. 人体尺度及人体活动所需的空间尺度

人体尺度及人体活动所需的空间尺度是确定建筑内部各种空间尺度的主要依据。例如家具设备的尺寸，踏步尺寸，窗台和栏杆的高度，门、走道、楼梯的宽度和高度以及房间的高度等都与人体尺度及人体活动所需的空间尺度密切相关。据有关资料表明，我国成年人的平均身高，男子为 1.67m，女子为 1.56 m。人体尺度及人体活动所需的空间尺度如图 1-2 所示。

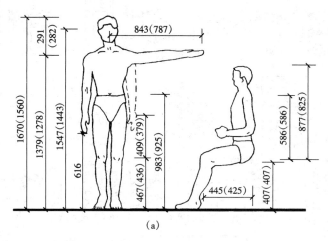

(a)

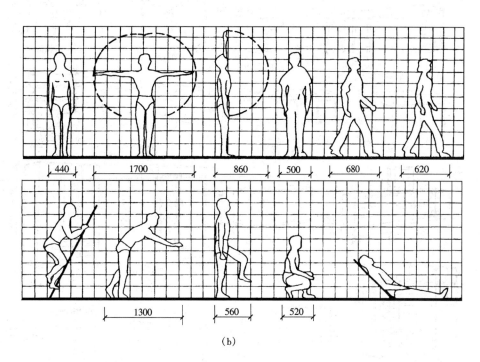

(b)

图 1-2　人体尺度和人体活动所需的空间尺度

（a）人体尺度（括号内为女子人体尺度）；（b）人体活动所需空间尺度

2. 家具设备尺寸及使用它们所需的空间尺度

各类房间内部通常都要布置家具设备，家具设备的尺寸及人们使用家具设备时所需的活动空间尺度是确定房间面积和大小的主要依据。常用的家具尺寸如图 1-3 所示。

二、自然条件

1. 气象资料

气象资料包括建筑物所在地区的温度、湿度、日照、雨雪、风向和风速等，是解决建筑

图 1-3　常用的家具尺寸

物的自然通风、保温隔热、防水防潮等问题的重要依据。例如炎热地区的建筑物，设计时应考虑隔热、通风和遮阳等问题，寒冷地区则考虑保温、防风沙等问题；日照和风向是影响建筑物间距和朝向的主要因素；降雨量的大小影响到屋顶形式和防排水处理等。

　　图 1-4 是我国部分城市的风向频率图。风向频率图又称风向频率玫瑰，俗称风向图，是在 8 个或 16 个罗盘方位上，根据某一地区多年平均统计各个方向吹风次数的百分数值，按比例绘制的图形。图上所表示的风的吹向，是指从外面吹向地区中心的，最大风频方向即为

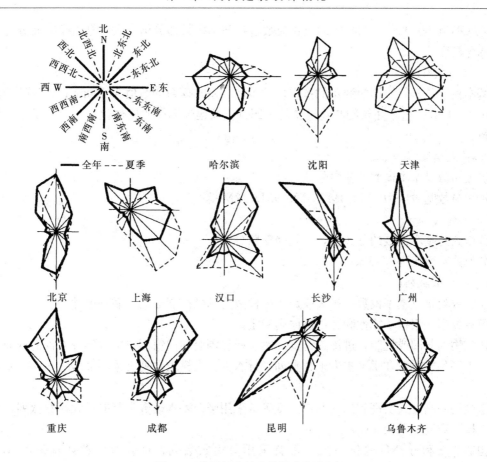

图 1-4　我国部分城市的风向频率图

该地区的主导风向。

2. 地形、地质及地震资料

建筑基地地形的平缓或起伏,基地的地质构成、土壤特性、地基承载力的大小,对建筑物的平面组合、建筑体型、结构布置及构造处理等都有明显的影响。

地震烈度表示地面及建筑物遭受地震破坏的程度。在烈度 6 度以下的地区,地震对建筑物影响较小,一般可不考虑抗震措施。超过 9 度的地区,地震破坏力较大,一般应尽量避免在这些地区建造房屋。建筑抗震设防的重点是 6~9 度地区。

3. 水文资料

水文资料包括地下水的性质和地下水位的高低等,影响到建筑物的基础和地下室的防腐、防潮和防水构造处理。

三、建筑模数协调标准

为了实现工业化大规模生产,使不同材料、不同形式和不同制造方法的建筑构配件、组合件符合模数并具有较大的通用性和互换性,以加快设计速度,提高施工质量和效率,降低建筑造价,我国制订了《建筑模数协调标准》(GB/T 50002—2013)。

(一)建筑模数

建筑模数是选定的尺寸单位,作为尺度协调中的增值单位。尺度协调是指在建筑构配件及其组合的房屋中,与协调尺度有关的规则,供设计、制作和安装时采用。《建筑模数协调标准》（GB/T 50002—2013）中的建筑模数包括基本模数和导出模数，导出模数又分为扩大模数和分模数。

1. 基本模数

基本模数是模数协调中选用的基本尺寸单位。基本模数的数值为 100mm，其符号为 M，即 1M＝100mm。整个建筑物和建筑物的一部分以及建筑部件的模数化尺寸，应是基本模数的倍数。

2. 扩大模数

扩大模数是基本模数的整数倍数。

扩大模数基数应为 2M、3M、6M、9M、12M 等。

3. 分模数

分模数是基本模数的分数值，一般为整数分数。

分模数基数应为 M/10、M/5、M/2。

（二）模数数列

模数数列是以基本模数、扩大模数、分模数为基础扩展成的一系列尺寸。

模数数列应根据功能性和经济性原则确定。

建筑物的开间或柱距，进深或跨度，梁、板、隔墙和门窗洞口宽度等分部件的截面尺寸宜采用水平基本模数和水平扩大模数数列，且水平扩大模数数列宜采用 $2nM$、$3nM$（n 为自然数）。

建筑物的高度、层高和门窗洞口高度等宜采用竖向基本模数和竖向扩大模数数列，且竖向扩大模数数列宜采用 nM。

构造节点和分部件的接口尺寸等宜采用分模数数列，且分模数数列宜采用 M/10、M/5、M/2。

另外，我国现行的其他建筑设计规范也是建筑设计的重要依据，如《民用建筑设计统一标准》（GB 50352—2019）、《住宅设计规范》（GB 50096—2011）、《中小学校设计规范》（GB 50099—2011）、《建筑设计防火规范》（GB 50016—2014）等。

思 考 题

1-1　建筑的含义是什么？什么是建筑物？什么是构筑物？

1-2　构成建筑的基本要素有哪些？

1-3　建筑物按使用性质和层数各如何分类？

1-4　如何划分建筑物的耐久等级和耐火等级？何谓耐火极限？

1-5　两阶段设计与三阶段设计的含义和适用范围各是什么？

1-6　建筑设计的主要依据有哪些？

1-7　什么是建筑模数、基本模数、扩大模数、分模数的含义？

建 筑 平 面 设 计

用来表达建筑物内部空间组合和外部形象的建筑图有平面图、剖面图和立面图,三种图样综合起来,即可全面地反映建筑物从内到外、从水平到垂直的整体面貌。它们所对应的建筑设计为平面设计、剖面设计和立面设计,三者之间既联系密切又互相制约。

建筑平面是表示建筑物各部分在水平方向的组合关系,通常较为集中地反映建筑功能方面的问题。因此,进行建筑设计时,总是先从平面设计入手。但在平面设计中,应考虑建筑整体空间组合效果,分析剖面、立面的可能性和合理性,全面综合地解决好设计问题。

各种不同类型的建筑物,都是由若干功能空间组合而成的,这些功能空间大致可归纳为两大类,即使用部分和交通联系部分。使用部分又称房间,可分为主要使用部分和辅助使用部分。

主要使用部分又称主要房间,是直接供人们进行生活、工作学习和公共活动的用房,如住宅中的卧室、起居室;学校中的教室、实验室,影剧院中的观众厅等。

辅助使用部分又称辅助房间,是为保证基本的使用目的而需要的附属用房,如住宅中的厨房、卫生间,公共建筑中的厕所、储藏室及设备用房等。

交通联系部分是建筑物各房间之间、楼层之间和室内外之间联系的空间,如走道、楼梯、门厅等。

图 2-1 是某小学教学楼底层平面。其中普通教室、合班教室、实验室、办公室等是主要房

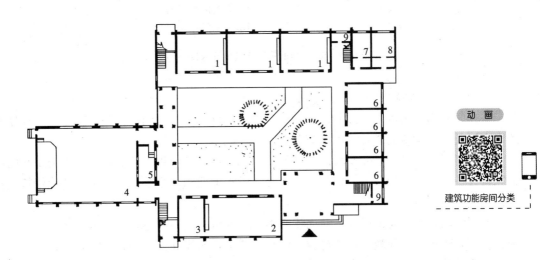

动 画

建筑功能房间分类

图 2-1 某小学教学楼底层平面

1—普通教室;2—实验室;3—实验准备室;4—合班教室;5—放映室;
6—办公室;7—男厕;8—女厕;9—储藏室

间，厕所、储藏室、实验准备室、放映室等是辅助房间，走廊、门厅、楼梯是交通联系部分。

第一节　主要房间的平面设计

房间是组成建筑物最基本的单位。不同类型的房间，由于在功能使用上有不同的特点和要求，必然具有不同的房间形式。房间的形式包括房间的大小、形状以及门窗设置等。

主要房间的平面设计，是在整体建筑合理而适用的基础上，根据房间的功能要求，考虑技术、经济、美观等方面的可行性和合理性，确定房间的面积、形状和尺寸以及门窗的大小和位置，使之具有合适的房间大小和形状，良好的朝向、采光和通风条件，方便的内外交通联系，并使结构布置合理，施工方便。

一、房间的面积、形状和尺寸

（一）房间的面积

1. 房间的面积组成

各种不同功能的房间都是用来供一定数量的人在里面活动及布置所需家具设备的。因此，一个房间的面积一般是由家具设备占用的面积、人们使用活动所需的面积和房间内部的交通面积三部分组成的。图 2-2 为教室和卧室的平面布置及面积分析示意。

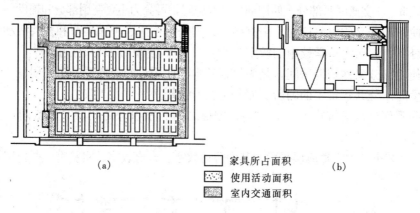

　　　　（a）　　　　　　□ 家具所占面积　　　　（b）
　　　　　　　　　　　▨ 使用活动面积
　　　　　　　　　　　▨ 室内交通面积

图 2-2　教室和卧室的平面布置及面积分析示意
（a）教室；（b）卧室

2. 房间的面积确定

从房间的面积组成中可以看出，一个房间的面积大小与房间的使用活动特点、使用人数的多少以及家具设备的配置等因素有关。

确定房间面积时，首先要考虑房间的使用活动特点和使用人数的多少。因为房间内配备的家具设备类型和数量，人们使用活动、交通所需的面积，主要取决于房间的使用特点和使用人数。

使用活动特点不同的房间，对面积有不同的要求。例如卧室，根据睡眠休息的特点，房间面积相对较小；一间教室，考虑教学活动的要求，面积要大一些；而一间体育训练房，根据体育活动的特点，则要求有较大的面积。

使用活动特点相同的房间，其面积往往取决于使用人数的多少。例如影剧院的观众厅，容纳 600 人与容纳 1000 人所需的面积自然不同，如以每个观众座席占 $0.7m^2$ 计算，则观众厅的面积大约分别为 420m² 和 700m²。有些房间的使用人数不固定，如商店营业厅中顾客的人数，影剧院休息厅中观众的人数等，通常需要通过对已建的同类房间进行调查，掌握人们实际使用活动的一些规律，再结合房间的使用要求和相应的经济条件，来确定比较合理的房间面积。

为了满足使用要求，房间内通常都要布置家具设备，如卧室中的床、衣柜等，教室中的课桌椅、黑板、讲台等。由家具设备的尺寸和数量，可确定它们在房间内所占用的面积。同时，还应考虑人们使用家具设备时所需要的活动面积，这些面积的确定与人体活动的基本尺度有关。如图 2-3 所示是卧室中人们使用床、衣柜、写字台时所需的活动尺度。

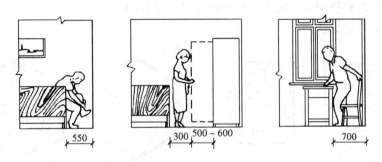

图 2-3 卧室的家具使用时所需尺度

确定房间的面积时，除了满足使用要求外，还应考虑经济条件及相应的建筑标准。功能对房间的面积大小有一定的规定性，根据功能使用要求确定的房间面积，通常有一个比较适当的范围，在这一范围内的面积选取，主要取决于建筑标准。例如住宅中的居室，根据使用要求，其面积一般不应小于 10m²。10m² 或略高于 10m² 的居室，仅能满足基本的生活起居要求，适用于低标准的住宅。对高标准住宅的居室而言，除了保证基本的使用要求外，还应达到理想的舒适程度，其面积要大得多。

国家或所在地区的有关部门，通过大量调查研究和设计资料的积累，结合我国经济条件和各地具体情况，对住宅、学校、办公楼、医院、剧院等各种类型的建筑物，编制出一系列面积定额指标，用以控制各类建筑中使用面积的限额，并作为确定房间使用面积的依据。表 2-1 是部分建筑设计规范中房间的面积定额指标。

表 2-1　　　　　　　　　部分建筑设计规范中房间的面积定额指标

建筑类型　　　项目	房 间 名 称	面积定额（m²/人）	备　注
住　宅	起居室（厅）	≥10m²	
	双人卧室	≥9m²	
	单人卧室	≥5m²	
中小学校	普通教室	1.36	小学
		1.39	中学
	实验室	1.92	
办公楼	普通办公室	≥4	
	中、小会议室	≥0.80	无会议桌
		≥1.80	有会议桌

在实际设计工作中，可根据使用人数的多少和有关建筑设计规范规定的面积定额指标，结合工程实际情况和建筑标准，来确定房间的面积。

（二）房间的平面形状

面积相同的房间，可有多种不同的平面形状，如矩形、方形、多边形、圆形或不规则的图形等。确定房间的平面形状时，应综合考虑房间的使用活动特点、家具设备布置和采光、通风等使用要求，结构和施工等技术条件，经济条件及美观等因素。

以中小学校的普通教室为例。根据功能要求，应保证教室有良好的视听条件，课桌椅应布置在规定的视角和视距范围之内，避免出现过偏过远的座位。图 2-4 为基本满足教室功能要求的几种常见平面形状。

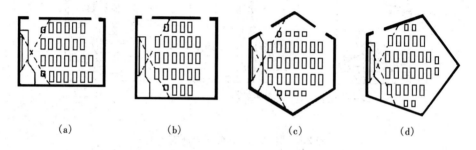

图 2-4 教室的几种常见平面形状

(a) 矩形；(b) 方形；(c) 六边形；(d) 五边形

矩形教室便于家具布置，房间平面利用率较高。其结构简单，施工方便，且便于构件统一，有利于建筑构件标准化。矩形教室平面组合的灵活性较大，可采用多种不同的组合形式。目前，我国中小学校普通教室大多采用矩形，如图 2-5（a）所示。

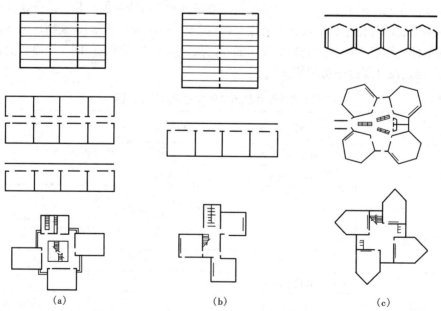

图 2-5 不同形状的教室结构布置和平面组合示例

(a) 矩形教室；(b) 方形教室；(c) 多边形教室

与矩形教室相比，方形教室的进深较大，在布置座位时，为满足水平视角要求，教室前部两侧难以利用的面积增大，在容纳人数相同的情况下，房间的面积有所增加。在结构布置中，梁的跨度较大，其断面高度相应增加，使房间净高有所降低，另外，由于增大了教室进深，当采用单侧采光时，离窗远的学生桌面照度较低，故宜采用可以双侧采光的平面组合形式，如图 2-5（b）所示。

五边形、六边形等多边形教室的座位排列灵活，视听效果较好，但学生人数相同时，所需房间面积较大；同时，结构较为复杂，施工麻烦，平面组合的灵活性也不如矩形教室，如图 2-5（c）所示。

在民用建筑中，普通功能要求的大量房间，功能特点对其平面形状通常并无严格要求，这些房间的平面形状常采用矩形，如学校中的普通教室，住宅中的居室，旅馆中的客房等。主要原因是矩形平面简单，墙身平直，便于家具设备布置，使用上能充分利用面积并有较大的灵活性；同时，结构简单，施工方便，房间的开间或进深易于调整统一，有利于平面组合，只要长宽比例处理得当，也能达到美观大方的效果。

对于某些功能上有特殊要求的房间，往往其面积较大且不需要同类的多个房间进行组合，为满足功能要求，房间平面就有可能采用多种不同的形状，如影剧院的观众厅。观众厅是容纳人数较多的室内大空间，有视听方面的功能要求。观众厅的平面形状是影响视觉质量和音质效果的主要因素之一，图 2-6 为观众厅的几种典型平面形状。矩形平面的结构简单，跨度不大时声场分布比较均匀，适合于中小型观众厅；钟形平面是矩形平面的一种改进形式，声场分布均匀，减少了偏座，并可适当增加视距较远的正座，是大、中型观众厅常用的平面形状；扇形平面可容纳较多的观众，但偏远座位相对较多，适用于大、中型观众厅；六角形平面声场分布均匀，减少了偏远座位，改善了视觉质量，但容量也相应减少，适用于对视听要求较高的中小型观众厅；曲线形平面有马蹄形、卵形、椭圆形、圆形等，这类平面具有较好的视角和视距，但声学处理较为麻烦，易产生声音沿边反射、聚焦、声场分布不均匀等缺陷，故采用较少。

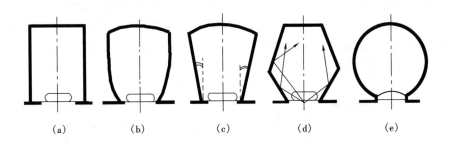

图 2-6　观众厅的平面形状
(a) 矩形；(b) 钟形；(c) 扇形；(d) 六角形；(e) 曲线形

设计时，在满足功能要求及技术经济合理可行的基础上，考虑空间艺术效果，结合基地环境，宜使房间平面形状有一定变化。丰富多变的房间形状，可增添建筑的艺术感染力，使整个建筑独具特色，如图 2-7 所示。

（三）房间的平面尺寸

对于民用建筑中常用的矩形平面来说，房间的平面尺寸是指房间的开间和进深。开间亦

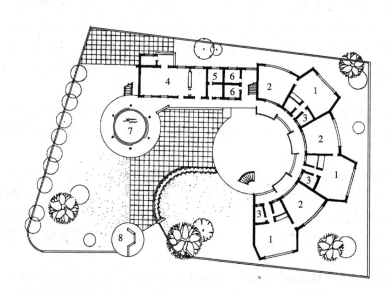

图 2-7 某幼儿园底层平面

1—活动室；2—卧室；3—卫生间；4—厨房；5—洗衣房；6—厕所；7—嬉水池；8—传达室

称面宽或面阔，是指房间在建筑外立面上所占宽度。进深是指垂直于开间的房间深度尺寸。开间和进深是房间两个方向的轴线间的距离。开间和进深应符合《建筑模数协调标准》（GB/T 50002—2013）的要求。

确定房间的平面尺寸，主要应考虑以下几个方面的要求：

1. 房间的使用要求

确定房间的平面尺寸，应首先考虑室内使用活动特点和家具设备布置，并保证使用活动所需尺寸。下面以住宅的主卧室和中小学校的普通教室为例加以说明。

考虑睡眠休息的特点，主卧室内应布置床、床头柜、衣柜等家具。确定主卧室尺寸时，首先要考虑床的布置。为了适应不同的床位布置方式，即纵横两个方向都能安放床位，主卧室的净宽应大于床的长度加门的宽度，故开间不宜小于 3.30m。考虑布置两张床（即双人床和小孩床）的可能性，主卧室的净长应大于一张双人床的宽度加一张单人床的长度再加一个床头柜的宽度，故进深不宜小于 4.20m，如图 2-8 所示。

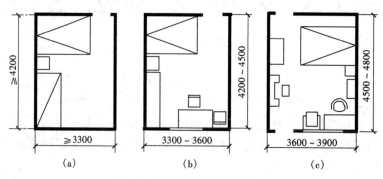

图 2-8 主卧室平面布置与尺寸

(a) 适宜尺寸范围；(b)、(c) 典型平面布置与尺寸根据教室的使用活动特点，在确定平面尺寸时，必须满足学生的视听要求，课桌椅应布置在规定的视距和视角范围以内。《中小学校设计规范》（GB 50099—2011）中规定：普通教室第一排课桌前沿与黑板的水平距离不宜小于2.2m；最后一排课桌的后沿与黑板的水平距离是小学不宜大于8m，中学不宜大于9m；前排边座座椅与黑板远端的水平视角不应小于30°。除视听要求外，教室内课桌椅的布置还应满足学生书写要求，并应便于通行及就座，见图2-9。教室内课桌椅的布置方式不同，会形成不同的平面尺寸，如图2-10所示。

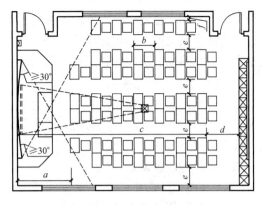

图 2-9 教室课桌椅的布置要求

$a \geqslant 2200mm$; $b \geqslant 900mm$; c(小学)$\leqslant 8000mm$; c(中学)
$\leqslant 9000mm$; $d \geqslant 1100mm$; $e \geqslant 600mm$; $f \geqslant 150mm$

2. 采光、通风等室内环境的要求

对于有天然采光要求的房间，其深度常受采光限制。一般单侧采光的房间深度不大于窗上沿离地面高度的2倍，双侧采光的房间深度可增大1倍，即不大于窗上沿离地面高度的4倍，如图2-11所示。

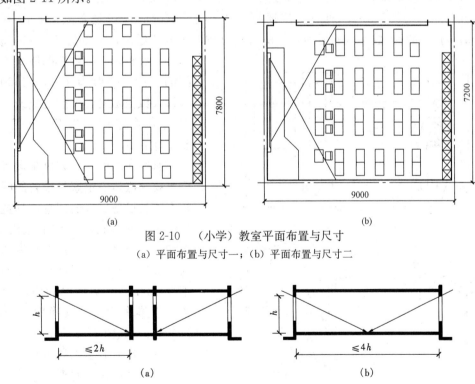

图 2-10 （小学）教室平面布置与尺寸

（a）平面布置与尺寸一；（b）平面布置与尺寸二

图 2-11 采光要求对房间深度的影响

（a）单侧采光；（b）双侧采光

3. 精神和审美要求

房间的平面尺寸在满足功能要求的前提下，还应考虑人们的精神感受和审美要求。房间的长宽比例不同,会使人产生不同的视觉感受。如窄而长的房间会使人产生向前的导向感,较为方正的房间会使人产生静止感。确定房间的平面尺寸时,应选用恰当的长宽比例,以给人正常的视觉感受。房间的长宽比一般为 1∶1～1∶2,以 1∶1～1∶1.5 为宜。

4. 技术经济方面的要求

房间的平面尺寸应使结构布置经济合理。在墙承重结构和框架结构中,板的经济跨度一般为 2.40～4.20m,梁的经济跨度一般为 5～9m。房间的开间、进深尺寸应尽量使构件标准化,减少构件类型,便于构件统一。

二、房间的门窗设置

(一)房间门的设置

门的主要作用是联系和分隔室内外空间,有时也兼起通风、采光用。门的设置对人流活动、家具设备布置、内部空间使用及安全疏散等有着较大影响。在建筑平面设计中,主要应解决门的宽度、数量、位置和开启方式等问题。

1. 门的宽度

门的宽度通常是指门洞口的宽度。门的净宽即门的通行宽度是指两侧门框内缘之间的水平距离。门的宽度应满足人流通行、家具设备搬运以及防火等要求,主要取决于人体尺度、家具设备的尺寸以及人流活动的情况。

根据人体尺度,每股人流通行所需宽度一般不小于 550mm。因此,门的净宽,在单股人流通行时不小于 550mm;两股人流通行时不小于 1100mm;三股人流通行时不小于 1650mm。对于通行人数不多的房间,门的宽度可按单股人流考虑,一般为 700～1000mm;通行人数较多时,可按两股人流确定门的宽度,一般为 1200～1500mm;通行人数很多时,可按三股或三股以上人流确定门的宽度,一般不小于 1800mm。

有些房间的门,如供少量人流通行且要求搬运一定家具设备的门或有较大家具设备出入的门等,其宽度应在满足人流通行的基础上适当加大。例如住宅居室的门,考虑携带物品出入或家具设备的搬运,其宽度不应小于 900mm;医院病房的门,考虑担架或手推车出入,其净宽不应小于 1100mm,如图 2-12 所示。

有大量人流出入的房间,如体育馆、影剧院和礼堂的观众厅等,门的宽度及门的总宽度应符合《建筑设计防火规范》(GB 50016—2014)中的有关规定。

为便于开启,门扇的宽度通常在

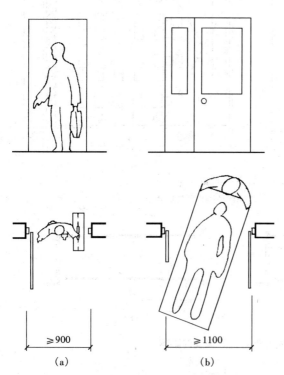

图 2-12　家具设备的搬运对门宽度的影响
(a)居室门;(b)病房门

1000mm 以内。门的宽度不超过 1000mm 时，一般采用单扇门；1200～1800mm 时，一般采用双扇门；超过 1800mm 时，一般不少于四扇门。

2. 门的数量

门的数量是根据联系和使用要求、使用人数多少、人流活动特点等因素确定的，同时，还应符合防火要求。按照防火要求，房间的面积超过 $60m^2$，人数超过 50 人时，门的数量不应少于两个，并应分散布置，相邻两个门最近边缘之间的水平距离不应小于 5m。

3. 门的位置

确定门的位置应主要考虑家具设备布置、交通流线组织、安全疏散以及室内自然通风等方面的要求。

对于面积不大、使用人数不多的房间，当只设一个门时，门的位置确定应主要考虑家具设备的布置。一般情况下，为了留有较完整的墙面布置家具设备，门常设在端部，如卧室、客房、办公室等房间的门；但集体宿舍的门常设在中间，以便于四张床位的布置，如图 2-13 所示。当房间门的

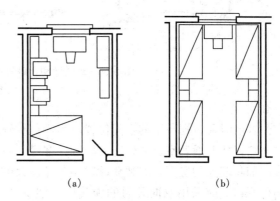

图 2-13 家具布置对门位置的影响

(a) 卧室；(b) 集体宿舍

数量超过一个时，门与门之间成为内部交通的连接点。此时应主要考虑交通流线的组织和家具设备的布置。确定门的位置时，应尽量缩短门与门之间的距离，使交通流线简捷，以利家具设备布置。图 2-14 是起居室门的位置比较，从图中可以看出，由于门的位置不同，给流线组织和家具布置所带来的影响。

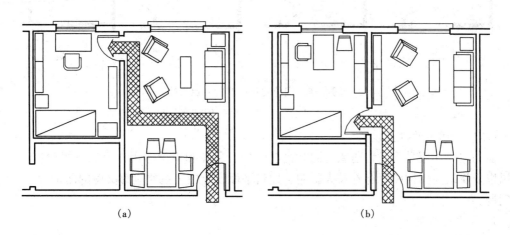

(a)　　　　　　　　　　　　　(b)

图 2-14 起居室门的位置比较

(a) 位置一；(b) 位置二

对于面积较大、使用人数较多的房间，如影剧院的观众厅、学校的合班教室等，门的位置确定应主要考虑安全疏散。通常门应布置在人行通道的尽端，并尽量均匀设置，以便于紧急状态下的人流疏散，如图 2-15 所示。

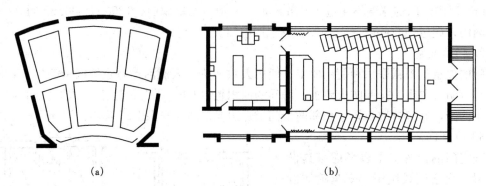

图 2-15　观众厅和合班教室门的位置示意

(a) 观众厅；(b) 合班教室

4. 门的开启方式

门开启时要占据一定的空间位置，为避免妨碍门外走道或其他空间的使用，房间的门宜向内开启，如普通教室、办公室、居室、客房、病房等房间的门多采用内开。对于使用人数较多、面积较大的房间，如观众厅、候车厅、大会议室、合班教室等，为便于人流疏散，门应向外开启，或采用双向开启的弹簧门，如图 2-15（b）所示。当几个门的位置比较集中时，应注意协调门的开启方向，防止门扇开启时相互碰撞或阻碍交通，如图 2-16 所示。

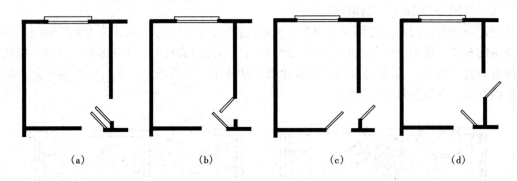

图 2-16　门位置集中时的开启方式

(a)、(b) 不正确；(c)、(d) 正确

（二）房间窗的设置

窗的主要作用是采光和通风，同时也起围护、分隔和观望作用。窗的设置对室内采光、通风以及建筑立面构图等有着较大影响。建筑平面设计中，主要应解决窗的面积大小和位置等问题。

1. 窗的面积大小

窗的面积大小主要取决于室内的采光要求。不同使用性质的房间对采光的要求不同，设计时，常采用窗地面积比来初步确定窗的面积大小。窗地面积比简称窗地比，是指窗洞口面积与房间地面面积之比。窗在离地面高度 0.80m 以下的部分不应计入有效采光面积，窗上部有宽度超过 1m 以上的外廊、阳台等外挑遮挡物时，其有效采光面积可按窗面积的 70％计算。

对于采光要求较高的房间，应根据采光标准及采光系数标准值通过计算来确定窗的面积大小。

表 2-2 是《建筑采光设计标准》（GB 50033—2013）中对部分民用建筑采用侧面采光时房间的窗地比和采光系数标准值的规定。

表 2-2　　　　　　　　　　房间的窗地比和采光系数

建筑类型	房 间 名 称	采光等级	采光系数标准值（%）	窗地比
住宅	卧室、起居室（厅）、书房	Ⅳ	2	1/6
学校	教室、阶梯教室、实验室、报告厅	Ⅲ	3	1/5
办公楼	设计室、绘图室	Ⅱ	4	1/4
	办公室、会议室、视屏工作室	Ⅲ	3	1/5
医院	诊室、药房、治疗室、化验室	Ⅲ	3	1/5
	候诊室、挂号处、病房、医护办公室	Ⅳ	2	1/6
图书馆	阅览室、开架书库	Ⅲ	3	1/5
	目录室、陈列室	Ⅳ	2	1/6

在确定窗的面积大小时，还应考虑通风要求、气候条件、立面处理和建筑经济等因素。如炎热地区，为取得较好的通风效果，可适当加大窗的面积；寒冷地区，考虑保温和节能要求，应控制窗墙面积比。有时，为了取得一定立面效果，窗的面积在满足采光要求的基础上可作适当调整。

2. 窗的位置

窗的位置应综合采光、通风、立面处理和结构等因素来确定。

窗的位置应使房间的光线均匀，避免产生暗角和眩光。例如学校的教室，为使室内光线均匀，窗宜沿墙均匀布置，窗间墙的宽度不应大于 1200mm，以免产生暗角。同时，为了避免黑板上产生眩光，靠近黑板处的窗端墙的长度不应小于 1000mm，见图 2-17。有些对采光质量要求较高的房间，还应注意光线的方向。如学校教室的光线应自学生座位的左侧射入，单侧采光时，窗应布置在学生的左边，如图 2-17 所示。博物馆的陈列室应避免阳光直射展品，并应根据展品的特征，确定光线投射角。

窗的位置直接影响到房间的自然通风效果。设计时，一般将窗和门的位置结合考虑来解决房间的自然通风问题。房间的门窗位置影响着室内的气流走向和通风范围的大小。为取得良好的通风效果，应使气流经过室内的路线尽可能长，影响的范围尽可能大，并尽量减少涡流即空气不流动地带的面积。通常门窗宜在房间两侧相对布置，以便组织穿堂风，使室内空气流动通畅。例如学校的教室，为了避免局部区域形成空气涡流现象，常在靠走廊一侧开设高窗，使该区域的空气流动通畅，如图 2-18 所示。

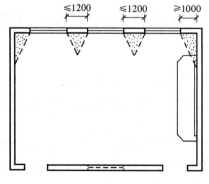

图 2-17　教室窗的位置

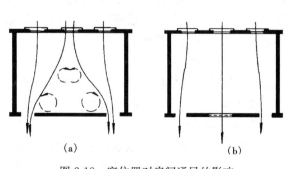

图 2-18　窗位置对房间通风的影响

（a）局部通风较差；（b）通风较好

　　窗是建筑立面上的主要构件，窗的位置影响到立面处理的效果。为求得立面上的协调统一，在满足采光和通风要求的基础上，可对窗的位置作适当调整。

　　窗的位置还应考虑结构的可行性和合理性。在墙承重的建筑中，窗的位置应避开有梁的地方，窗间墙应有一定的宽度，以满足结构要求。

第二节　辅助房间的平面设计

　　辅助房间的设计原理和方法与主要房间基本相同，但对于室内有固定设备的辅助房间，如厕所、盥洗室、浴室、卫生间和厨房等，通常由固定设备的类型、数量和布置来控制房间的形式。

一、公共卫生用房设计

　　公共卫生用房主要包括厕所、盥洗室、浴室等。这些房间可单独设置，也可布置在一起形成公共卫生间，如图 2-19 所示。

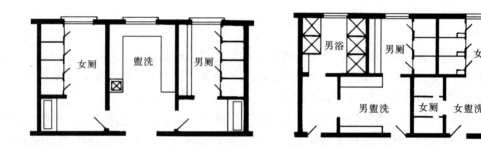

图 2-19　公共卫生间布置示例

（一）厕所设计

1. 卫生设备的类型

　　厕所的卫生设备主要有大便器、小便器及洗手盆和污水池等，如图 2-20 所示。

　　大便器有蹲式和坐式两种，可根据使用要求、建筑标准和生活习惯等因素来选择。通常使用频繁的公共建筑如学校、办公、医院、车站等建筑的厕所宜选用蹲式大便器，因为它使用卫生、便于清洁。对于标准较高、使用人数少或老年人使用的厕所，如宾馆、敬老院等建筑的厕所以及供残疾人使用的厕位，则宜采用坐式大便器。

　　小便器有小便斗和小便槽两种。一般标准的厕所多采用小便槽，对于标准较高、使用人数不多的厕所可选用小便斗。

2. 卫生设备的数量

　　厕所卫生设备的数量可根据使用人数和建筑物的类型，按相应的建筑设计规范中规定的设备个数指标，通过计算来确定。表 2-3 是部分建筑设计规范中规定的厕所设备个数指标。

3. 卫生设备的布置

　　根据卫生设备的类型和数量，考虑使用和管道布置等方面的要求，进行卫生设备的布置。通常卫生设备沿横墙并排布置，女厕大便器有单排和双排两种布置形式，如图 2-21 所示。男厕小便器使用频繁，宜布置在离门较近的地方。

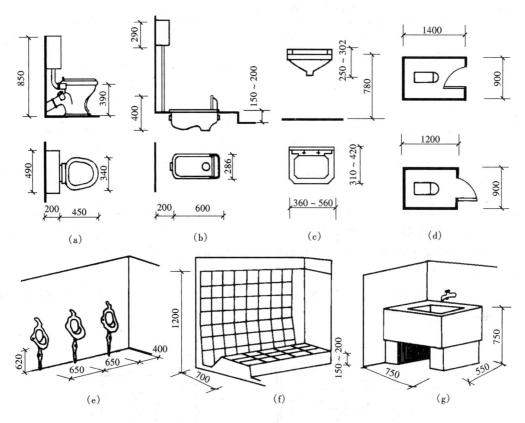

图 2-20 厕所卫生设备及尺寸
（a）坐式大便器；（b）蹲式大便器；（c）洗手盆；
（d）厕所隔间；（e）小便斗；（f）小便槽；（g）污水池

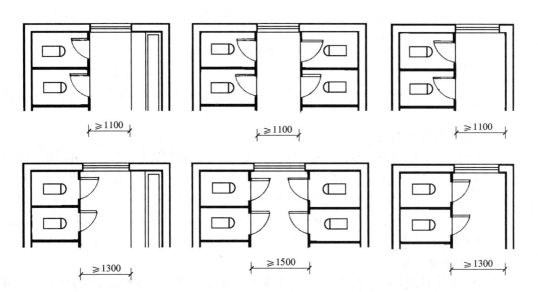

图 2-21 厕所卫生设备布置及所需尺寸

表 2-3　　　　　　　　　　　　　部分建筑设计规范中厕所的设备个数指标

建筑类型		男大便器（人/个）	男小便器（人/个）	女大便器（人/个）	洗手盆或水龙头（人/个）	男女比例	备　注
中小学校		40	20	13	40～45	1：1	一个小便器折合 0.6m 长小便槽
综合医院	门诊部	120	60	75		6：4	一个小便器折合 0.7m 长小便槽
	病房	16	16	12	12～15	6：4	
火车站		80	80	40	150	7：3	
剧场		100	40	25	150	1：1	一个小便器折合 0.6m 长小便槽
办公楼		40	30	20	40	按实际情况	

考虑使用和卫生要求，厕所应设置前室，并设置双重门，前室的深度一般不小于 1500～2000mm，洗手盆和污水池通常在前室布置。当厕所面积较小不宜设前室时，应处理好门的开启方向，以解决视线遮挡问题，如图 2-22 所示。

卫生设备数量较少时，为充分利用空间面积，男女厕的卫生设备可在同一开间内交错布置，如图 2-22（b）所示。

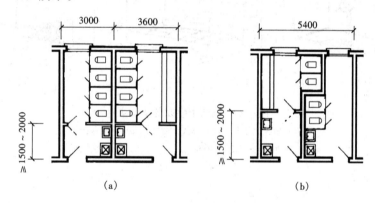

图 2-22　厕所布置示例
(a) 有前室；(b) 无前室（女厕）

4. 厕所的平面尺寸

厕所的平面尺寸可根据卫生设备的布置形式、卫生设备的尺寸和人体活动所需尺度来确定。

卫生设备的尺寸参见图 2-20。

为方便使用，大便器通常布置在各个厕所隔间内。厕所隔间的平面尺寸，采用外开门时不应小于 900mm×1200mm，采用内开门时不应小于 900mm×1400mm，如图 2-20（d）所示。单侧隔间至对面墙面或小便器的净距，采用内开门时不应小于 1100mm，采用外开门时不应小于 1300mm；双侧隔间之间的净距，采用内开门时不应小于 1100mm，采用外开门时不宜小于 1500mm，见图 2-21。

5. 厕所的平面位置

厕所应布置在建筑物中既隐蔽又使用方便的位置，宜与走道、楼梯、大厅等交通部分相联系，如布置在建筑物的转角处、走道的端部等靠近楼梯或出入口的位置。使用量大的厕所应有天然采光和不向邻室对流的直接自然通风,并尽量利用差的朝向,以保证主要房间有较好的朝向。为少数人使用的厕所可间接采光或采用人工照明,但应考虑设置排气设备,以保证厕所内的空气清洁。男女厕所常并排布置,并宜与盥洗室、浴室毗邻。建筑物各层厕所的位置应上下对齐,以节约管道和方便施工。

（二）盥洗室、浴室设计

盥洗室的卫生设备主要是洗脸盆或盥洗槽,卫生设备的类型、数量按建筑标准和使用人数确定。浴室的主要设备是淋浴器,此外,还需设置存衣、更衣设备,设备的数量与使用人数有关。盥洗室、浴室的平面尺寸可根据卫生设备的尺寸、数量、布置以及人体活动所需尺度来确定。

图2-23、图2-24分别是洗脸盆、淋浴器的布置及所需尺寸。

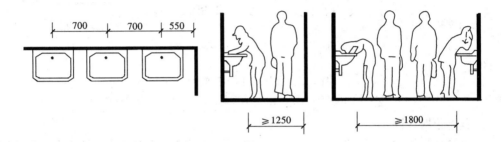

图 2-23　洗脸盆布置及所需尺寸

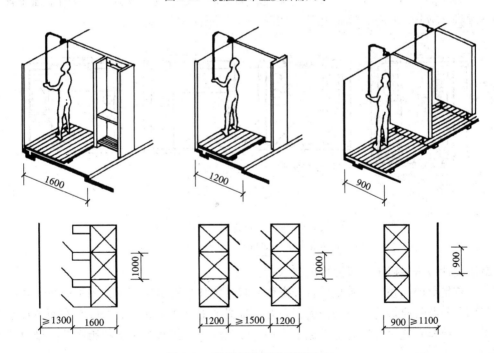

图 2-24　淋浴器布置及所需尺寸

二、专用卫生间设计

专用卫生间常用于住宅以及标准较高的旅馆客房、医院和疗养院的病房等。室内的卫生设备主要有坐式大便器、洗脸盆和浴缸等。

专用卫生间的设计，主要是根据卫生设备的布置形式、尺寸以及人体活动所需尺度，确定房间的平面尺寸。卫生设备的布置应使管线集中，并使室内有足够的活动面积，同时应考虑维修方便。卫生间可沿内墙布置，采用人工照明和通风道通风，也可沿外墙布置，采用直接采光和自然通风。

图 2-25 是专用卫生间布置示例。

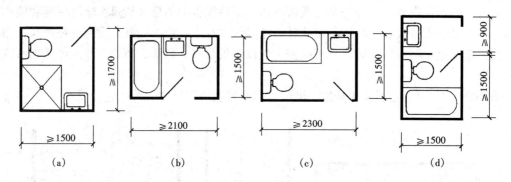

图 2-25　专用卫生间布置示例

(a) 两件及淋浴布置；(b)、(c) 三件合设布置；(d) 三件分设布置

三、专用厨房设计

专用厨房是指住宅、公寓等建筑中每户使用的厨房。厨房的主要功能是炊事，有的厨房还兼有进餐功能。厨房应设置炉灶、洗涤池、案台及排油烟机等设备，设备的平面布置形式主要有单排、双排、L 形、U 形几种，如图 2-26 所示。

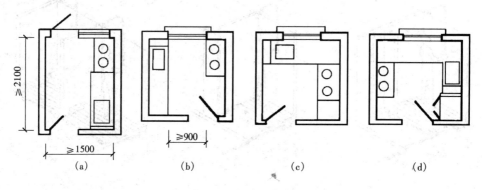

图 2-26　厨房设备布置形式及所需尺寸

(a) 单排；(b) 双排；(c) L形；(d) U形

厨房设计应满足以下几个方面的要求：

(1) 有足够的面积，以满足设备和操作要求。如住宅的厨房使用面积不应小于 $4m^2$。

(2) 设备布置应符合炊事操作流程，并保证必要的操作空间。厨房的操作面净长不应小于 2.10m，单排布置设备的厨房净宽不应小于 1.50m，双排布置设备的厨房其两排设备的净距不应小于 0.90m。

(3) 厨房应有直接采光和自然通风，并宜布置在靠近户门且朝向较差的位置。厨房的窗地比不应小于 1/7，通风开口面积不应小于房间地面面积的 1/10，并不得小于 $0.60m^2$。

第三节　交通联系部分的平面设计

交通联系部分是联系主要房间和辅助房间的纽带，建筑物的各类用房通过交通联系部分得以正常运转并形成有机整体。交通联系部分包括水平交通联系部分如走道、过道等，垂直交通联系部分如楼梯、电梯、自动扶梯、坡道等，交通枢纽如门厅、过厅等。

交通联系部分设计的主要要求是联系通行方便，流线简捷明确；人流通畅，利于安全疏散；有良好的采光和通风；在满足基本使用要求的前提下，尽量节省交通面积，提高建筑物的面积利用率。

一、走道

走道又称走廊。走道的主要功能是交通联系，即联系建筑物同层内的各个房间。有的走道还兼有其他功能，成为多功能综合使用的走道。走道的布置方式主要有两种，即中间走道和单面走道，单面走道可作成封闭式或开敞式，如图 2-27 所示。

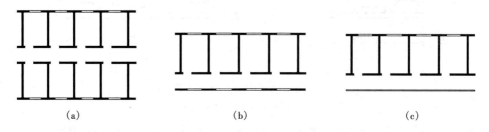

图 2-27　走道的布置方式
(a) 中间走道；(b) 单面走道（封闭式）；(c) 单面走道（开敞式）

走道的平面设计主要应确定走道的宽度和长度，处理好走道的采光和通风。

（一）走道的宽度

走道的宽度主要应满足人流通行、家具设备运行以及防火等要求。

考虑人流通行要求，走道的宽度可根据人体活动尺度和通行人流的股数确定。由于走道通常是双向人流，故其净宽一般不应小于两股人流通行时所需宽度。每股人流通行所需宽度按550mm 考虑，则两股人流通行时的走道净宽不小于 1100mm。使用人数较多的走道，应考虑三股人流通行，其净宽不小于 1650mm。供少数人使用的走道，其宽度也可按单股人流考虑。

有些走道考虑家具设备的运行应适当增加宽度，如医院病房的走道考虑推床通行和转弯，其净宽不应小于 2100mm。

走道的宽度应满足防火要求，保证紧急状态下的人流疏散。走道的疏散宽度应根据建筑物的层数、耐火等级和使用人数，按防火规范的有关规定，通过计算确定。表 2-4 是《建筑设计防火规范》（GB 50016—2014）中有关学校、商店、办公楼等民用建筑的走道、楼梯及首层疏散外门的净宽度指标，在确定各自的总宽度时应按不小于表中规定的指标计算。

对于兼有其他功能的走道，应在满足通行和防火要求的基础上，考虑附属功能要求及使用情况，适当增加其宽度。如学校教学楼中的走道兼有学生课间休息活动的功能，采用中间走道时，其净宽不应小于 2400mm，采用单面走道时，其净宽不应小于 1800mm。医院门诊部的走道兼有候诊功能，单侧候诊时，走道的净宽不应小于 2100mm，两侧候诊时，净宽不应小于 2700mm，如图 2-28 所示。

表 2-4　　　　　　　　　　**走道、楼梯、外门的净宽度指标**　　　　　　　　m/100 人

层数 \ 耐火等级	一、二级	三 级	四 级
一、二层	0.65	0.75	1.00
三层	0.75	1.00	—
≥四层	1.00	1.25	—

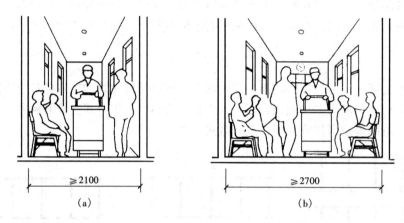

图 2-28　兼有候诊功能的医院走道宽度
(a) 单侧候诊；(b) 双侧候诊

此外，走道的宽度还与走道两侧门的开启方向、走道的布置方式等因素有关。图2-29是门的开启方向对走道宽度的影响。

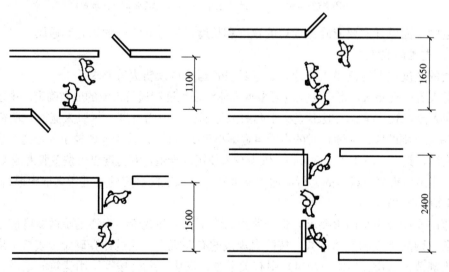

图 2-29　门的开启方向对走道宽度的影响

（二）走道的长度

走道的长度主要是根据建筑物的使用要求、平面布局以及防火和采光等要求来确定。按照《建筑设计防火规范》（GB 50016—2014）中的规定，直通疏散走道的房间疏散门至最近安全出口的直线距离不应大于表 2-5 的规定。

表 2-5　　　　　　　直通疏散走道的房间疏散门至最近安全出口的直线距离　　　　　　　m

名　称		位于两个安全出口之间的疏散门			位于袋形走道两侧或尽端的疏散门		
		一、二级	三级	四级	一、二级	三级	四级
托儿所、幼儿园老年人建筑		25	20	15	20	15	10
歌舞娱乐放映游艺场所		25	20	15	9	—	—
医疗建筑	单、多层	35	30	25	20	15	10
	高层 病房部分	24	—	—	12	—	—
	高层 其他部分	30	—	—	15	—	—
教学建筑	单、多层	35	30	25	22	20	10
	高层	30	—	—	15	—	—
高层旅馆、公寓、展览建筑		30	—	—	15	—	—
其他建筑	单、多层	40	35	25	22	20	15
	高层	40	—	—	20	—	—

（三）走道的采光和通风

单面走道可直接采光，易获得较好的采光通风效果。中间走道的采光和通风则需采取相应的措施予以解决。如在走道两端设窗直接采光；利用门厅、过厅及开敞的楼梯间和房间来采光；在走道两侧墙上设高窗及门上设亮子来采光和通风等。

二、楼梯和电梯

（一）楼梯

楼梯是联系建筑物各层的垂直交通设施。楼梯的平面设计主要是根据建筑物的使用要求、人流通行情况及防火要求，选择楼梯形式，确定楼梯的宽度、数量和位置。

1. 楼梯的形式及楼梯间的形式

楼梯的基本形式有直跑楼梯、双跑平行楼梯、转角楼梯、三跑楼梯等，如图 2-30 所示。

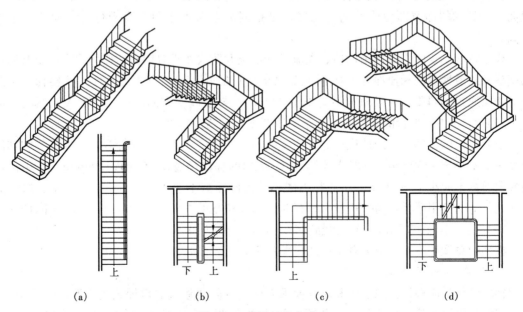

图 2-30　楼梯的基本形式

（a）直跑楼梯（双梯段）；（b）双跑平行楼梯；（c）转角楼梯；（d）三跑楼梯

直跑楼梯具有方向单一、贯通空间的特点，给人以庄重感和强烈的导向感，常用于层高较低的建筑或布置在公共建筑门厅的主轴线上。双跑平行楼梯面积紧凑，使用方便，适合单独设置楼梯间，是民用建筑中最常用的形式。转角楼梯开敞、不对称，不宜单独设置楼梯间，常布置在不对称的门厅内。三跑楼梯造型别致，但梯井较大，适合于层高较高且楼梯间进深不大的建筑。此外，人流量较大时，可采用由楼梯基本形式组合而成的双分平行楼梯、双分转角楼梯、剪刀楼梯和交叉楼梯等；造型要求较高时，可采用弧形楼梯和螺旋楼梯等。

　　楼梯间的形式主要有开敞式、封闭式和防烟楼梯间等，如图 2-31 所示。开敞式楼梯间是指楼梯与走道、门厅或室外直接相连没有分隔的楼梯间；封闭式楼梯间是指设有能阻挡烟气的双向弹簧门的楼梯间；防烟楼梯间是指在楼梯间入口处设有前室或设专供排烟用的阳台、凹廊等的楼梯间。多层民用建筑中常用开敞式楼梯间，高层建筑及防火要求较高的多层公共建筑，应按防火规范的规定设置封闭式楼梯间或防烟楼梯间。

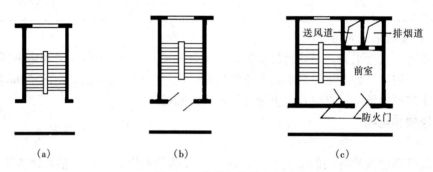

图 2-31　楼梯间的形成
(a) 开敞式楼梯间；(b) 封闭式楼梯间；(c) 防烟楼梯间

　　2. 楼梯的宽度

　　楼梯的宽度通常是指楼梯梯段宽度，即梯段边缘或墙面之间垂直于行走方向的水平距离。楼梯梯段净宽即梯段的通行宽度，是指墙面至扶手之间垂直于行走方向的水平净距离。

　　梯段宽度确定应考虑使用性质、人流通行情况和防火要求等因素。作为日常主要交通用的楼梯及疏散楼梯的梯段净宽不应小于 1100mm（两股人流），供少数人使用的楼梯，考虑携带物品通过的需要，梯段净宽不应小于 900mm。梯段改变方向时，为便于人流通行及家具设备搬运，中间平台的深度不应小于梯段宽度，如图 2-32 所示。

　　公共建筑的楼梯按使用性质可分为主要楼梯、次要楼梯和专用楼梯等。主要楼梯的梯段净宽一般不小于 1650mm（三股人流），次要楼梯的梯段净宽不应小于 1100mm，专用楼梯的梯段净宽不应小于 900mm。住宅共用楼梯的梯段净宽不应小于 1100mm，不超过六层的单元式住宅的共用楼梯，当一边设有栏杆时，梯段净宽可不小于 1000mm。住宅户内楼梯的梯段净宽不应小于 900mm，当一边临空时，可不小于 750mm。

　　楼梯的总宽度应符合防火规范中的有关规定，见表 2-4。

　　3. 楼梯的数量和位置

　　楼梯的数量应根据使用要求和防火要求来确定。公共建筑的楼梯数量一般不少于两个。二、三层建筑（医院、疗养院、托儿所、幼儿园除外）符合表 2-6 的要求时，可只设一个楼梯。

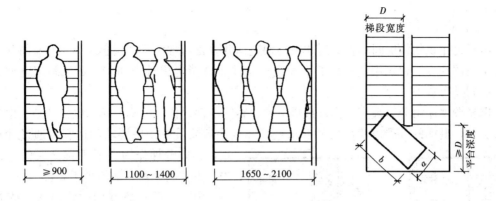

图 2-32 楼梯梯段宽度及平台深度

表 2-6   设置一个疏散楼梯的条件

耐火等级	层 数	每层最大建筑面积（m²）	人 数
一、二级	二、三层	200	第二层和第三层人数之和不超过 50 人
三级	二、三层	200	第二层和第三层人数之和不超过 25 人
四级	二层	200	第二层人数不超过 15 人

楼梯的位置应根据交通流线的需要来确定，并应符合防火疏散要求。一般公共建筑的主要楼梯安排在主要出入口附近较明显的位置上，次要楼梯安排在次要出入口附近，或建筑物的转折和交接处。为了保证主要房间好的朝向居多，楼梯间通常布置在建筑物朝向较差的一面或设置在建筑物的转角处，如图 2-33 所示。

楼梯的数量和位置还应符合防火规范中对走道内房间门至楼梯间最大距离限制的规定，

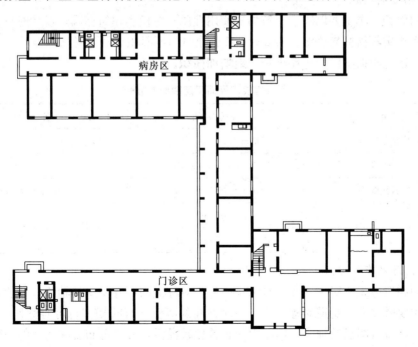

图 2-33 某医院建筑中楼梯的位置

见表 2-5。

（二）电梯

电梯是建筑物楼层间垂直交通联系的快速运载设备，常用于高层建筑和一些有特殊要求或标准较高的多层建筑中。电梯的平面设计主要是选择电梯种类和主参数，确定电梯的数量、位置及布置方式等。

电梯按用途可分为乘客电梯、载货电梯、客货电梯、住宅电梯、病床电梯和杂物电梯等几种类型，电梯的种类按使用功能要求选择。电梯的数量按使用要求和运载量通过计算确定，在以电梯作为主要垂直交通的建筑物中，电梯的数量一般不少于 2 台。

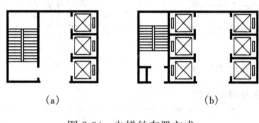

图 2-34 电梯的布置方式

（a）单侧排列；（b）双侧排列

电梯一般布置在门厅或出入口附近位置明显的地方，电梯附近应设置辅助楼梯。电梯出入口处应设候梯厅，候梯厅的深度一般不小于电梯轿厢深度的 1.5 倍。当需要设置多部电梯时，宜集中布置，布置方式主要有单侧排列式和双侧排列式等。单侧排列的电梯不应超过 4 台，双侧排列的电梯不应超过 8 台，如图 2-34 所示。

三、门厅

门厅是建筑物主要出入口处作为室内外过渡的空间，也是供建筑物内部各部分联系的交通中心。在有些公共建筑中，门厅除了交通联系外，还兼有适应建筑类型特点的其他功能要求。如医院门诊部的门厅兼有挂号、收费、取药、问讯等功能，旅馆的门厅兼有接待、登记、休息、会客、商品销售等功能。

（一）门厅的面积

门厅的面积大小主要取决于建筑物的使用性质、规模和建筑标准，设计时可参考相应类型建筑的面积定额指标来确定。表 2-7 是部分建筑门厅面积定额参考指标。对于兼有其他功能的门厅，还应根据实际使用要求相应地增加面积。

表 2-7   部分建筑门厅面积定额参考指标

建筑类型	面积定额	备　注
中小学校	$0.06\sim0.08$ m²/学生	
食　堂	$0.08\sim0.18$ m²/座	包括洗手
综合医院	11 m²/（日·百人次）	包括衣帽和询问
旅　馆	$0.2\sim0.5$ m²/床	
电影院	$0.1\sim0.5$ m²/观众	

（二）门厅的布置方式

门厅的布置方式有对称式和不对称式两种。对称式门厅有明显的轴线，一般将门厅和楼梯布置在主要轴线上，走道对称布置于门厅轴线的两侧，有时楼梯也可对称地布置在两边。不对称式门厅没有明显的轴线，门厅内的布置比较灵活，楼梯可布置在门厅的一旁，走道可错开布置，如图 2-35 所示。

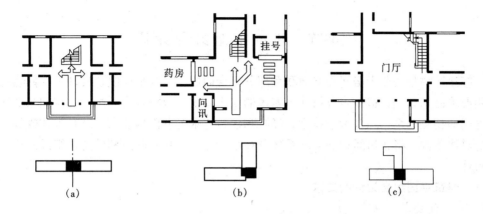

图 2-35 门厅的布置方式

(a) 对称式；(b)、(c) 不对称式

（三）门厅的设计要求

门厅设计应主要满足以下几个方面的要求：

（1）门厅在平面布局中的位置应明显而突出，通常应面向主要道路，使人流出入方便，并多布置在建筑物的主要构图轴线上，成为整个建筑构图的中心。

（2）门厅内部的布置应做到导向明确，交通流线简捷通畅，避免人流交叉干扰。对于兼有其他功能的门厅，还应留出保证这些功能实施所必需的使用面积，以防止堵塞交通。如图2-35（b）所示门诊部的门厅中，在挂号和药房处留有必要的活动余地，使这些活动部分和门厅内的交通流线尽量少干扰。

（3）门厅应有良好的天然采光，适宜的空间比例关系。门厅是人流集散之地，也是建筑物内部首先给人以艺术感受的地方。因此，门厅往往是建筑艺术重点处理之处。设计时应解决好门厅的采光、空间比例及装修等问题，以给人良好的空间观感。

（4）门厅设计应使疏散安全。门厅对外出入口的宽度，考虑疏散要求，不应小于通向该门厅的走道、楼梯通行宽度的总和。

（5）门厅应注意防雨、防风和防寒等要求。为了防止雨雪飘入室内，门厅对外出入口处通常应设置雨篷或门廊，严寒地区，考虑防寒、防风要求，可设置门斗，如图2-36所示。

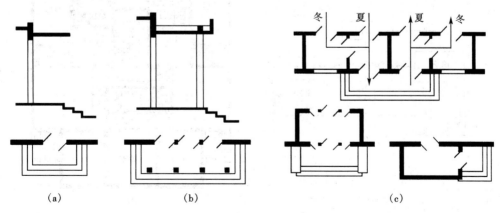

图 2-36 雨篷、门廊和门斗

(a) 雨篷；(b) 门廊；(c) 门斗

第四节 建 筑 平 面 组 合 设 计

一幢建筑物是由若干房间和交通联系部分组合而成。建筑平面组合设计是在熟悉房间及其使用要求的基础上，进一步分析建筑整体的使用要求，分析各房间之间及房间与交通联系部分之间的相互关系，综合考虑技术、经济和建筑艺术等方面的要求，结合整体规划、基地环境等具体条件，将各房间和交通联系部分在水平方向上相互联系和结合，组成一个有机的建筑整体。

一、建筑平面组合设计的要求

（一）功能要求

1. 功能分区

建筑物内部通常有许多功能相同或不同的房间，这些房间之间或多或少都有一定的功能联系，房间之间的功能联系将直接影响到整个建筑的布局。在进行平面组合设计时，为了把握大的布局方向，使建筑整体布局功能合理，应首先将各个房间按其使用性质以及联系的紧密程度进行功能分区，把它们分成若干相对独立的功能区域，从而把众多的房间分成较为简单的若干功能区。这样在设计时可根据各分区部分之间的功能关系进行布置，先确定大的平面布局，然后再具体到各功能区内进行房间的细致安排，避免因大的功能关系不合理而造成返工。

进行功能分区时，通常将使用性质相同或相近、联系紧密的房间组合在一起形成一区。对于房间类型和数量较少、功能关系比较简单明确的建筑，可直接按房间类型进行功能分区。如住宅可分为起居室（厅）、卧室、厨房、餐厅、卫生间等功能区，如图 2-37 所示。对于功能比较复杂的建筑，功能分区可由大到小、由粗到细逐步进行。如中小学校的教学楼可先分为教学区和办公区两大部分，而教学区又可分为教学静区和教学闹区。其中教学静区可再分为普通教室、专业教室、合班教室、实验室、阅览室等功能区，如图2-38所示。设计时先处理好教学与办公之间以及教学静区与教学闹区之间的功能关系，在此基础上再深入分析

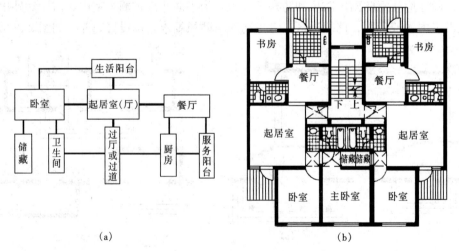

（a）   （b）

图 2-37 住宅的功能分区及平面组合示例

（a）功能分析图；（b）某住宅单元平面

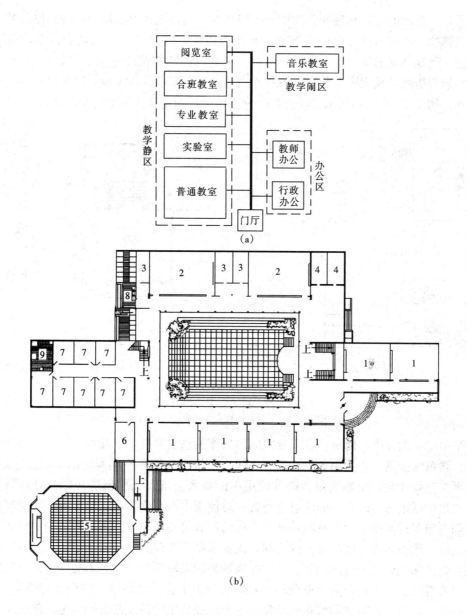

图 2-38 学校建筑的功能分区及平面组合示例

(a) 功能分析图；(b) 某中学教学楼底层平面

1—普通教室；2—实验室（四层为微机、语言教室，五层为阅览室）；3—准备室（五层为书库）；

4—科技活动室；5—合班教室；6—教师休息室；7—办公室；8—盥洗及厕所；9—淋浴及厕所

教学静区中各部分之间的功能关系，最后进行各个房间的布置。

2. 功能关系分析

分析各分区部分之间的功能关系时，常借助于功能分析图来进行。功能分析图是用框图的形式来表示功能分区以及各分区部分之间的功能关系和使用顺序。各功能区可用方块或圆圈表示，其大小应有区别，以显示出各功能区的重要程度和大小，但不必成比例。用不同线型按其功能关系把各部分连接起来，线型的粗细表示联系密切的程度及流线流量的大小，还可用箭头表示活动的方向和程序。功能分析图是进行组合设计时借用的一种思路与方法，但不是建筑物的平面布置图。借助于功能分析图可以确定建筑平面布局的大方案，再结合技术、经济、美观和基地环境等因素综合考虑，来确定具体的设计方案。例如图 2-39（a）是食堂的功能分析图，根据图中餐厅、备餐和厨房三个主要部分的关系，可提出几种平面组合的大方案，如图 2-39（b）所示，经过综合分析，便可确定具体方案，如图 2-39（c）所示。

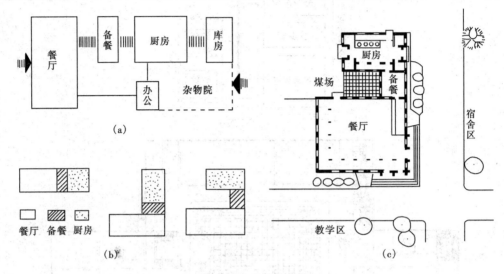

图 2-39 食堂的平面组合
(a) 功能分析图；(b) 几种平面组合大方案；(c) 具体方案示例

在平面组合设计中，建筑物各部分之间的功能关系主要有以下几种：

（1）联系与分隔。建筑物各组成部分之间，在使用中都有不同程度的联系或分隔要求。进行平面组合设计时，既要满足各部分使用中的联系要求，又要创造必要的分隔条件。通常，对使用中联系密切的各部分应靠近布置；对使用中没有直接联系又互有干扰的部分应尽可能地隔离布置；对使用中既有联系又有干扰的部分可相近布置，但应有适当的分隔。例如中小学校教学楼中的教学区与办公区之间，既要求联系方便，又要避免干扰。因此，在进行平面组合时，两部分之间可用门厅、过厅或楼梯来加以联系和分隔。而教学静区与教学闹区之间，尽管有联系要求，但为了避免闹区对静区产生干扰，两部分之间应保持适当的距离，形成隔离带。通常可将闹区布置在教学楼的一侧；或将闹区设于静区的尽端，但应尽量利用一些不怕干扰的辅助房间（如厕所、盥洗室、储藏室等）或楼梯作隔声屏障；也可将闹区独立布置于主体之外，用廊子来联系，如图 2-40 所示。

（2）主次关系。由于功能特点不同，组成建筑物的各部分的重要程度不同，有主次之分。如学校教学楼中的教学区是主要部分，办公区属于次要部分；住宅中的起居室、卧室是主要部分，厨房、卫生间是次要部分。在进行平面组合设计时，应根据各部分的主次关系，合理地安排它们在平面中的具体位置。通常主要部分布置在朝向比较好的位置，以取得较好的日照、采光和通风条件；次要部分可布置在朝向、采光和通风条件较差的位置，如图 2-40（b）、图 2-37（b）所示。

（3）内外关系。建筑物中的各组成部分，有的对外联系密切，直接为公众使用；有的对内联系，主要供内部工作人员使用。在进行平面组合时，应处理好各部分之间的内外关系。

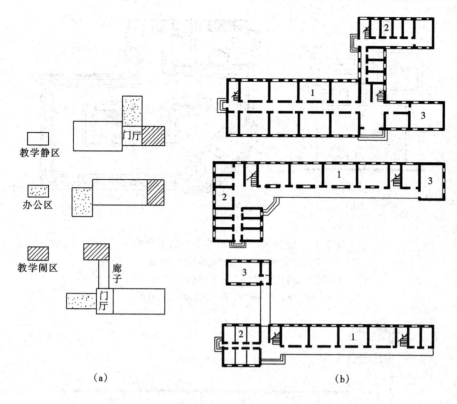

图 2-40　教学楼的功能关系分析及平面组合示例
(a) 功能关系分析；(b) 平面组合示例
1—教学静区；2—办公区；3—教学闹区

一般对外联系密切的部分，应布置在靠近人流来向、位置明显、出入方便的部位；而对内联系的部分，则应尽量布置在靠内的比较隐蔽的位置，避开公众人流，以避免公众人流穿越而影响内部工作。例如在商店建筑中，营业厅对外性最强，库房是对内的，但因要运进货物，又有一定的对外性，而办公部分则完全是对内的。因此，营业厅应布置在靠近主要街道的显著位置，库房、办公部分应布置在靠内的较隐蔽的位置，其中库房应靠近次要出入口，使对外联系方便，如图 2-41 所示。

　　3. 交通流线的组织

　　交通流线是人或物在建筑物内部各部分之间及建筑物内外之间的流动路线。交通流线的组织直接影响到建筑平面布局，建筑物中各部分的功能关系总是通过交通流线的组织体现出来。设计时，交通流线的组织应主要考虑以下几点要求：

　　(1) 不同性质的流线应明确分开，避免相互干扰。交通流线有人的流线和货物流线两种。人的流线又可分为公众人员流线和内部工作人员流线，或主要的人流线和次要的人流线，或进入人流线和外出人流线等。如教学楼中的交通流线可分为学生流线和教师及办公人员流线，前者为主要的人流线，后者为次要的人流线。在进行流线组织时，学生流线与教师及办公人员流线应分开，避免相互交叉干扰，如图 2-42 所示。

　　(2) 流线的组织应符合使用顺序，力求流线简捷明确、通畅、不迁回。如车站建筑中进站的旅客流线应符合问讯——售票——候车——检票等使用顺序，如图 2-43 所示。

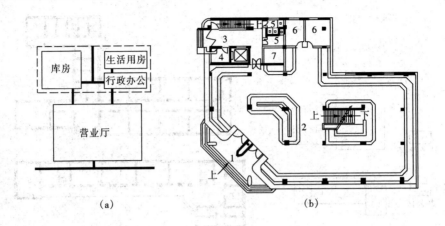

图 2-41　商店的功能分析图及平面组合示例
（a）功能分析图；（b）某商店底层平面
1—顾客入口；2—营业厅；3—货物及办公入口；
4—传达室；5—厕所；6—办公室；7—仓库

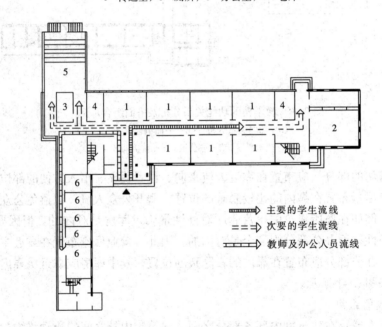

图 2-42　教学楼的交通流线组织示意图
1—教室；2—阅览室；3—放映室；4—厕所；5—阶梯教室；6—办公室

（3）流线的组织和出入口的设置应与室外的道路及主要人流方向等密切结合，成为有机的整体。

（4）流线组织应具有灵活性，以创造一定的灵活使用条件。

（二）结构要求

不同的结构类型对平面组合的限制和要求不同，进行平面组合设计时，应根据使用功能要求和室内空间构成特点，选择经济合理的结构布置方案。

目前民用建筑中常用的结构类型有墙承重结构、框架结构、空间结构等。

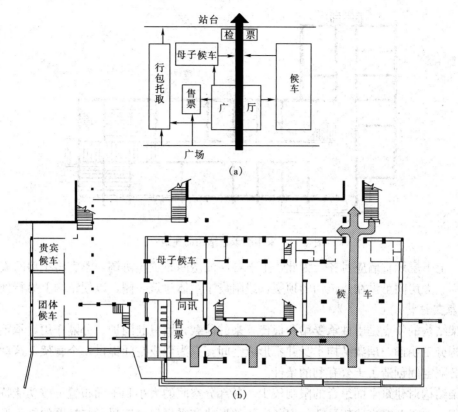

图 2-43 火车站流线关系及平面组合示例

(a) 中型火车站进站流线关系示意图；(b) 某火车站底层平面

1. 墙承重结构

墙承重结构的特点是由墙来承受楼板或屋面板、梁传下来的荷载，墙既要用来围护和分隔空间，又要用来承重。由于墙的间距和位置受板和梁的经济跨度限制，因此，墙不能自由灵活地分隔空间，具有明显的局限性，极大地限制了平面组合的灵活性。一般适用于由面积不大的房间组成且同类房间数量较多的中小型民用建筑。

墙承重结构按承重墙的布置不同可分为横墙承重、纵墙承重和混合承重三种方式。

横墙承重是指板和梁支承在横墙上，纵墙只起围护、分隔作用。这种布置方式，建筑物的整体刚度和抗震性能较好，立面开窗处理较灵活，但平面布置和房间划分的灵活性差。

纵墙承重是指板和梁支承在纵墙上，横墙起分隔、围护及拉结作用。这种布置方式，平面布置及房间划分较灵活，但建筑物的整体刚度和抗震性能较差，立面开窗处理受限。

混合承重是指板和梁有的支承在横墙上，有的支承在纵墙上。这种布置方式，平面布置和房间划分比较灵活，建筑物的整体刚度也相对较好，适应性较强，但板的类型较多，施工较麻烦。

图 2-44 是采用墙承重结构的建筑示例。

墙承重结构对平面组合的要求主要有以下几点：

（1）房间的开间、进深尽量统一，符合板和梁的经济跨度。

（2）承重墙布置应均匀、封闭，以保证结构体系的整体刚度。承重墙上的门窗开设应符合墙体受力要求。

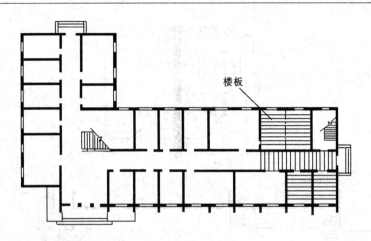

图 2-44　采用墙承重结构的建筑示例

（3）上下层承重墙应对齐。为此，上下各层的房间布置应协调，不宜将小房间安排在大房间上面。大房间可设在建筑物的顶层，或附设于主体建筑一侧，以便结构上另行处理。

2. 框架结构

框架结构的特点是由柱承受梁和板传下来的荷载，墙只起围护、分隔作用，承重结构与围护结构分工明确。框架结构本身并不形成空间，只为形成空间提供一个骨架，这就给自由灵活地分隔空间创造了十分有利的条件。

框架结构对建筑平面组合的限制较少，各部分空间的大小和平面布置可按功能特点作不同的处理，立面开窗也比较灵活。但各空间的形式和平面尺寸应尽量与柱网的排列形式和尺寸协调，另外，大空间内出现的柱子也会影响有视线等特殊功能要求的房间正常使用。因此，框架结构一般适用于由允许出现柱子的大空间组成的建筑，如大型商店、图书馆、实验楼及车站建筑等，或由小空间组成的高层建筑，如高层住宅、旅馆、办公楼等。图 2-45 是

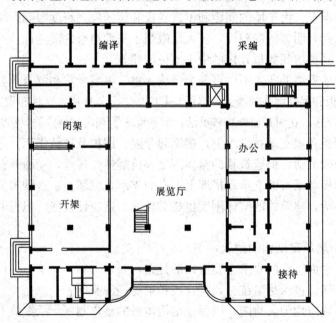

图 2-45　采用框架结构的建筑示例（图书馆）

采用框架结构的建筑示例图。

3. 空间结构

空间结构有网架结构、悬索结构、壳体结构、折板结构等多种形式。空间结构的特点是跨度大、自重轻、受力合理、用材经济，并且平面形式多样，能适应各种不同形状的建筑平面。由于大空间内不出现柱子，故可以满足某些特殊功能的要求。空间结构一般适用于以大空间为主体的建筑，尤其是大空间内不允许出现柱子的建筑，如体育馆、影剧院等。图2-46是采用空间结构的建筑示例。

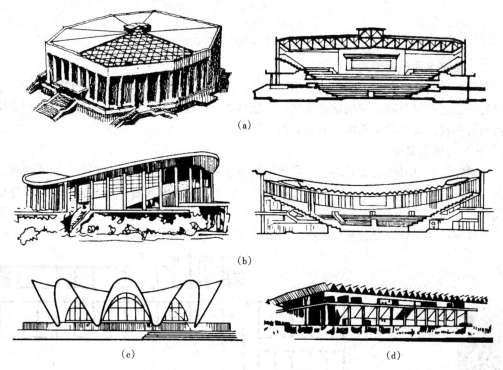

图 2-46　采用空间结构的建筑示例
(a) 网架结构；(b) 悬索结构；(c) 壳体结构；(d) 折板结构

（三）设备要求

民用建筑中的设备管线主要包括给排水、采暖、空调、电照、燃气、通信等管线。在平面组合设计时，为使设备管线布置简捷集中，在满足使用要求的基础上，应尽可能地将有设备管线的房间布置在一起，而且房间以及房间内的设备管线应上下各层对齐。如住宅中的厨房、卫生间尽量毗邻布置，以节约给排水管道。对设备管线较多的房间，可设置管道井，将竖向管线集中布置在管道井内。图2-47是旅馆卫生间中的管道井布置示例图。

（四）建筑造型要求

建筑物的外部造型是内部空间的反映，内部空间的形式和组合情况必然要影响到建筑体型和立面处理效果。因此，在进行平面组合设计时，应考虑建筑造型要求，注意对建筑体型和立面处理效果所产生的影响，为建筑体型和立面设计打好基础，创造有利的条件。

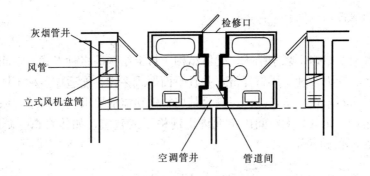

图 2-47　旅馆卫生间管道井布置示例

二、建筑平面组合形式

各种类型的建筑，由于使用功能不同，其功能联系的特点和空间构成的特点也不一样。在进行平面组合设计时，应根据建筑物的功能联系特点和空间构成特点来选择与之相适应的平面组合形式。常见的平面组合形式有以下几种：

（一）走道式组合

走道式组合（又称走廊式组合）是用走道将各房间连接起来，即在走道一侧或两侧布置房间。它的特点是房间与交通联系部分明确分开，各房间不被穿越，相对独立，同时各房间之间又可通过走道保持必要的功能联系。走道式组合适用于房间面积不大、同类型房间数量较多的建筑，如学校、办公楼、医院、宿舍等建筑，如图 2-48 所示。

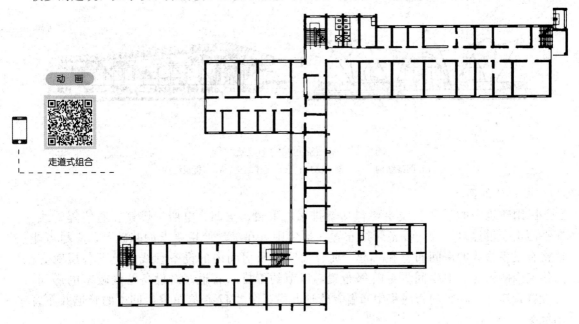

图 2-48　走道式组合示例（医院）

走道式组合按房间布局不同，可分为中间走道式和单面走道式两种类型。中间走道式又称内廊式，是沿走道两侧布置房间，如图 2-49（a）所示。这种组合形式平面紧凑，走道所占面积相对较少，建筑进深大，节省用地，有利于寒冷地区的保温节能，但有一侧房间的朝向较差，走道两侧的房间之间有一定干扰，走道的采光通风较差。单面走道式又称外廊式，

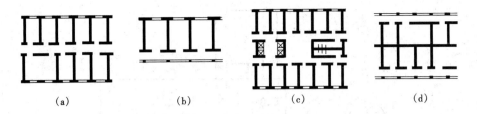

图 2-49　走道式组合的布置形式

(a)（单）内廊式；(b)（单）外廊式；(c) 双内廊式；(d) 双外廊式

是沿走道一侧布置房间，如图 2-49（b）所示。这种组合形式可使房间获得良好的朝向及采光通风条件，在炎热的南方使用较多，但其走道所占面积相对较多，建筑进深较小，用地较多，不够经济。对于规模较大或有特殊要求的建筑，也可采用双内廊式或双外廊式，如图 2-49（c）、(d) 所示。图 2-50 是采用双内廊式组合的建筑示例。

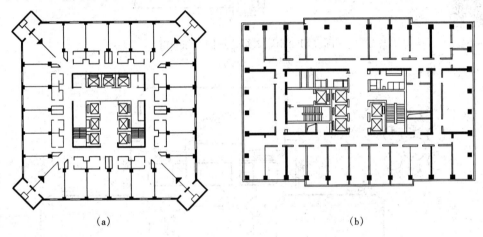

图 2-50　双内廊式组合示例

(a) 旅馆；(b) 办公楼

（二）套间式组合

套间式组合是以穿套的方式将主要房间按一定序列组合起来。它的特点是把水平交通联系部分寓于房间之内，房间之间联系紧密，具有较强的连贯性。套间式组合适用于房间的使用顺序性和连续性较强的建筑，如展览馆、博物馆、商店、车站等建筑。

套间式组合可分为串联式、放射式、大空间自由分隔式等几种类型。串联式是各主要房间按一定顺序互相串通，首尾相连，如图 2-51 所示。串联式组合使房间之间有明确的程序和连续性，且不逆行交叉，但流线不灵活，不利于部分房间单独使用。放射式是将各房间围绕交通枢纽呈放射状布置，如图 2-52 所示。放射式组合流线简单紧凑，空间使用灵活，但流线欠明确，易产生迂回和拥挤。大空间自由分隔式是在一个完整综合的大空间内自由灵活地分隔空间，如图 2-53 所示。它的特点是使用空间和交通联系部分合而为一，被分隔的空间既有所区分又相互连通，从而使用灵活、空间紧凑、流线自由。

（三）大厅式组合

大厅式组合是以主体大厅为中心周围穿插布置辅助房间。主体大厅的空间体量庞大，使

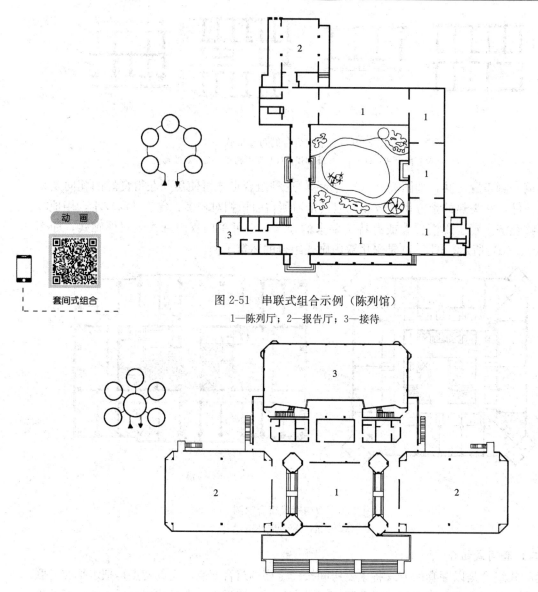

图 2-51　串联式组合示例（陈列馆）

1—陈列厅；2—报告厅；3—接待

图 2-52　放射式组合示例（纪念馆）

1—进厅；2—陈列室；3—半景画馆

用人数多，而辅助房间与主体大厅相比空间大小相差悬殊，且直接依附于主体大厅。因此，大厅式组合具有主要房间突出，主从关系分明，主要房间与辅助房间联系紧密的特点。大厅式组合适用于影剧院、体育馆等建筑，如图 2-54 所示。

（四）单元式组合

单元式组合是将关系较密切的房间组合在一起，成为相对独立的单元，再将各单元按一定方式连接起来。它的特点是规模小、平面紧凑、功能分明、布局整齐、外形统一，各单元之间互不干扰，且利于建筑的标准化和形式的多样化。单元式组合主要适用于住宅建筑，此外，也可用于幼儿园、宿舍、学校等建筑中。

在单元式的组合形式中，通常将各单元直接毗连在一起，如图 2-55（a）所示，或将各

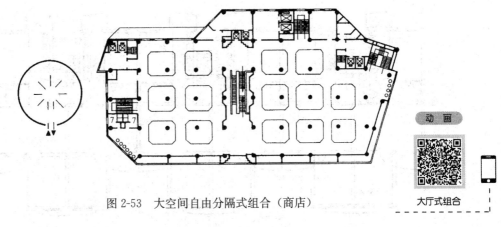

图 2-53　大空间自由分隔式组合（商店）

动　画

大厅式组合

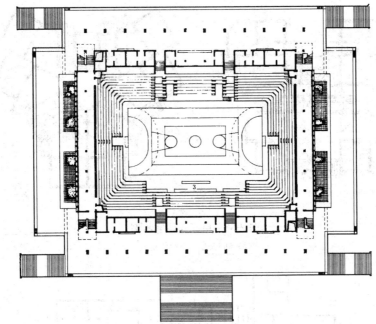

图 2-54　大厅式组合示例（体育馆）

单元独立布置，如图 2-55（b）所示。此外，也可用走道、楼梯或其他过渡空间将各单元连接在一起如图 2-56 所示。

（五）混合式组合

混合式组合是指采用两种或两种以上的组合形式将各房间连接起来。对于一些规模较大、功能复杂的公共建筑，如文化宫、俱乐部、旅馆等建筑，往往很难局限于一种组合形式，通常只能采用混合式组合。图 2-57 是采用混合式组合的某文化宫底层平面，其中剧场采用大厅式组合，阅览、办公部分采用走道式组合，展览部分采用套间式组合。多种组合形式的灵活运用，将所有房间有机地组合成建筑整体。

功能对建筑平面组合形式有一定的规定性，但在具体处理上又有很大的灵活性，灵活的功能要求允许对平面组合形式有多种选择的余地。如办公建筑常采用走道式组合，有时也可

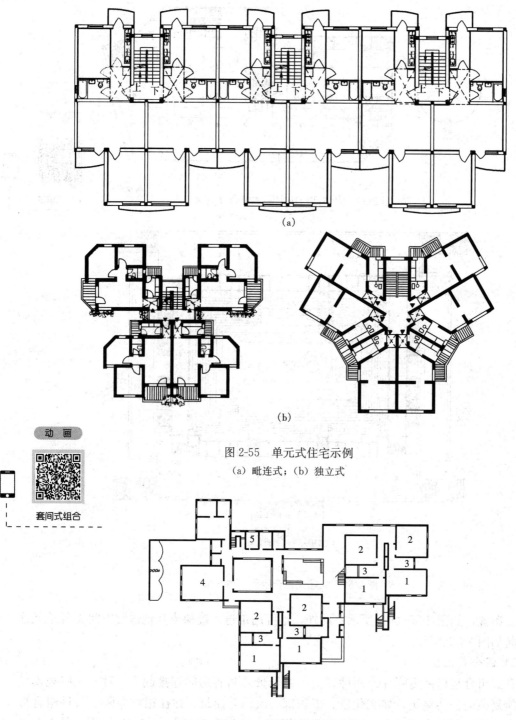

（a）

（b）

动 画

套间式组合

图 2-55 单元式住宅示例
（a）毗连式；（b）独立式

图 2-56 单元式幼儿园示例
1—活动室；2—卧室；3—盥洗室；4—音体室；5—办公室

根据实际使用要求采用大空间自由分隔式；学校建筑既可采用走道式组合，必要时也可采用单元式组合等。在平面组合设计中，既要尊重功能对建筑平面组合形式的规定性，又要充分地利用它的灵活性，创造出既适用、经济又具有生动活泼形式的建筑。

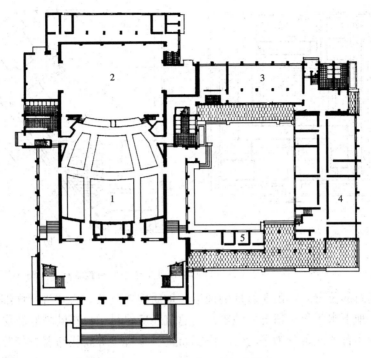

图 2-57　混合式组合示例（文化宫）

1—观众厅；2—舞台；3—展览；4—阅览；5—办公

三、基地环境对建筑平面组合的影响

任何建筑物都不是孤立存在的，必然要处在一定的环境之中，并与周围环境保持着某种联系，同时又受到它的制约和影响。如果说建筑功能、结构等是影响建筑平面组合的内在因素，那么基地环境如基地的大小和形状、道路交通状况、相邻建筑情况、地形条件、朝向、日照等则是影响建筑平面组合的外在因素。在进行建筑平面组合设计时，应综合考虑内外多方面因素的影响，使建筑物既能满足功能、结构等方面的要求，又能与基地环境协调一致。

（一）基地的大小、形状和道路布置

基地的大小和形状直接影响到建筑平面布局、外轮廓形状和尺寸。基地周围的道路布置及人流方向是确定建筑物出入口和门厅平面位置的主要因素。因此，在平面组合设计中，应密切结合基地的大小、形状及道路布置等外在条件，使建筑平面布置形式、外轮廓形状和尺寸以及出入口的位置等符合总体规划的要求。

图 2-58 是不同基地条件的学校教学楼平面布置示意。图 2-58（a）中的学校基地宽敞、形状规整，对教学楼的限制和约束相对较少，使其有较大的选择余地。图 2-58（b）中的学校基地狭窄、形状不规整，教学楼的平面布局及形状结合基地现状进行设计，在临街处布置庭院，使教室远离城市干道，既减少了干扰，又争取了好的朝向，同时也照顾了城市街景。

（二）基地的地形条件

建筑平面组合除了受基地大小、形状和道路布置的制约外，还受到基地的地形条件影响，尤其是布置在坡地上的建筑物。一般坡地建筑的平面组合应依山就势，顺应地形，尽量减少土石方工程。利用地形的高度变化来布置建筑物，使建筑平面组合与地面高差很好地结合起来，不仅减少了土方量，而且还可创造出层次分明、富于变化的内部空间和外部形式。

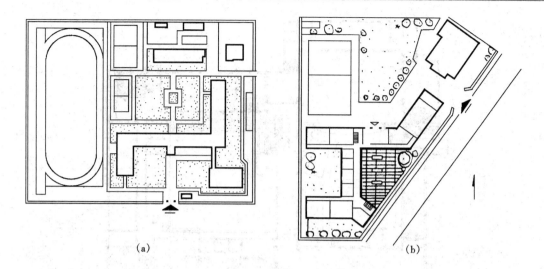

(a)　　　　　　　　　　　　　　　　(b)

图 2-58　不同基地条件的学校教学楼平面布置示意

　　选择坡地建筑的位置时，由于坡地的地形、地质比较复杂，必须进行详细的勘查，并注意滑坡、溶洞、地下水等分布情况，地震区的建筑还应尽量避免在陡坡和断层上建造。

　　坡地建筑的布置方式可分为平行于等高线布置、垂直于等高线布置、与等高线斜交布置

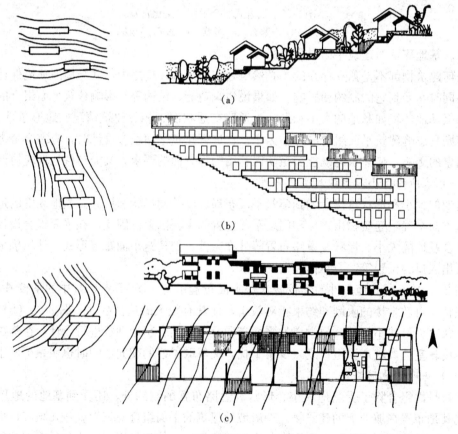

图 2-59　坡地建筑的布置方式

(a) 平行于等高线布置；(b) 垂直于等高线布置；(c) 与等高线斜交布置

三种，如图 2-59 所示，主要根据地面坡度、道路、排水、通风等因素来选择。当地面坡度小于 25％时，建筑物多平行于等高线布置，这种布置方式土方量少，造价经济。当坡度在 10％左右时，可将基地稍作平整或将建筑物的前后勒脚调整到同一标高即可。当坡度大于 25％时，建筑物宜垂直于等高线布置，这种布置方式排水、通风较好，但基础比较复杂，道路较难布置。为了争取良好的朝向和通风条件，建筑物也可与等高线斜交布置。

（三）建筑物的朝向和间距

1. 朝向

影响建筑物朝向的主要因素是日照和通风。良好的建筑朝向可通过阳光和自然风起到调节室内气温的作用，有利于室内卫生环境的创造。

根据我国所处的地理位置，建筑物的朝向为南向或南偏东、偏西少许角度时，可获得良好的日照条件。这一朝向范围的建筑物，在不同季节和时间里，由于太阳位置不同，太阳从窗户照射到室内的深度和时间不同。太阳位置通常由太阳高度角 h 和太阳方位角 A 确定，太阳高度角是指直射阳光与水平面的夹角，太阳方位角是指直射阳光的水平投影与正南方位的夹角，正南为 0°，午前为负值，如图 2-60 所示。夏季太阳高度角大，太阳照射到室内的深度和时间都较少，相反，冬季太阳高度角小，太阳照射到室内的深度和时间都较多，从而使室内获得冬暖夏凉的效果。

为了在夏季获得良好的自然通风，而寒冷地区在冬季又能阻挡寒风的侵袭，在满足日照要求的基础上，可根据当地的气候特点及夏季或冬季的主导风向，适当调整建筑物的朝向。

此外，在确定建筑物的朝向时，对于一些人流比较集中的公共建筑，还应考虑道路的布置方向及人流走向的影响；对于风景区的建筑，还应考虑景观要求等。

2. 间距

建筑物的间距是指相邻两幢建筑物之间外墙面相距的距离。确定建筑物的间距，应综合考虑日照、防火、建筑物的使用性质、用地情况等方面的要求。

日照间距是指前后两排房屋之间，根据日照时间要求所确定的距离。不同类型的建筑对日照时间有不同的要求，如托幼建筑冬至日底层满窗日照不应少于 3h，学校教学楼冬至日底层满窗日照不应少于 2h。一般情况下，日照间距是确定建筑物间距的主要因素。南向建筑物的日照间距通常以冬至日或大寒日正午 12 时太阳能照射到南向后排房屋底层窗台高度为依据进行计算，如图 2-61 所示。

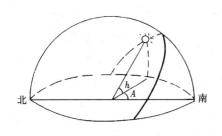

图 2-60　太阳高度角和方位角
h—太阳高度角；A—太阳方位角

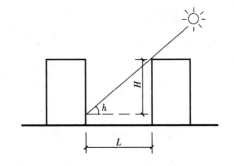

图 2-61　建筑物的日照间距

日照间距的计算公式为

$$L = H/\tan h$$

式中　L——日照间距；

　　　H——南向前排房屋檐口至后排房屋底层窗台的高度；

　　　h——当地冬至日或大寒日正午 12 时的太阳高度角；

　$1/\tan h$——日照间距系数。

我国各地区由于太阳高度角不同，有不同的日照间距系数。愈往南太阳高度角愈大，则日照间距系数及日照间距愈小，反之，愈往北太阳高度角愈小，则日照间距系数及日照间距愈大。为了节省用地，实际采用的建筑间距系数通常会略小于理论计算的日照间距系数。

防火间距是指建筑物之间防火疏散要求的距离。防火间距应符合防火规范的有关规定。如一、二级耐火等级的多层民用建筑之间的防火间距不应小于 6m。

某些类型的建筑物，考虑使用功能、卫生等方面的要求，对其间距有所限制，如学校建筑中，两排教室长边相对时，其间距不应小于 25m。

思　考　题

2-1　民用建筑由哪几类功能空间组成？

2-2　房间的面积由哪几个部分组成？确定房间的面积应考虑哪些因素？

2-3　确定房间的平面形状应考虑哪些因素？为什么矩形房间被广泛采用？

2-4　什么是开间、进深？如何确定房间的开间和进深？

2-5　门的主要作用是什么？门的宽度、数量、位置及开启方式如何确定？

2-6　窗的主要作用是什么？窗的面积和位置如何确定？窗地比的含义是什么？

2-7　有固定设备的辅助房间设计的基本步骤有哪些？

2-8　交通联系部分包括哪些内容？

2-9　如何确定走道的宽度以及楼梯的宽度、数量和位置？门厅的设计要求有哪些？

2-10　建筑平面组合设计的要求有哪些？如何按功能要求进行平面组合？

2-11　建筑平面组合形式通常有哪几种？它们各自的特点和适用范围是什么？

2-12　确定建筑物的朝向和间距应主要考虑哪些要求？如何确定建筑物的日照间距？

第三章

建 筑 剖 面 设 计

建筑剖面设计是对各房间和交通联系部分进行竖向的组合布局。它的主要内容有确定房间的剖面形状、建筑各部分的高度及建筑物的层数，进行建筑剖面组合，研究建筑空间的利用。此外，还要处理建筑剖面中的结构、构造关系等问题。建筑平面和剖面是从两个不同的方向来表示建筑各部分的组合关系，因此，设计中的一些问题往往需要将平面和剖面结合在一起考虑，才能加以解决。例如建筑平面中房间的分层安排及各层面积大小需要结合剖面中建筑物的层数一起考虑；建筑剖面中建筑物的层高需要与平面中房间的面积大小、进深尺寸结合考虑等。

第一节　房间的剖面形状和建筑各部分高度确定

一、房间的剖面形状

房间的剖面形状是根据房间的功能要求，结合结构、施工等技术条件和经济条件，并考虑空间艺术效果来确定。

（一）房间的使用要求

在民用建筑中，普通功能要求的房间，其剖面形状同平面形状一样，也是多采用矩形。对于某些功能上有视线、音质等特殊要求的房间，如影剧院的观众厅、体育馆的比赛厅、学校的合班教室等，应根据使用功能要求，选择与之相适应的剖面形状。

1. 视线要求

在剖面设计中，为了保证良好的视觉条件，即视线无遮挡，可将座位逐排升高，使室内地面形成一定的坡度。地面的升起坡度主要与设计视点的位置及视线升高值有关，另外，第一排座位的位置、排距等对地面的升起坡度也有影响。

设计视点是划分可见与不可见范围的界限，设计视点以上是可见范围。设计视点一般选择在最不利的位置，不同功能的房间设计视点的位置也不同。如在电影院中，设计视点应选在银幕下缘的中点；在剧院中，设计视点一般宜选在舞台面台口线中心台面处或舞台面上方不超过 300mm 处；学校合班教室的设计视点一般应选在黑板底边；在体育馆中，设计视点一般应选在篮球场的边线上或边线上方不超过 500mm 处。设计视点越低，地面的升起坡度越大，而设计视点较高时，地面升起也较平缓，如图 3-1 所示。

设计视点与人眼睛的连线称为设计视线。视线升高值即 C 值，是指后排人的设计视线与前排人的头顶相切或超过时，与前排人的眼睛之间的垂直距离。C 值与人眼睛到头顶的高度及视觉标准有关，一般为 120mm。在设计中，对视线升高值的选取通常有两种标准：一

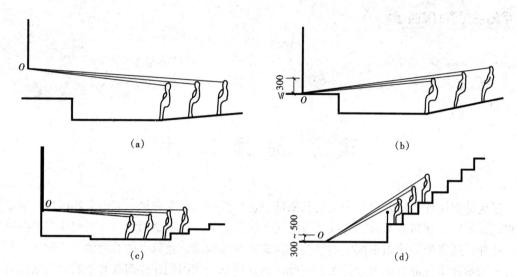

图 3-1 设计视点与地面升起坡度的关系

(a) 电影院；(b) 剧院；(c) 合班教室；(d) 体育馆

种是每排视线升高值为 120mm，以保证良好的视觉条件，但地面升起坡度较大，适用于视线和音质要求高且容量不大的房间；另一种是隔排视线升高值为 120mm，为了避免视线受到遮挡，宜将前后排座位错开布置，其视觉效果也比较好，而且地面升起坡度变缓，因此采用较多。图 3-2 为 C 值选取标准与地面升起坡度的关系示例。

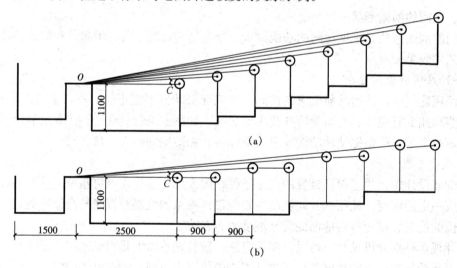

图 3-2 C 值选取标准与地面升起坡度的关系

(a) 每排升高 C 值为 120mm；(b) 隔排升高 C 值为 120mm

地面的起坡形式有曲线形、直线形、折线形和阶梯形等，在实际设计中，当地面的升起坡度不大时，常采用折线形，也可采用其他形式；当坡度大于 1：6 时，应采用阶梯形。

2. 音质要求

在确定房间的剖面形状时，音质要求主要影响到顶棚的处理。为保证室内声场分布均匀，避免产生声音聚焦及回声，应根据声学设计来确定顶棚的形状。顶棚是室内声音的主要反射面，它的形状应使室内各部位都能得到有效的反射声。如剧院的观众厅，一般后区的声压比较低，为了利用顶棚的反射声加强这部分的声压，顶棚常向舞台方向倾斜。为避免观众厅前区和中区缺少反射声或出现回声，通常将观众厅前部靠近舞台口的顶棚压低。为避免产生声音聚焦，顶棚的形状应尽量避免采用凹曲面，否则，应加大凹曲面的曲率半径，使声音的聚焦点不在观众座位区。图 3-3 是观众厅的几种剖面形状示意。

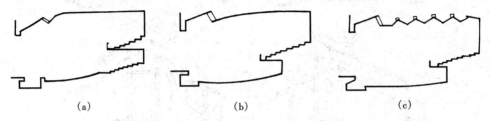

(a)　　　　　　　　　　　(b)　　　　　　　　　　　(c)

图 3-3　观众厅的几种剖面形状示意

图 3-4 是剧院剖面示例。

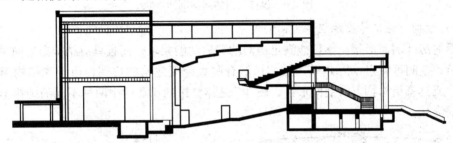

图 3-4　剧院剖面示例

（二）室内的采光和通风要求

通常采光和通风要求对房间的剖面形状影响不大，但对于部分单层建筑或建筑物顶层中跨度较大以及在采光、通风方面有特殊要求的房间，为了改善室内的采光、通风条件，常设置各种形式的天窗，从而形成了各种不同的剖面形状。例如展览建筑中的陈列室，为了使室内照度均匀，避免光线直射损害陈列品和产生眩光，并使采光口不占用或少占用陈列墙面，常采用各种形式的采光窗，图 3-5 是不同形式的采光窗对剖面形状的影响；饮食建筑中的厨房，由于在操作过程中散发出大量的蒸汽、油烟等，常在顶部设置排气窗，形成其特有的剖面形状，如图 3-6 所示。

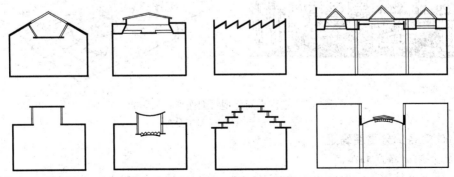

图 3-5　不同形式的采光窗对剖面形状的影响

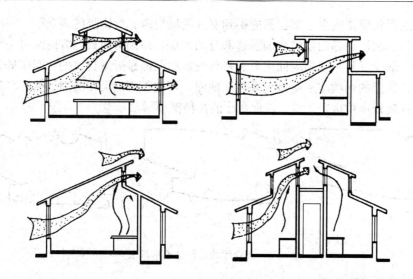

图 3-6　设排气窗的厨房剖面形状

（三）结构、施工等技术经济方面的要求

矩形的房间剖面形状，不仅能满足房间的普通功能要求，而且具有结构布置简单，施工方便，节省空间等特点，因此采用较多。但有些大跨度建筑的房间，由于受结构形式的影响，常形成具有结构特点的剖面形状。图 3-7 是体育馆的比赛厅中两种不同的结构形式所形成的剖面形状。

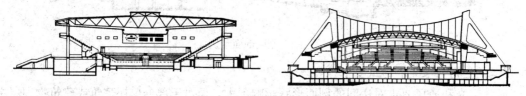

图 3-7　结构形式对剖面形状的影响

（四）室内装饰要求

为获得良好的空间艺术效果，对装修标准较高的房间，可结合顶棚、地面的处理，使其剖面形状富有一定的变化，如图 3-8 所示。

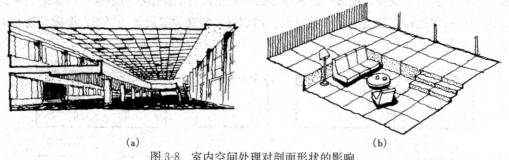

（a）　　　　　　　　　　　　　　　　　（b）

图 3-8　室内空间处理对剖面形状的影响

（a）顶棚处理；（b）地面处理

二、建筑各部分高度确定

（一）房间的净高和层高

房间的净高是指室内楼地面完成面至吊顶、楼板或梁底面之间的垂直距离；当楼盖、屋盖的下悬构件或管道底面影响有效使用空间时，房间的净高应为室内楼地面完成面至下悬构件下缘或管道底面之间的垂直距离。层高是指该层楼地面到上层楼面之间的垂直距离（图 3-9）。层高应符合《建筑模数协调标准》（GB/T 50002—2013）的要求。

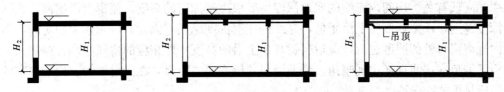

图 3-9   房间的净高（H_1）和层高（H_2）

确定房间的净高和层高应主要考虑以下几个方面的要求：

1. 使用活动特点、家具设备配置等使用要求

房间的净高与人体活动尺度有关，为保证人们的正常活动，通常室内最小净高应使人举手不接触到顶棚为宜，即房间净高不宜小于 2.20 m，如图 3-10 所示。

不同类型的房间，由于使用活动特点不同，对房间净高的要求也有所不同。当室内使用活动的空间范围较小且面积较小、活动人数较少时，室内净高可低一些；当室内使用活动的空间范围较大或面积较大、活动人数较多时，室内净高应高一些。一般情况下，生活起居用房的室内净高可低一些，如住宅中起居室和卧室的净高不低于 2.40m；工作学习用房的室内净高可适当高一些，如学校中教室的净高一般不低于 3.40m；公共活动用房的室内净高宜更高一些，如排球比赛厅的室内净高不低于 12m。

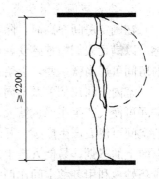

图 3-10   房间的最小净高

此外，室内的家具设备配置对有些房间的净高有较大影响，设计时可根据家具设备的高度及人使用家具设备所需的活动尺寸来确定室内的使用高度。如采用双层床的宿舍，考虑双层床的高度及必要的使用活动尺寸，室内净高不应低于 3.40m，如图 3-11（a）所示；医院的手术室，考虑手术台、无影灯高度及手术操作所需尺寸，室内净高一般为 3～3.20m，如图 3-11（b）所示；游泳馆比赛厅的净高应满足跳台高度及使用

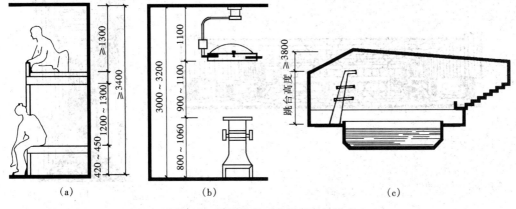

    （a）   （b）   （c）

图 3-11   家具设备对房间高度的影响

（a）宿舍；（b）手术室；（c）游泳馆

活动所需空间要求，如图 3-11（c）所示。

2. 采光、通风等环境和卫生要求

室内光线的强弱和照度是否均匀，不仅与窗在平面中的宽度和位置有关，而且还与窗在剖面中的高低有关。房间内光线的照射深度主要取决于侧窗的高度，侧窗上沿越高，光线的照射深度越远；反之，侧窗上沿越低，光线的照射深度越浅。因此，进深较大的房间，为避免室内远离窗口处的照度过低，应适当提高窗上沿的高度，即相应的房间净高也应加大。另外，为了避免在房间顶部出现暗角，窗上沿至顶棚底面的距离，在满足结构、构造要求的前提下，应尽可能小一些。

由于室内热空气上浮，需要有足够的空间与室外对流换气，因此房间的净高不应太低，尤其在炎热地区更应高一些。但房间净高过高，会导致散热过多，对寒冷地区冬季保温不利，而且也不经济。此外，室内还需有足够的人均空气容量，如中小学教室为 $3\sim5m^3/$ 人，电影院观众厅为 $4\sim5m^3/$ 座，通常可根据房间的面积、使用人数和卫生标准来确定符合卫生要求的房间净高。

3. 室内空间比例要求

在确定房间净高时，除考虑功能要求外，还要考虑房间高度与宽度的合适比例及空间观感，以满足人们精神感受和审美的要求。一般情况下，面积大的房间宜相应高一些，面积小的房间可适当低一些，以给人正常的空间观感。

室内空间比例关系不同，给人的感受也不同，甚至还会影响到人的情绪。例如大而高的空间可使人产生庄严、博大、宏伟的感觉；小而低的空间则给人亲切、宁静的感觉；宽而低的空间可使人产生广延、开阔的感觉，但过低将会使人感到压抑或沉闷；窄而高的空间给人以向上的感觉，易使人产生兴奋、崇高、激昂的情绪，如图 3-12 所示。在确定房间净高时，应巧妙地利用各种空间比例关系给人的不同感受，并使之与房间的功能特点相一致，以获得较为理想的空间效果。如住宅的卧室宜为小而低的空间，以造成亲切、宁静的气氛；纪念性建筑的厅或堂宜为大而高的空间，以造成严肃、庄重、崇高的气氛等。

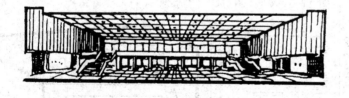

(a)   (b)

图 3-12 空间比例不同给人以不同的感受

(a) 宽而低的空间；(b) 窄而高的空间

人们感觉上的空间高低往往是相对的,因此可通过不同的处理手法来改变人们对空间高度的感觉。如图 3-13 是通过顶棚处理,以压低次要部分空间的方法来突出主要部分空间,使主要部分空间显得更高一些;图 3-14 是两个同样大小的房间,通过对窗的不同处理来给人以不同的空间高度感。

图 3-13 顶棚的不同处理对空间高度感的影响

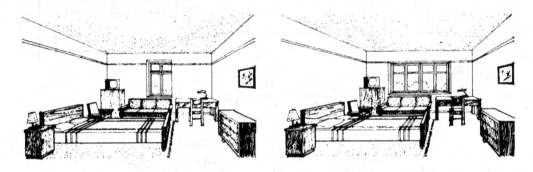

图 3-14 窗的不同处理对空间高度感的影响

4. 结构和构造要求

根据室内使用、环境、卫生和空间比例的要求,可初步确定房间的净高。层高等于房间的净高加上楼板(或屋顶)层所占用的空间高度,楼板(或屋顶)层的高度包括楼板(或屋顶)结构层的高度以及楼面、吊顶等构造层所占用的高度。因此,楼板(或屋顶)层的结构布置和构造做法不同,就有不同的楼板(或屋顶)层高度,而层高也会随之变化。例如房间的开间进深较小时常采用板式结构,结构层所占高度较小,层高则可小一些;开间进深较大的房间宜采用梁板式结构,结构层高度较大,使层高相应地加大;对于一些大跨度建筑,多采用桁架、空间网架等结构形式,结构所占高度会更大;当房间采用吊顶时,层高也应适当增大。

5. 经济要求

层高是影响建筑造价和用地的重要因素。在满足上述各方面要求的前提下,适当降低层高可相应减轻建筑物自重,改善结构受力情况,降低能耗,节约材料,降低建筑造价,节省投资。据统计,普通砖混结构的建筑物,层高每降低 100mm,可相应节省投资 1% 左右。此外,层高降低后,建筑总高度随之降低,从而可缩小建筑物间距,节约用地。因而控制建筑特别是大量建造的住宅和中小型公共建筑的层高,有十分重要的经济意义。

(二)窗台高度

窗台的高度主要根据房间的使用要求、人体尺度和家具设备的高度来确定。

一般民用建筑中的生活、工作和学习用房,为保证桌面有充足的光线,方便人们工作、学习，窗台的高度宜略高于桌面的高度（780～800mm），低于人坐的视平线高度（1100～1200mm），通常为900～1000mm，如图3-15（a）所示。托幼建筑结合儿童尺度，其活动室和音体室的窗台高度不宜大于600mm，如图3-15（b）所示。有遮挡视线要求的房间，如浴室、厕所、卫生间等，窗台的高度可适当提高，一般可取1800mm，如图3-15（c）所示。展览建筑中的陈列室，为了消除和减少眩光，并使采光口少占用陈列墙面，常设高侧窗或天窗，如图3-16所示。另外，为便于观赏室外风景或丰富建筑空间，也可降低窗台高度或采用落地窗。

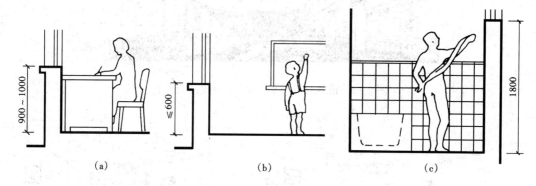

图 3-15 窗台高度
(a) 一般民用建筑；(b) 托幼建筑；(c) 卫生用房

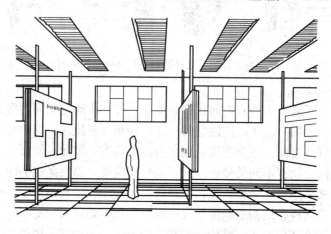

图 3-16 展览建筑陈列室的高窗

（三）门的高度

门的高度通常是指门的洞口高度，并宜采用3M模数数列。门的净高即门的通行高度通常等于门扇的高度。门的高度可根据人流通行和家具设备搬运、通风和采光以及比例关系等方面的要求来确定。门的净高一般不宜小于2m，当门顶不设亮子时，门的高度常用2.10m和2.40m；当门顶设亮子时，门的高度常用2.40m和2.70m。建筑物对外出入口的高度、室内空间高大的房间高度或有高大设备出入的房间门高，可相应地加大。

（四）室内外地面高差

为了防止雨水倒灌及墙身受潮，保证室内地面的干燥，室内外地面之间应有一定的高差。室内外地面的高差值应根据通行要求、防水和防潮要求、建筑物的沉降量、建筑物的使用性质和建筑标准、地形条件等因素确定，一般为 300～600mm。纪念性建筑或一些建筑标准较高的公共建筑，常加大室内外地面高差，采用高的台基和较多的踏步处理，以增强建筑物庄重、宏伟的气氛。位于山地和坡地的建筑物，应结合地形起伏变化和室外道路布置等因素确定室内外地面高差。

第二节　建筑物的层数确定

影响建筑物层数的主要因素有以下几个方面。

一、建筑物的使用要求

各种类型的建筑，由于使用功能和使用对象不同，对建筑层数有不同的要求。对外联系密切且使用对象为幼儿、儿童、老人、病人的建筑，层数不宜太多。如幼儿园、托儿所的层数不应超过三层；小学教学楼的层数不应超过四层；中学教学楼的层数不应超过五层；疗养院的层数不宜超过四层。使用人数很多、以大空间为主体的建筑，如影剧院、体育馆等，宜采用低层。使用人数不多、主要由小空间组成的大量性民用建筑，如办公楼、住宅、旅馆等，由于建筑物本身的使用要求对层数没有严格限制，故既可采用多层，也可采用高层。

二、基地环境和城市规划的要求

任何建筑都要处在一定的环境之中，建筑物的层数也必然受到基地环境的影响，特别是位于城市主干道两侧、广场周围、风景区和历史建筑保护区的建筑。确定建筑物的层数时，应考虑基地大小、地形、地貌、地质等条件，并使之与周围的建筑物、道路交通等环境协调一致。另外，城市规划部门从城市面貌、城市用地等方面考虑，对不同地段上的建筑物层数会提出具体要求，确定建筑物的层数时，应符合这些要求。

三、建筑结构、材料、施工等技术条件

建筑物采用的结构形式和材料不同，适合建造的层数也有所不同。例如砖混结构，由于砖墙的自重大、整体性差且承载能力较差，一般适用于六层及六层以下的大量性民用建筑，如多层或低层住宅、宿舍、教学楼、办公楼等建筑；钢筋混凝土框架结构、剪力墙结构、框架剪力墙结构和筒体结构等结构体系适用于高层和超高层建筑（图 3-17），如高层或超高层办公楼、旅馆、住宅等建筑，也适用于主要由较大空间组成的多层和低层建筑，如多层或低层的展览建筑、车站建筑等；网架、悬索、薄壳、折板等空间结构体系适用于低层大跨度建

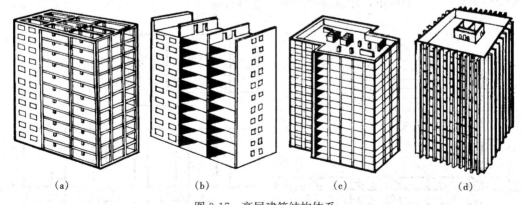

图 3-17　高层建筑结构体系

（a）框架结构；（b）剪力墙结构；（c）框架剪力墙结构；（d）筒体结构

筑，如体育馆、影剧院等建筑。此外，建筑施工技术水平、施工吊装能力等对确定建筑物的层数也有一定影响。

四、建筑防火要求

建筑物的层数应符合《建筑设计防火规范》（GB 50016—2006）的有关规定。在规范中，对不同耐火等级的民用建筑最多允许建造的层数有不同的规定。如建筑物的耐火等级为一、二级时层数原则上不作限制，为三级时最多允许建造五层，为四级时仅允许建造两层，见表3-1。

表 3-1 　　　　民用建筑的耐火等级、最多允许层数和防火分区最大允许建筑面积

耐火等级	最多允许层数	防火分区的最大允许建筑面积（m²）	备　　注
一、二级	按本规范第1.0.3条规定	2500	1. 体育馆、剧院的观众厅，展览建筑的展览厅，其防火分区最大允许建筑面积可适当放宽； 2. 托儿所、幼儿园的儿童用房及儿童游乐厅等儿童活动场所不应超过3层或设置在4层及4层以上楼层或地下、半地下建筑（室）内
三级	5层	1200	1. 托儿所、幼儿园的儿童用房及儿童游乐厅等儿童活动场所、老年人建筑和医院、疗养院的住院部分不应超过2层或设置在3层及3层以上楼层或地下、半地下建筑（室）内； 2. 商店、学校、电影院、剧院、礼堂、食堂、菜市场不应超过2层或设置在3层及3层以上楼层
四级	2层	600	学校、食堂、菜市场、托儿所、幼儿园、老年人建筑、医院等不应设置在2层
地下、半地下建筑（室）		500	—

五、经济条件

房屋造价及用地与层数有直接关系。从节省用地的角度考虑，层数宜多一些。图3-18是同样面积的一幢五层房屋和五幢单层平房的用地比较，在保证日照间距的条件下，后者的用地面积显然比前者要大得多。但层数增多到一定限度时，会因结构形式的变化及电梯、管道设备等公共设施费用的增加而提高房屋造价。因此，确定建筑物的层数时，应考虑房屋造价和用地情况的综合经济效果。一般五、六层砖混结构的房屋造价是比较经济的。对于人口密度大、用地紧张的大中城市，建筑物的层数可适当增多。

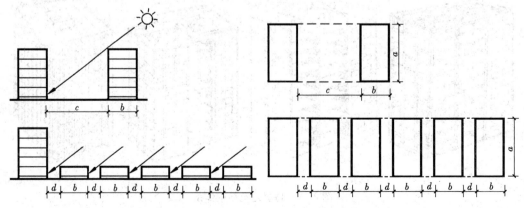

图 3-18　单层与多层房屋用地比较

确定建筑物的层数时，应综合考虑各方面的因素。通常根据建筑物的使用要求和城市规划要求，结合基地环境和经济条件，来确定建筑物的层数，同时选择与建筑物层数相适应的材料和结构形式以及建筑耐火等级。

第三节　建筑剖面组合和建筑空间利用

一、建筑剖面组合

建筑剖面组合是在平面组合的基础上，根据建筑物各部分在竖向的功能使用关系，结合结构、设备、经济、美观等要求，将各个房间沿竖向按一定形式合理地组合在一起。

由于房间的使用要求、面积大小等不同，它们的高度也彼此不同。在进行组合时，为避免因屋面和楼面高低错落过多，导致结构不合理、构造及施工复杂，应结合建筑规模、建筑层数、地形条件及建筑造型要求，合理地调整和组织不同高度的房间，使建筑物的各个部分在竖向取得协调统一。

（一）单层建筑的剖面组合

跨度较大、人流量大且对外联系密切的建筑，如体育馆、影剧院等，多采用单层。一些要求顶部采光或通风的建筑，如食堂、展览馆等，也常采用单层。根据各房间的高度及剖面形状不同，单层建筑的剖面组合形式主要有以下几种。

1. 等高组合

单层建筑各房间的高度相同时，自然形成等高的剖面形式。当各房间所需高度相近时，通常为简化结构、构造及方便施工，可按主要房间所需高度来统一建筑物高度，从而形成等高的剖面形式。

2. 不等高组合

当各房间所需高度相差较大时，为避免等高处理后造成浪费，可按各房间实际使用所需高度进行组合，形成不等高的剖面形式。如图 3-19 是一单层食堂中不同高度的房间组合示意，餐厅部分由于使用人数多、面积大，房间相应较高；备餐部分面积较小，房间的高度也

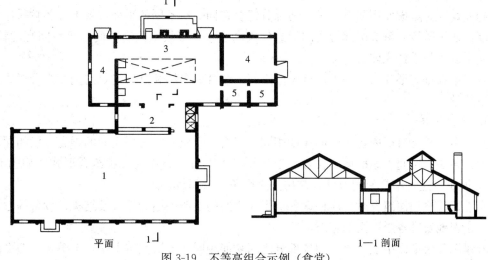

图 3-19　不等高组合示例（食堂）

1—餐厅；2—备餐；3—厨房；4—库房；5—办公室

相应较低；厨房部分因有较高的通风要求，故在顶部设置排气窗。这样，按平面中各部分的相对位置进行剖面组合，便形成了不等高的剖面形式。

3. 夹层组合

当各房间所需高度相差很大时，可将高度小的辅助房间毗连在高度大的主要房间周围，采用多层布置，形成夹层。例如体育馆中的比赛大厅和办公、休息等辅助房间的高度相差悬殊，通常结合大厅看台升起的剖面特点，在看台下面和大厅四周布置各种辅助房间，形成夹层，如图 3-20 所示。

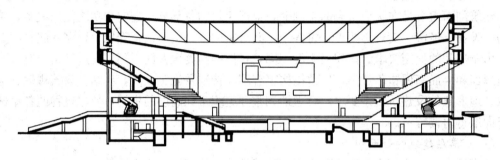

图 3-20 夹层组合示例（体育馆）

（二）多层和高层建筑的剖面组合

根据建筑物的使用要求、节约用地和城市规划等要求，民用建筑大多采用多层和高层。多层和高层建筑的剖面组合必须与平面组合结合进行。通常应尽量将同一层平面中所有房间的高度调整一致，采用统一的层高。对高度相差不大的房间，可按该层主要房间所需高度调整一致；高度相差较大的房间，应尽可能安排在不同的楼层上，各层之间采用不同的层高，若必须设在同一层而层高又难以调整到同一高度时，可采用不同的层高，局部作错层处理。对少量高度较大的房间，可将其布置在顶层，或附设于主体建筑的端部，也可单独设置用廊子与主体建筑连接。

图 3-21 为中学教学楼组合示例。其中普通教室、阅览室所需高度基本相同，厕所、储藏室等辅助房间所需高度不大，将其调整到与主要房间相同的高度。办公用房与教学用房的高度相差稍大，考虑使用联系要求，两部分组合在同一层不同的平面位置上，各自采用所需的层高，通过踏步来解决两部分之间形成的层高差。合班教室只有一间，且空间高度较大，故将其附设于教学楼主体的一端。

各层平面基本形成后，即可进行竖向空间的组合。多层和高层建筑的剖面组合形式主要有以下几种。

1. 叠加组合

叠加组合是指每层内各房间的高度相同，只有一个层高，各层之间的层高可以相同，也可不同，各层的房间、纵横墙、楼梯、卫生间等上下对应叠加的一种组合形式，如图3-22、图 3-23 所示。这种组合使用方便，结构处理简单，采用较多。

在进行建筑剖面组合时，应根据各层平面之间的功能使用关系以及结构、设备等方面的要求，合理地安排各层平面的相对位置。

若建筑各层平面中上下对应的各部分之间功能相同，各层基本上是一个模式，即平面设计中的标准层平面，如住宅、旅馆、宿舍等建筑，可按层数将若干个标准层平面叠加即可；

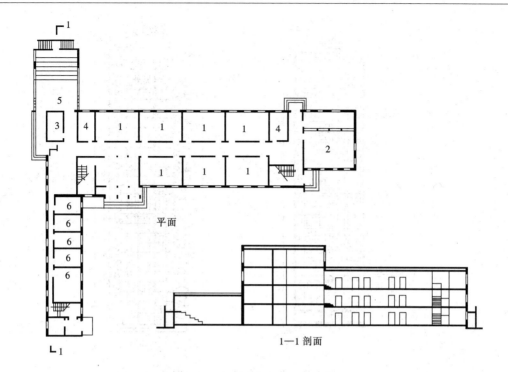

图 3-21　中学教学楼空间组合示例
1—教室；2—阅览室；3—储藏室；4—厕所；5—阶梯教室；6—办公室

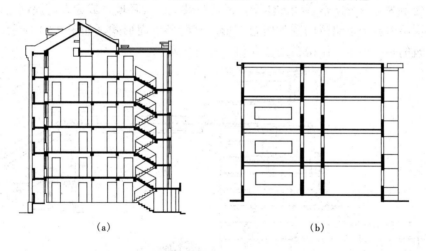

（a）　　　　　　　　　　　　　　　（b）

图 3-22　多层建筑叠加组合示例
（a）住宅；（b）教学楼

当建筑各层之间在功能上有内外关系时，如商店、食堂等建筑，经常使用的、人流量大的、对外联系密切的楼层应尽量安排在建筑物的底层或下面几层，不经常使用的、人流量小的以及供内部使用的楼层可安排在顶层或上面几层；对有一定使用顺序的建筑物，如医院门诊部、车站、展览建筑等，应严格按使用顺序安排各层平面的位置。

另外，各层平面的相对位置，还应使结构及设备管线布置合理。通常将室内有较重设备或有给排水、暖通等设备管道的房间所在楼层尽量安排在底层或自底层设起。

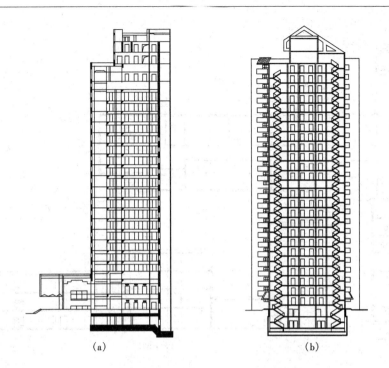

图 3-23　高层建筑叠加组合示例
(a) 旅馆；(b) 住宅

　　有些建筑为了取得丰富多变的体型，或适应坡地建设环境，或为人们提供楼层的露天场地，采用层层退台上下错位的叠加组合，形成台阶形剖面形式，如图 3-24 所示。错位叠加应保证建筑的平衡稳定、结构合理和有利于采光通风。

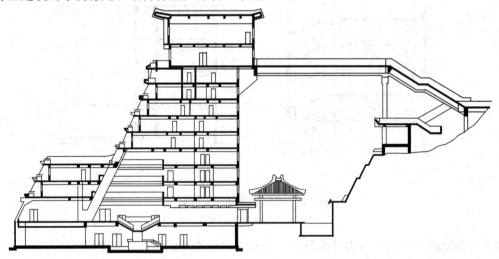

图 3-24　错位叠加组合示例（旅馆）

2. 错层组合

　　错层组合是指建筑同层平面中几部分的层高不同，使楼地面之间形成高差，或由于地形变化，建筑物几部分之间的楼地面高低错开的一种组合方式。利用错层的手法可明显地划分楼层空间和功能分区，合理地组织室内空间，并使建筑较好地适应复杂的地形。采用错层组合时，应采取措施解决错层处的高差问题。通常有以下几种解决办法：

（1）利用踏步来解决错层高差。当建筑各层平面内两部分之间的高差较小且层数不多时，可在走道上设少量踏步来连接不同标高的楼地面，如图 3-25 所示。

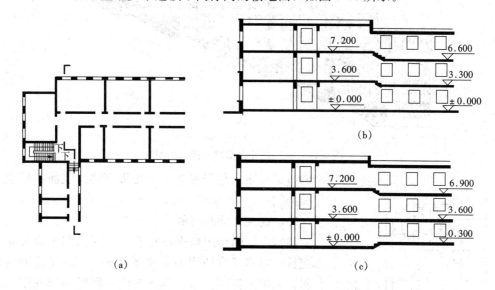

图 3-25 利用踏步解决错层高差
(a) 平面；(b) 剖面方案一；(c) 剖面方案二

（2）利用楼梯来解决错层高差。当建筑各层平面内两部分之间的高差较大时，可利用楼梯来连接不同标高的楼地面。楼梯每个梯段的踏步数量需作详细的计算，必要时对楼梯的梯段数量进行调整，使楼梯的平台标高与错层楼地面标高一致，以便通过楼梯通向标高不同的楼地面，如图 3-26 所示。

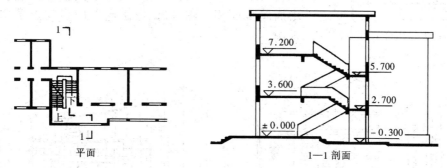

图 3-26 利用楼梯解决错层高差

（3）利用室外台阶来解决错层高差。通常用于建造在坡地上的建筑物，如图 3-27 所示。

3. 跃层组合

跃层组合主要用于住宅建筑中，并成为住宅的一种类型。跃层组合的住宅，其走廊每隔一至二层设置一条，每个住户可有前后相通且带高差的一层，或是上下层相通的房间。同层的高差以踏步相接，上下层房间以住户内部的小楼梯相连。跃层住宅的特点是节约公共交通面积，各住户之间干扰少，而户内的小楼梯又增添了居住建筑的趣味，但跃层组合往往使得

图 3-27 利用室外台阶解决错层高差

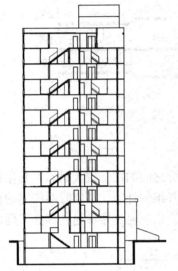

图 3-28 跃层组合示例（住宅）

结构布置和施工趋于复杂，平均每户的建筑面积较大，居住标准较高，如图3-28所示。

二、建筑空间的利用

建筑空间的利用是指在建筑占地面积和平面布局基本不变且不影响正常使用的条件下，充分利用建筑物内部的空间，来扩大使用面积。建筑室内空间的合理利用，不仅可以增加使用面积，而且可以起到改善室内空间比例、丰富室内空间内容的效果。利用室内空间的处理手法主要有以下几种：

（一）房间上部空间的利用

将室内家具设备布置及人们使用活动接触不到的上部空间利用起来设置各种储藏设施，如吊柜、格板等，以增加储藏面积，图 3-29 是住宅中的房间上部空间利用示例。

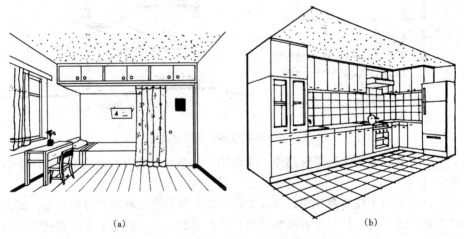

(a)   (b)

图 3-29 住宅中房间上部空间的利用

(a) 卧室；(b) 厨房

（二）夹层空间的利用

在有些公共建筑中，主要使用空间与辅助使用空间在面积和层高上相差悬殊，为此常采取在主要使用空间内局部设夹层的方式来布置辅助使用空间，使不同空间各得其所。图3-30（a）是在图书馆的阅览室内设夹层来布置开架书库，以增加开架书库的使用面积。一些公共建筑的门厅和大厅，由于人流集散和空间处理等要求，当厅内净高较高时也可局部设置夹层。图3-30（b）是某机场候机大厅夹层空间的利用。

(a)

(b)

图3-30 夹层空间的利用

(a) 阅览室；(b) 候机大厅

（三）结构空间的利用

在建筑物中，当墙体厚度较大时，可利用墙体的厚度，将墙体加以处理，按空间的大小安置壁龛、窗台柜、暖气片和空调设施等，如图3-31所示。

（四）楼梯和走道空间的利用

楼梯间的底部和顶部，一般都有可利用的空间。当楼梯间底层不作出入口时，楼梯中间平台下的空间可布置储藏室或厕所等辅助房间，也可布置家具或水池绿化，以美化室内环境。楼梯间顶层中间平台以上有约一层半的空间高度，在不影响通行的前提下，可局部设置储藏室等辅助房间，如图3-32所示。

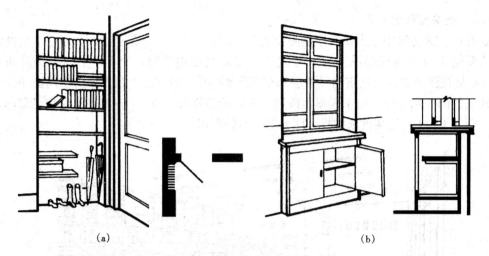

图 3-31　结构空间的利用

(a) 壁龛；(b) 窗台柜

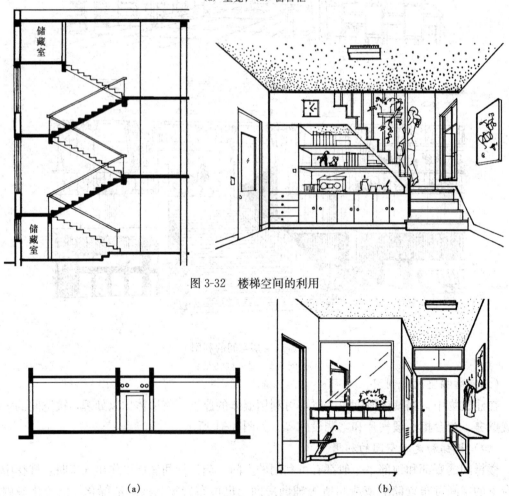

图 3-32　楼梯空间的利用

图 3-33　走道空间的利用

(a) 公共建筑的走道；(b) 居住建筑的过道

　　走道是供人们通行而停留较少的地方，且宽度不大，因此所需空间高度也不大。当建筑物的层高较高时，在公共建筑中可利用走道上部的空间布置通风管道和照明管线，在居住建筑中可利用过道上空布置吊柜等储藏设施。这样，既能使空间得以充分利用，又能获得较好的空间比例，如图 3-33 所示。

思 考 题

3-1　如何确定房间的剖面形状？

3-2　什么是房间的净高、层高？确定房间的净高和层高应主要考虑哪些要求？

3-3　窗台高度、门的高度、室内外地面高差的常用数值范围是什么？

3-4　影响建筑物层数的主要因素有哪些？

3-5　不同高度的房间在剖面组合中应如何处理？

3-6　如何解决错层高差？

3-7　建筑空间的利用有哪些处理手法？

第四章

建筑体型和立面设计

建筑的体型和立面设计是建筑外形设计的两个主要组成部分。建筑体型设计主要是对建筑外形总的体量、形状、比例、尺度等方面的确定，并针对不同类型建筑采用相应的体型组合方式；立面设计主要是对建筑体型的各个方面进行深入刻画和处理，使整个建筑形象更加生动。为了更好地完成建筑体型和立面设计，就要分析影响建筑体型和立面设计因素，掌握建筑体型和立面设计的方法，并灵活运用这些设计方法，创造出具有特色和艺术感染力的建筑形象。

第一节　建筑体型和立面设计的要求

一、反映建筑功能要求和建筑个性特征

建筑物的功能要求不同，使其有不同的内部空间组合特点，这些特点对建筑的外部体型和立面设计有直接的影响，如建筑体型的大小、高低、体型组合的简单或复杂、墙面门窗位置的安排以及大小和形式等。要充分利用这些影响并采取适当的建筑艺术处理方法，使建筑物的个性更为鲜明、突出。

住宅建筑由于内部房间较小，通常体型上进深较浅，立面上常以较小的窗户和入口、分组设置的楼梯和阳台反映其特征，如图4-1所示。影剧院建筑由于观演部分声响和灯光设施等的要求，以及观众场间

图 4-1　住宅

图 4-2　影剧院

休息所需的空间，在建筑体型上，常以高耸封闭的舞台部分和宽广开敞的休息厅形成对比，如图 4-2 所示。学校建筑中的教学楼，由于室内采光要求较高，人流出入多，立面上常形成高大明快、成组排列的窗户和宽敞的入口，如图 4-3 所示。底层设置大片玻璃面的陈列橱窗和大量人流的明显出入口，形成商业建筑的立面特征，如图 4-4 所示。

图 4-3　学校

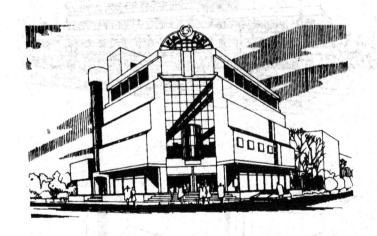

图 4-4　商店

二、反映结构材料与施工技术特点

建筑不同于一般的艺术品，它必须运用建筑技术如结构类型、材料特征、施工手段等才能完成，因此，建筑体型及立面设计必然在很大程度上受到建筑技术条件的制约，并反映出结构、材料和施工的特点。

建筑结构体系是构成建筑物内部空间和外部形体的重要条件之一。由于结构体系的不同，建筑将会产生不同的外部形象和不同的建筑风格。在设计中要善于利用结构体系本身所具有的美学表现力，根据结构特点，巧妙地把结构体系与建筑造型有机地结合起来，使建筑造型充分体现结构特点。如墙体承重的砖混结构，由于构件受力要求，窗间墙必须保留一定宽度，窗户不能开太大，形成较为厚重、封闭、稳重的外观形象，如图 4-5 所示；钢筋混凝土框架结构，由于墙体只起围护作用，建筑立面门窗的开启具有很大的灵活性，既可形成大面积的独立窗，也可组成带形窗，甚至可以全部取消窗间墙面而形成完全通透的形式，显示出框架结构简洁、明快、轻巧的外观形象，如图 4-6 所示；随着现代新结构、新材料、新技术的发展，特别是各种空间结构的大量运用，更加丰富了建筑物的外观形象，使建筑造型显现出千姿百态，如图 4-7 所示。

图 4-5　砖混结构

图 4-6　框架结构

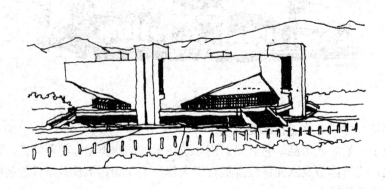

图 4-7　空间结构

　　材料和施工技术对建筑体型和立面也有一定的影响，如清水墙、混水墙、贴面砖墙和玻璃幕墙等形成不同的外形，给人不同的感受，如图 4-8 所示。施工技术的工艺特点，也常

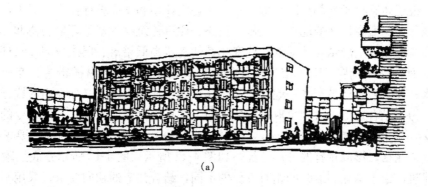

(a)

(b)

图 4-8　不同材料墙面的建筑

（a）清水砖墙住宅；（b）玻璃幕墙商店

形成特有的外观形象，图 4-9 是采用大型墙板的装配式建筑，利用构件本身的形体、材料、质感和墙面色彩的对比，以及构件的接缝、模板痕迹等，都显示出工业化生产工艺的简洁明快的外形特点。

图 4-9　大型墙板的装配式建筑

三、适应城市规划和基地环境的要求

位于城市中的建筑物，受城市规划约束较多。建筑造型设计要密切结合城市道路、基地环境、周围原有建筑物的风格及城市规划部门的要求进行设计。做到既满足了城市规划部门的总体控制，又能体现出鲜明的风格与特色。

　　任何一幢建筑都处于外部空间环境之中，对建筑体型和立面设计提出了要求，即建筑体型和立面设计要与所在地区的地形、气候、道路、原有建筑物等基地环境相协调，如风景区的建筑，在造型设计上应结合地形的起伏变化，使建筑高低错落、层次分明，与环境融为一体。图 4-10 所示为一别墅，建于山泉峡谷之中，造型多变，平台纵横错落、互相穿插，与山石、流水、树木巧妙地结合在一起，使整个建筑融于环境之中。又如在山区或丘陵地区的住宅建筑，为了结合地形条件和争取较好的朝向，往往采用错层布置，产生多变的体型，如图 4-11 所示。在南方炎热地区的建筑，为减轻阳光的辐射和满足室内的通风要求，常采用遮阳板及透空花格，形成特有的外形特征，如图 4-12 所示。图 4-13 所示是底层附设商店的沿街住宅建筑，由于基地和道路的相对方位的不同，结合住宅的朝向要求，采用不同组合的体型。

图 4-10　流水别墅

图 4-11　山地建筑

四、适应社会经济条件的要求

　　房屋建筑在国家基本建设投资中占有很大比例，因此在建筑体型和立面设计中，必须正确处理适用、安全、经济、美观几方面的关系。各种不同类型的建筑物，根据其使用性质和规模，严格掌握国家规定的建筑标准和相应的经济指标。在建筑标准、所用材料、造型要求和外观装饰等方面区别对待。应当注意的是建筑造型的艺术美，并不简单的是以投资多少为前提的，应妥善处理好这之间的关系，防止片面强调一面而忽略另一面。

图 4-12 炎热地区建筑上的遮阳

（a）

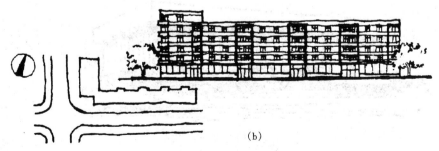

（b）

图 4-13 沿街住宅

（a）基地两侧道路斜交；（b）基地位于路北

五、符合建筑构图的基本规律

如何进行建筑体型和立面设计呢？除了要从功能要求，技术经济条件以及总体规划和基地环境等因素考虑外，还要符合一些建筑美学原则。建筑造型设计中的美学原则，是指建筑构图中的一些基本规律，如统一、均衡、稳定、对比、韵律、比例、尺度等。不同时代、不同地区、不同民族，尽管建筑形式千差万别，尽管人们的审美观各不相同，但这些建筑美的规律都是人们在长期的建筑创作历史发展中的总结，也是普遍被人们接受的。在设计中应遵循这些建筑构图的基本规律，创造出符合美的规律的建筑体型与立面。下面将分别介绍建筑构图的一些基本规律。

（一）统一与变化

统一与变化，即"统一中求变化"，"变化中求统一"的法则，它是一种形式美的根本规律，广泛适用于建筑以及建筑以外的其他艺术，具有广泛的普遍性和概括性。

任何建筑，无论它的内部空间还是外观形象，都存在着若干统一与变化的因素。如学校建筑的教室、办公室、卫生间，旅馆建筑的客房、餐厅、休息厅等，由于功能要求不同，形成空间大小、形状、结构处理等方面的差异。这种差异必然反映到建筑外观形象上，这就是建筑形式变化的一面。同时，这些不同之中又有某些内在的联系，如使用性质不同的房间，在门窗处理、层高开间及装修方面可采取一致的处理方式，这些反映到建筑外观形态上，就是建筑形式统一的一面。因此，建筑中的统一应是外部形象和内部空间以及使用功能的统一，变化则是在统一的基础上，又使建筑形象不至于单调、呆板。

为了取得建筑处理的和谐统一，可采用以简单的几何形体求统一和主从分明求统一等几种基本手法。

以简单的几何形体求统一，就是利用容易被人们所感受到的简单的几何形体，如球体、正方体、圆柱体、长方体等本身所具有一种必然的统一性。由这些几何形体所获得的基本建

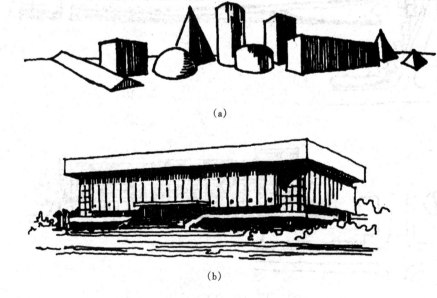

（a）

（b）

图 4-14　以简单的几何形体求统一
（a）建筑的基本形体；（b）体育馆

筑形式，各部分之间具有严格的制约关系，给人以肯定、明确和统一的感觉。如某体育建筑，以简单的长方体为基本形体，达到统一、稳定的效果，如图4-14所示。

　　复杂体量的建筑，根据功能的要求，常包括主要部分及附属部分。如果不加以区别对待，都竞相突出自己，或都处于同等重要的地位，不分主次，就会削弱建筑整体的统一，使建筑显得平淡、松散，缺乏表现力。因此，要强调主从分明求得统一。在建筑体型设计中常可运用轴线处理，以低衬高及体型变化等手法来突出主体，取得主次分明、完整统一的建筑形象，如图4-15、图4-16所示。

图 4-15　以低衬高主次分明

图 4-16　体型变化突出主体

（二）均衡与稳定

　　建筑造型中的均衡是指建筑体型的左右、前后之间保持平衡的一种美学特征，它可给人以安定、平衡和完整的感觉。均衡必须强调均衡中心，图4-17所示中的支点表示均衡中心。均衡中心往往是人们视线停留的地方，因此建筑物的均衡中心位置必须要进行重点处理。根据均衡中心位置的不同，可分为对称均衡和不对称均衡。

　　对称的均衡，以中轴线为中心，并加以重点强调两侧对称，易取得完整统一的效果，给人以庄严肃穆的感觉，如图4-18所示。不对称均衡将均衡中心偏于建筑的一侧，利用不同体量、材料、色彩、虚实变化等的平衡达到不对称均衡的目的，这种形式显得轻巧活泼，如图4-19所示。

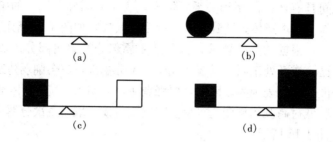

图 4-17 均衡的力学原理

（a）绝对对称平衡；（b）基本对称平衡；（c）、（d）不对称平衡

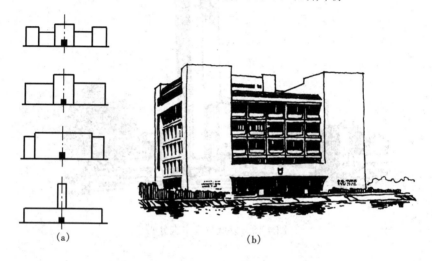

图 4-18 对称的均衡

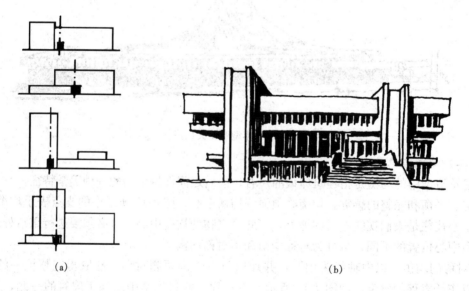

图 4-19 不对称的均衡

（a）不对称的均衡；（b）日本九州大学会堂

　　建筑由于各体量的大小和高低、材料的质感、色彩的深浅和虚实的变化不同，常表现出不同的轻重感。一般说，体量大的、实体的、材料粗糙及色彩暗的，感觉要重些；体量小的、通透的、材料光洁及色彩明快的，感觉要轻一些。在设计中，要利用、调整好这些因素使建筑形象获得安定、平稳的感觉。

　　稳定是指建筑物上下之间的轻重关系。在人们的实际感受中，上小下大、上轻下重的处理能获得稳定感，如图 4-20 所示。随着现代新结构、新材料的发展和人们审美观念的变化，关于稳定的概念也随之发生了变化，创造出了上大下小、上重下轻、底层架空的稳定形式，如图 4-21 所示。

图 4-20　上小下大的稳定构图

图 4-21　上大下小的稳定构图

（三）对比与微差

　　一个有机统一的整体，各种要素除按照一定秩序结合在一起外，必然还有各种差异，对比与微差所指的就是这种差异性。在体型及立面设计中，对比指的是建筑物各部分之间显著的差异，而微差则是指不显著的差异，即微弱的对比。对此可以借助相互之间的烘托、陪衬而突出各自的特点以求得变化；微差可以借彼此之间的连续性以求得协调。只有把这两方面巧妙地结合，才能获得统一性，如图 4-22 所示。

　　建筑造型设计中的对比与微差因素，主要有量的大小、长短、高低、粗细的对比，形的方圆、锐钝的对比，方向对比，虚实对比，色彩、质地、光影对比等。同一因素之间通过对比，相互衬托，就能产生不同的外观效果。对比强烈，则变化大，突出重点；对比小，则变化小，易于取得相互呼应、协调统一的效果。如巴西利亚的国会大厦，如图4-23所示，体型

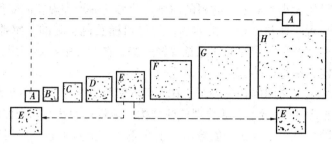

图 4-22　对比与微差—大小关系的变化

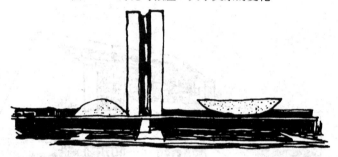

图 4-23　巴西利亚的国会大厦

处理运用了竖向的两片板式办公楼与横向体量的政府宫的对比，上院和下院一正一反两个碗状的议会厅的对比，以及整个建筑体型的直与曲、高与低、虚与实的对比，给人留下强烈的印象。此外，这组建筑还充分运用了钢筋混凝土的雕塑感、玻璃窗洞的透明感以及大型坡道的流畅感，从而协调了整个建筑的统一气氛。

（四）韵律

所谓韵律，常指建筑构图中有组织的变化和有规律的重复。变化与重复形成有节奏的韵

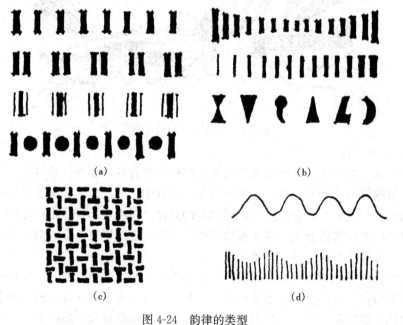

图 4-24　韵律的类型

（a）连续韵律；（b）渐变韵律；（c）交错韵律；（d）起伏韵律

律感，从而可以给人以美的感受。建筑造型中，常用的韵律手法有连续韵律、渐变韵律、起伏韵律和交错韵律等，如图 4-24 所示。建筑物的体型、门窗、墙柱等的形状、大小、色彩、质感的重复和有组织的变化，都可形成韵律来加强和丰富建筑形象。

连续韵律的手法在建筑构图中，强调一种或几种组成部分的连续运用和重复出现的有组织排列所产生的韵律感。如图 4-25 所示，建筑外观上利用环梁和连续排列的相同折板构件形成连续的韵律，加强了立面的效果。

图 4-25 连续的韵律

渐变的韵律是将某些组成部分，如体量的大小、高低，色彩的冷暖、浓淡，质感的粗细、轻重等，作有规律的增减，以造成统一和谐的韵律感。如图 4-26 所示，建筑体型由下向上逐层缩小，取得渐变的韵律。

图 4-26 渐变的韵律

交错的韵律是指在建筑构图中，运用各种造型因素，如体型的大小、空间的虚实、细部的疏密等手法，作有规律的纵横交错、相互穿插的处理，形成一种丰富的韵律感。如图4-27所示，在立面处理上，利用规则的凹入小窗构成交错的韵律，具有生动的图案效果。

起伏的韵律这种手法也是将某些组成部分作有规律的增减变化而形成的韵律感，但它与渐变的韵律有所不同，它是在体型处理中，更加强调某一因素的变化，使体型组合或细部处理高低错落，起伏生动。如图 4-28 所示，某公共建筑屋顶结构，利用筒壳结构高低变化，起伏波动，形成一种起伏的韵律感。

图 4-27　交错的韵律

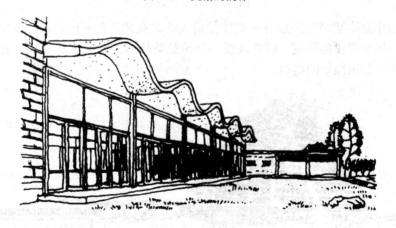

图 4-28　起伏的韵律

（五）比例与尺度

比例是指长、宽、高三个方向之间的大小关系。所谓推敲比例就是指通过反复比较而寻求出这三者之间最理想的关系。建筑体型中，无论是整体或局部，还是整体与局部之间、局部与局部之间都存在着比例关系。如整幢建筑与单个房间长、宽、高之比，门窗或整个立面的高宽比，立面中的门窗与墙面之比，门窗本身的高宽比等。良好的比例能给人以和谐、完美的感受，反之，比例失调就无法使人产生美感。如图 4-29 所示，以对角线相互重合、垂直及平行的方法，使窗与窗、窗与墙面之间保持相同的比例关系。

尺度所研究的是建筑物的整体与局部给人感觉上的大小印象和真实大小之间的关系。抽象的几何形体本身并没有尺度感，比例也只是一种相对的尺度，只有通过与人或常见的某些建筑构件，如踏步、栏杆、门等或其他参照物，如汽车、家具设备等来作为尺度标准进行比较，才能体现出建筑物的整体或局部的尺度感，如图 4-30 所示。

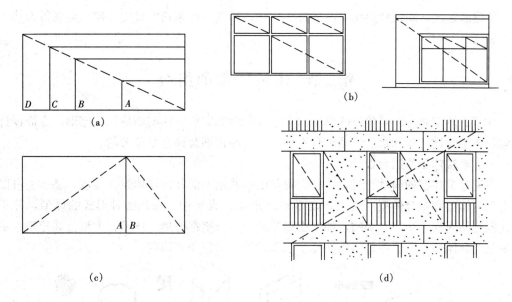

图 4-29　以相似比例求得和谐统一

（a）对角线相互重合；（b）对角线相互平行；（c）对角线相互垂直；（d）对角线相互平行或垂直

图 4-30　建筑物的尺度感

　　一般说来，建筑外观给人感觉上的大小印象，应和它的真实大小相一致。如果两者一致则意味着建筑形象正确地反映了建筑物的真实大小；如果不一致，则表明建筑形象没有反映建筑物的真实大小，失掉了应有的尺度感。对于大多数建筑，在设计中应使其具有真实的尺度感，如住宅、中小学、幼儿园、商店等建筑物，多以人体的大小来度量建筑物的实际大小，形成一种自然的尺度。但对于某些特殊类型的建筑，如纪念性建筑，设计时往往运用夸张的尺度给人以超过真实大小的感觉，以表现庄严、雄伟的气氛。与此相反，对于另一类建筑，如庭园建筑，则设计得比实际需要小一些，形成一种亲切的尺度，使人们获得亲切、舒适的感受。

第二节 建筑体型的组合

建筑的体型和立面是建筑外形中两个不可分割的方面。体型是建筑的雏形，立面设计则是建筑体型的进一步深化。体型组合不好，对立面再加装饰也是徒劳的。

一、建筑体型的组合设计

不论建筑体型的简单与复杂，它们都是由一些基本的几何形体组合而成，基本上可以归纳为单一体型和组合体型两大类，如图 4-31 所示。设计中，采用哪种形式的体型，并不是按建筑物的规模大小来区别的，如中小型建筑，不一定都是单一体型；大型公共建筑也不一定都是组合体型，而应视具体的功能要求和设计者的意图来确定。

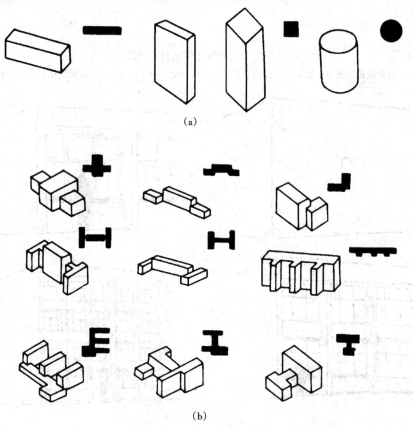

图 4-31 常见外部体型
(a) 单一体型；(b) 组合体型

（一）单一体型

所谓单一体型是指整幢房屋基本上是一个比较完整的、简单的几何形体。采用这类体型的建筑，特点是平面和体型都较为完整单一，复杂的内部空间都组合在一个完整的体型中。平面形式多采用对称的正方形、三角形、圆形、多边形、风车形和 Y 形等单一几何形状，如图 4-32 所示。单一体型的建筑带给人以统一、完整、简洁大方、轮廓鲜明和印象强烈的效果。

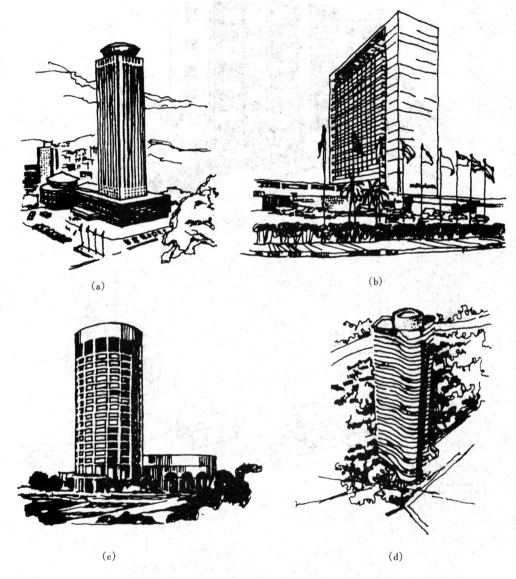

(a)　　　　　　　　　　　　　　　　　(b)

(c)　　　　　　　　　　　　　　　　　(d)

图 4-32　单一体型的建筑
(a) 柱状；(b) 板状；(c) 圆柱体状；(d) Y 形体型

　　绝对单一几何体型的建筑通常并不是很多的，往往由于建筑地段、功能、技术等要求或建筑美观上的考虑，在体量上作适当的变化或加以凹凸起伏的处理，用以丰富房屋的外形。如住宅建筑，可通过阳台、凹廊和楼梯间的凹凸处理，使简单的房屋体型产生韵律变化，有时结合一定的地形条件还可按单元处理成前后或高低错落的体型，如图 4-33 所示。

　　（二）组合体型
　　所谓组合体型是指由若干个简单体型组合在一起的体型，如图 4-34 所示。当建筑物规模较大或内部空间不易在一个简单的体量内组合，或者由于功能要求，内部空间组成若干相

图 4-33　单元式住宅

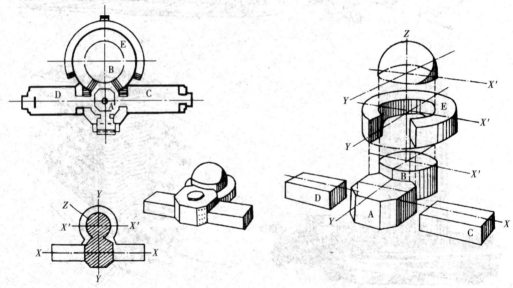

图 4-34　北京天文馆组合体型
A—门厅；B—天象厅；C—展览厅；D—电影厅；E—陈列廊

对独立的部分时，常采用组合体型。组合体型中，各体量之间存在着相互协调统一的问题，设计中应根据建筑内部功能要求、体量大小和形状，遵循构图规律进行体量组合设计，如图4-35～图4-37所示。组合体型通常有对称的组合和不对称的组合两种方式。

对称式体型组合具有明确的轴线与主从关系，主要体量及主要出入口，一般都设在中轴线上，如图4-38所示。这种组合方式常给人以比较严谨、庄重、匀称和稳定的感觉。一些纪念性建筑、行政办公建筑或要求庄重一些的建筑常采用这种组合方式。

不对称体型是根据功能要求、地形条件等情况，常将几个大小、高低、形状不同的体型较自由灵活地组合在一起，如图4-39所示。不对称式的体型组合没有显著的轴线关系，布置比较灵活自由，有利于解决功能要求和技术要求，给人以生动、活泼的感觉。

图 4-35　运用统一规律的体型组合

图 4-36　运用对比规律的体型组合

(a)　　　　　　　　　　(b)

图 4-37　运用稳定规律的体型组合
（a）传统稳定；（b）新的稳定

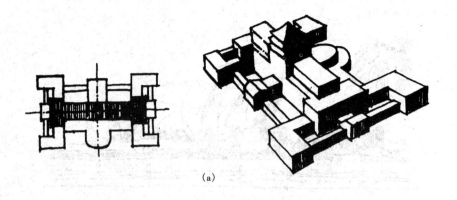

(a)

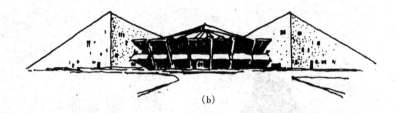

(b)

图 4-38　对称式体型组合

（a）中国美术馆；（b）列宁纳巴德航空港

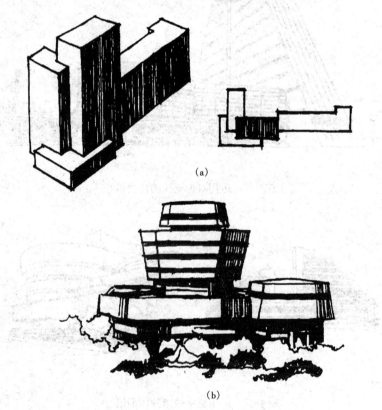

(a)

(b)

图 4-39　不对称式体型组合

（a）中国民航大楼；（b）深圳科学馆

二、建筑体型的转折与转角处理

建筑体型的组合往往也受到特定的地形条件限制，如丁字路口、十字路口或任意角落的转角地带等，设计时应结合地形特点，顺其自然做相应的转折与转角处理，做到与环境相协调。常采用单一体型等高处理，主附体相结合处理和以塔楼为重点的处理等手法。

单一体型等高处理这种处理手法，一般是顺着自然地形、道路的变化，将单一的几何式建筑体型进行曲折变形和延伸，并保持原有体型的等高特征，形成简洁流畅、自然大方、统一完整的建筑外观体型，如图 4-40 所示。

图 4-40　单一体型等高处理

主附体相结合处理，常把建筑主体作为主要观赏面，以附体陪衬主体，形成主次分明、错落有序的体型外观，如图 4-41 所示。

图 4-41　主附体相结合处理

以塔楼为重点的处理是在道路交叉口位置，采用局部体量升高以形成塔楼的形式使其显得非常突出、醒目，以形成建筑群布局的高潮，控制整个建筑物及周围道路、广场，如图

4-42 所示。

图 4-42　以塔楼为重点的处理

　　总之，建筑体型的转折与转角处理，不局限于以上几种处理方式与手法，应根据设计要求，结合地形的具体情况，设计出新颖的建筑组合形体。

第三节　建　筑　立　面　设　计

　　建筑立面是表示建筑物四周的外部形象，它是由许多部件组成的，如门窗、墙柱、阳台、雨篷、屋顶、檐口、台基、勒脚、花饰等。建筑立面设计就是恰当地确定这些部件的尺寸大小、比例关系、材料质感和色彩等，运用节奏、韵律、虚实对比等构图规律设计出体型完整、形式与内容统一的建筑立面。它是对建筑体型设计的进一步深化。

　　在立面设计中，不能孤立地处理每个面，应考虑实际空间的效果，使每个立面之间相互协调，形成有机统一的整体。下面着重叙述有关建筑立面设计中的一些处理方法。

一、立面的比例尺度处理

　　立面的比例尺度的确定，应是根据内部功能特点，在体型组合的基础上，考虑结构、构造、材料、施工等因素，仔细推敲的结果。设计与建筑性格相适应的建筑立面、比例效果。图 4-43 所示为窗户在住宅建筑的立面中的比例关系，由于结构、构造、材料的不同，取得了不同的比例效果。

　　立面的尺度恰当，可正确反映出建筑物的真实大小，否则便会出现失真现象。建筑立

图 4-43　住宅立面比例关系的处理

面常借助于门窗、踏步、栏杆等的尺度，反映建筑物的正确尺度感。图 4-44 所示为北京火车站候车厅局部立面，层高为一般建筑的 2 倍，由于采用了拱形大窗，并加以适当划分，从而获得了应有的尺度感。图 4-45 所示为人民大会堂立面，采取了夸大尺度的处理手法，使人感到建筑高大、雄伟、肃穆、庄重。

图 4-44　正常的立面尺度

图 4-45　夸大的立面尺度

二、立面虚实凹凸处理

建筑立面中"虚"是指立面上的玻璃、门窗洞口、门廊、空廊、凹廊等部分，能给人以轻巧、通透的感觉；"实"是指墙面、柱面、檐口、阳台、栏板等实体部分，给人以封闭、厚重坚实的感觉。根据建筑的功能、结构特点，巧妙地处理好立面的虚实关系，可取得不同的外观形象。以虚为主的手法，可获得轻巧、开朗的感觉，如图 4-46 所示；以实为主，则能给人以厚重、坚实的感觉，如图 4-47 所示；若采用虚实均匀分布的处理手法，将给人以平静安全的感受，如图 4-48 所示。

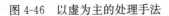

图 4-46　以虚为主的处理手法

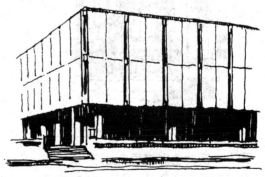

图 4-47　以实为主的处理手法

建筑立面上的凸凹部分，如凸出的阳台、雨篷、挑檐、凸柱等，凹进的凹廊、门洞等，通过凹凸关系的处理，可加强光影变化，增强建筑物的体积感，突出重点，丰富立面效果，如图 4-49 所示。

三、立面的线条处理

建筑立面上由于体量的交接，立面的凹凸起伏以及色彩和材料的变化，结构与构造的需

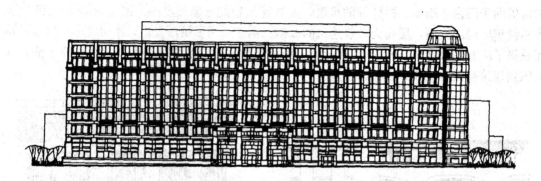

图 4-48　虚实均匀的处理手法

要，常形成若干方向不同、长短不等的线条，如水平线、垂直线等。恰当运用这些不同类型的线条，并加以适当的艺术处理，将对建筑立面韵律的组织、比例尺度的权衡带来不同的效果。以水平线条为主的立面，常给人以轻快、舒展、宁静与亲切的感觉，如图4-50所示；以竖线条为主的立面形式，则给人以挺拔、高耸、庄重、向上的气氛，如图4-51所示。

图 4-49　写字楼立面凹凸虚实变化

图 4-50　水平线条为主的立面

四、立面的色彩与质感处理

色彩和质感都是材料表面的某种属性，建筑物立面的色彩与质感对人的感受影响极大，通过材料色彩和质感的恰当选择和配置，可产生丰富、生动的立面效果。

不同的色彩给人以不同的感受，如暖色使人感到热烈、兴奋；冷色使人感到清晰、宁静；浅色给人以明快；深色又使人感到沉稳。运用不同的色彩要注意和谐、统一且富有变化，应与环境相协调，表现出建筑风格和地方特色。

建筑立面设计中，材料的表面粗糙与光滑，都能使人产生不同的心理感受，如粗糙的混凝土和毛石面显得厚重、坚实；光滑平整的面砖、金属及玻璃材料表面，使人感觉轻巧、细腻。立面处理应充分利用材料质感的特性，不同材料间有机结合，加强和丰富建筑的表现力。

五、立面的重点与细部处理

在建筑立面处理中，往往建筑物的主要出入口是需要重点处理的部位，以吸引人们的视线，起画龙点睛的作用，并增强和丰富建筑立面的艺术处理。重点处理常采用对比手法。如图4-52所示，将建筑入口大幅度内凹，与大面积实墙面形成强烈的对比，增加了入口的吸引力。利用外伸大雨篷增强光影、明暗变化起到了醒目的作用。

图 4-51　垂直线条为主的立面

细部是建筑整体中不可分割的组成部分，如入口踏步、花台、阳台、檐口等，都具有许多细部的做法。在设计时要仔细推敲，精心设计，做到整体和细部的有机结合，图4-53为建筑立面上的细部处理举例。

图 4-52　建筑出入口重点处理

图 4-53　建筑立面的细部处理

思　考　题

4-1　建筑体型和立面设计有哪些要求？

4-2　建筑构图中的统一与变化、均衡与稳定、对比与微差、韵律、比例、尺度的含义是什么？

4-3　建筑体型的转折与转角处理手法主要有哪些？

4-4　建筑立面的处理手法有哪些？

民 用 建 筑 构 造 概 论

建筑构造是一门专门研究建筑物各组成部分的构造原理和构造方法的学科,是建筑设计不可分割的一部分。其主要任务是根据建筑物的功能要求、材料供应和施工技术条件,提供合理的、经济的构造方案,以作为建筑设计中综合解决技术问题及进行施工图设计的依据。

一、建筑物的构造组成及作用

一幢建筑物,一般是由基础、墙或柱、楼板层与地层、楼梯、屋顶和门窗等六大部分组成,如图 5-1 所示。

1. 基础

基础是建筑物最下部的承重构件,其作用是承受建筑物的全部荷载,并将这些荷载传给地基。因此,基础必须坚固、稳定并能抵御地下各种有害因素的侵蚀。

2. 墙或柱

墙是建筑物的承重、围护和分隔构件。作为承重构件,墙承受着屋顶和楼板层传来的荷载,并将其传给基础;作为围护构件,它抵御自然界各种有害因素对室内的侵袭;内墙主要起分隔空间的作用。因此,墙体应具有足够的强度、稳定性,具有保温、隔热、防水、防火等性能。

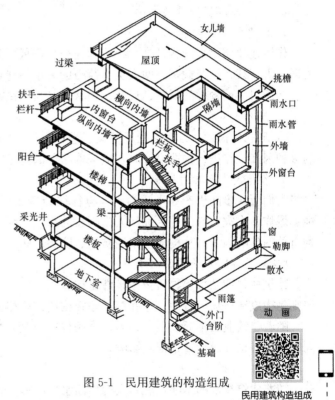

图 5-1 民用建筑的构造组成

民用建筑构造组成

柱是框架或排架结构中的竖向承重构件,它必须具有足够的强度和稳定性。

3. 楼板层和地层

楼板是建筑物水平方向的承重构件,并用来分隔楼层之间的空间。它承受家具设备和人体荷载,并将其传给墙或柱;同时对墙体起着水平支撑作用。因此,楼板应具有足够的强度、刚度和隔声性能,对有水侵蚀的房间还应具有防潮、防水性能。

地层是底层房间与土壤之间的分隔构件,起承受底层房间荷载的作用。地层应具有耐磨、防潮、防水、防尘和保温性能。

4. 楼梯

楼梯是建筑物的垂直交通设施，供人们上下楼层和紧急疏散之用，应具有足够的通行宽度，并且满足防滑、防火等要求。

5. 屋顶

屋顶是建筑物的承重兼围护构件，承受风、雨、雪荷载及施工、检修等荷载，故屋顶应具有足够的强度、刚度及防水、保温、隔热等性能。

6. 门窗

门窗属非承重构件。门主要起交通联系、分隔之用；窗主要起通风、采光、分隔、眺望等作用。故要求其开关灵活、关闭紧密、坚固耐久，必要时应具有保温、隔声、防火能力。

建筑物除以上六大基本组成部分以外，对不同使用功能的建筑物，还有许多特有的构配件，如阳台、坡道、雨篷、烟囱、台阶、垃圾井、花池等。

二、影响建筑构造的因素

（一）外界环境因素的影响

1. 外力作用的影响

作用在建筑物上的各种外力统称为荷载。荷载可分为恒载（如结构自重）和活荷载（如人群、雪荷载、风荷载等）两大类。荷载的大小是建筑结构设计的主要依据，决定着构件的尺度和用料。而构件的材料、尺寸、形状等又与构造密切相关。

2. 自然气候的影响

太阳的热辐射，自然界的风、霜、雨、雪等，构成了影响建筑物和建筑构件使用质量的多种因素，在进行构造设计时，应采取必要的防范措施。

3. 各种人为因素的影响

人们所从事的生产和生活活动，也往往会造成对建筑物的影响，如机械振动、化学腐蚀、爆炸、火灾、噪声等，都属人为因素的影响。因此在进行建筑构造设计时，必须针对各种有关的影响因素，从构造上采用防振、防腐、防火、隔声等相应的措施。

（二）物质技术条件的影响

建筑材料和结构等物质技术条件是构成建筑的基本条件。材料是建筑物的物质基础，结构则是构成建筑物的骨架，这些都与建筑构造密切相关。

随着建筑业的不断发展，物质技术条件的改变，新材料、新工艺、新技术的不断涌现，同样也会对构造设计带来很大影响。

（三）经济条件的影响

随着建筑技术的不断发展和人们生活水平的提高，人们对建筑的使用要求，包括居住条件及标准也随之改变。因此在这样的前提下，对建筑构造的要求将随着经济条件的变化，在材料选择和构造方式上既要降低建造过程中的材料、能源和劳动力消耗，又要降低使用过程中的维护和管理费用，以满足建筑物的使用要求。

思　考　题

5-1　建筑物主要由哪几部分构件组成？它们的主要作用是什么？

5-2　影响建筑构造的因素有哪些？

第六章

基 础 和 地 下 室

第一节 概 述

在建筑工程中，位于建筑的最下部位，与土层直接接触的承重构件称为基础。支承建筑物重量的土层称为地基。

一、地基与基础的关系

微 课

地基与基础的关系

基础是建筑物的重要组成部分，它承受建筑物的全部荷载，并将其传给地基。而地基不是建筑物的组成部分，它只是承受建筑物荷载的土层。地基每平方米所能承受的最大压力，称为地基允许承载力，也称为地耐力，用 f（kN/m^2）表示。具有一定的地耐力，直接支承基础的土层称为持力层，持力层以下的土层称为下卧层。地基承受基础传来的压力是由上部结构至基础顶面的竖向力和基础自重以及基础上部土层组成。而全部荷载是通过基础的底面传给地基的。因此，当荷载一定时，加大基础底面积可以减少单位面积地基上所受到的压力。如以 N（kN）表示建筑物的总荷载，A（m^2）表示基础底面积，则可列出如下关系式

$$A \geqslant N/f$$

由上式可以看出，当地基承载力不变时，建筑总荷载愈大，基础底面积也要求愈大。或者说当建筑总荷载不变时，地基承载力愈小，基础底面积将愈大。地基土层在荷载作用下产生的变形，随着土层深度的增加而减少，到了一定的深度则可忽略不计。

二、地基的分类

地基按土层性质不同，分为天然地基和人工地基两大类。

凡天然土层具有足够的承载能力，不须经人工改善或加固便可作为建筑物地基者称天然地基。岩石、碎石、砂石、黏土等，一般均可作为天然地基。

当建筑物上部的荷载较大或地基的承载能力较弱，缺乏足够的稳定性，须预先对土壤进行人工加固后才能作为建筑地基者称为人工地基。人工加固地基通常采用压实法、换土法和打桩法。人工地基较天然地基费工费料，造价高，只有在天然土层承载力较差、建筑总荷载较大的情况下方可采用。

三、基础的埋置深度

（一）基础埋置深度的定义

微 课

压实法

基础的埋置深度简称基础的埋深，是从室外地坪算起的。室外地坪分自然地坪和设计地坪，自然地坪是施工地段的现有地坪，而设计地坪是指

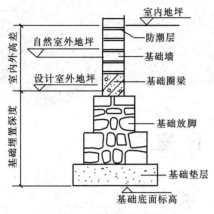

图 6-1　基础埋置深度

按设计要求工程竣工后室外场地经垫起或开挖后的地坪。基础的埋深是指设计室外地面至基础底面的垂直距离，如图6-1所示。

（二）影响基础埋深的因素

影响基础埋深的因素很多，主要有以下几点。

1. 地基土层构造的影响

基础底面应尽量选在常年未经扰动而且坚实平坦的土层或岩石上，俗称"老土层"。根据地基土层分布不同，基础埋深一般有六种典型情况，见图6-2。

（1）地基土质分布均匀时，基础应尽量浅埋，但不能低于 500mm，如图 6-2（a）所示。

（2）地基土层的上层为软土，厚度在 2m 以内，下层为好土时，基础应埋在好土层内，如图 6-2（b）所示。

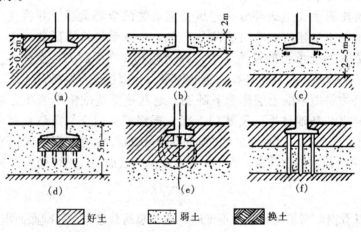

图 6-2　基础埋深与土质关系

（3）地基土层的上层为软土且高度在 2～5m 时，荷载小的建筑（低层、轻型）仍可将基础埋在软土内，但应加强上部结构的整体性，并增大基础底面积。若建筑总荷载较大（高层、重型），则应将基础埋在好土上，如图 6-2（c）所示。

（4）地基土层的上层软土厚度大于 5m，对于建筑总荷载较小的建筑，应尽量利用表层的软弱土层为地基，将基础埋在软土内，必要时应加强上部结构，增大基础底面积或进行人工加固，如图 6-2（d）所示。

（5）地基土层的上层为好土，下层为软土，此时应力争把基础埋在好土里，适当提高基础底面以有足够厚度的持力层，并验算下卧层的应力和应变，确保建筑的安全，如图 6-2（e）所示。

（6）地基土层由好土和软土交替组成，低层轻型建筑应尽可能将基础埋在好土内；总荷载大的建筑可采用打端承桩穿过软土层，也可将基础深埋到下层好土中，两方案可经技术经济比较后选定，如图 6-2（f）所示。

2. 地下水位的影响

因为地下水位的上升和降落会影响建筑物的下沉，在地下水位较高的地区，宜将基础底面设在当地的最低地下水位以下 200mm，如图 6-3 所示。一般情况下为避免地下水位的变化影响地基承载力及减少基础施工的困难，应将基础埋在最高地下水位以上。

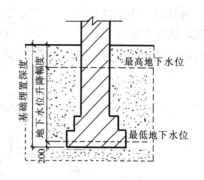

图 6-3　地下水位对埋深的影响

3. 冰冻深度的影响

冻结土与非冻结土的分界线称为冰冻线。土的冻结深度取决于当地的气候条件。气温越低，低温持续时间越长，冻结深度就越大。地基土冻结后，对建筑物会产生不良影响，冻胀时，将使建筑物向上拱起；解冻后，基础又下沉，使建筑物产生变形甚至破坏。一般要求基础埋置在冰冻线下 200mm，如图 6-4 所示。

4. 相邻建筑物基础的影响

新建建筑物的基础埋深不宜深于相邻的原有建筑物的基础；但当新建基础深于原有基础时，两基础之间的水平距离一般控制在两基础底面高差的 1～2 倍内，以保证原有建筑的安全和正常使用，如图 6-5 所示。

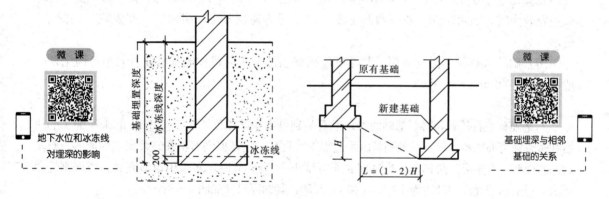

图 6-4　冰冻深度对埋深的影响　　图 6-5　基础埋深与相邻基础关系

基础的埋深除了与上述因素有关外，还需考虑周围环境与工程的具体特点，如荷载情况、拟建建筑物是否有地下室、设备基础、地下管沟等。

第二节　基　础　构　造

基础的类型很多，主要根据建筑物的结构类型、体量高度、荷载大小、地质水文和地方材料供应等因素来确定。

一、按基础所用材料及受力特点分类

（一）刚性基础

由刚性材料制作的基础称为刚性基础。一般称抗压强度高而抗拉、抗剪强度较低的材料为刚性材料。常用的砖、石、混凝土等均属刚性材料。为满足地基容许承载力的要求，基底宽 B 一般大于上部墙宽。当基础 B 很宽时，挑出长度 b 很长，而基础又没有足够的高度 H，又因基础采用刚性材料,基础就会因受弯曲或剪切而破坏。为了保证基础不被拉力、剪力破坏,基础必须具有相应的高度。通常按刚性材料的受力特点,基础的挑出长度与高度应在材料允许范围内控制,这个控制范围的夹角称为刚性角,用 α 表示,如图 6-6 所示。

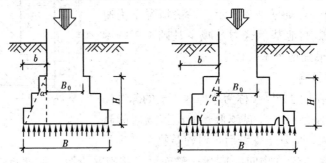

图 6-6 刚性基础

1. 砖基础

目前砖基础的主要材料为普通黏土砖,在建筑物水平防潮层以下部分,其砖的强度等级不得低于 MU10。砖基础的逐步放阶的形式称为大放脚。为了满足刚性角的要求,砖基础台阶的宽高比应小于 1:1.5。常采用每隔二皮厚收进 1/4 砖长的形式,简称二皮一收。当基础底宽较大时,也可采用二皮一收与一皮一收相间的砌筑方法,简称二一间隔收,如图 6-7 所示。

砖基础的大放脚下需设垫层,其厚度应根据上部结构荷载和地基承载力大小等确定,一般不小于 100mm。

2. 石基础

石基础有毛石基础和料石基础两种。毛石基础是由中部厚度不小于 150mm 的未经加工的块石和砂浆砌筑而成的;料石基础则是由经过加工后具有一定规格的石材和砂浆砌筑而成的。石基础的断面形式有矩形和阶梯形,当基础底面宽度小于 700mm 时,多采用矩形截面。根据刚性角要求,石基础的允许宽高比为 1:1.25 和 1:1.50,其细部尺寸如图 6-8 所示。

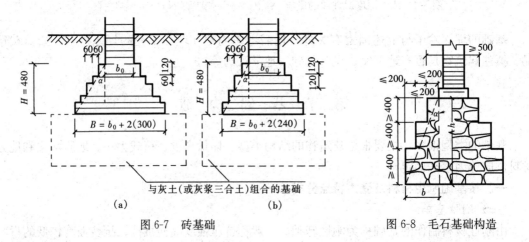

图 6-7 砖基础   图 6-8 毛石基础构造

石基础的抗冻、耐水性能较好,可用于地下水位较高、冻结深度较深的低层或多层民用建筑中。

3. 混凝土基础

混凝土基础是用不低于 C15 的混凝土浇捣而成的,具有坚固、耐久、耐水、刚性角大等特点,常用于有地下水和冰冻作用的地方。

混凝土基础的断面形式和有关尺寸,除满足刚性角要求外,不受材料规格限制,其基本形式有矩形、阶梯形、锥形等,如图 6-9 所示。为了节约混凝土,在基础体积过大时,可在混凝土中加入适当数量的毛石,称为毛石混凝土基础。其中,所用毛石的尺寸不得大于基础宽度的 1/3,同时石块任一边尺寸不得大于 300mm,毛石总体积不得大于 30%。

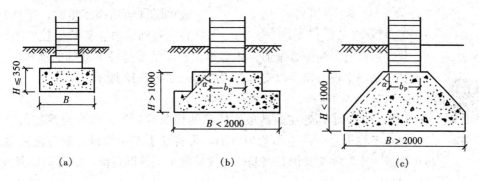

图 6-9 混凝土基础
(a) 矩形;(b) 阶梯形;(c) 锥形

刚性基础的刚性角既与基础材料的性能有关,也与基础所受的荷载有关,而与地基的情况无关。刚性基础常用于荷载不太大的建筑,一般用于 2~3 层混合结构的房屋建筑中。

(二) 非刚性基础

钢筋混凝土基础称为非刚性基础,也称柔性基础。这种基础不受刚性角的限制,基础底部不但能承受很大的压应力,而且还能承受很大的弯矩,能抵抗弯矩变形。为了节约材料,钢筋混凝土基础通常制成锥形,但最薄处不应小于 200mm,如制成阶梯形,每步高 300~500mm。为了保证钢筋混凝土基础施工时,钢筋不致陷入泥土中,常须在基础与地基之间设置混凝土垫层,如图 6-10 所示。这种基础适用于荷载较大的多、高层建筑。

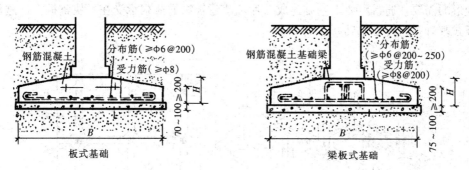

图 6-10 钢筋混凝土基础

二、按基础的构造形式分类

基础构造形式随建筑物上部结构形式、荷载大小及地基土质情况而定。在一般情况下,上部结构形式直接影响基础的形式,但当上部荷载增大,且地基承载能力有变化时,基础形式也随之变化。常见的基础有以下几种:

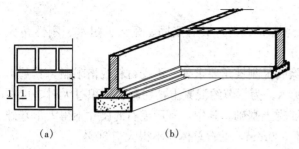

图 6-11　条形基础
(a) 平面；(b) 1—1 剖面

1. 条形基础

当建筑物上部结构采用墙承重时，基础沿墙身设置成连续的带形，也称带形基础，如图 6-11 所示。条形基础是墙基础的基本形式。

2. 独立基础

当建筑物上部结构采用框架结构或单层排架结构承重时，基础常采用独立基础。独立基础呈独立的矩形块状，形式有台阶形、锥形、杯形等。独立基础是柱下基础的基本形式，在独立基础上设基础梁以支承上部墙体，如图 6-12 所示。

3. 井格式基础

当框架结构处在地基条件较差的情况时，为了提高建筑物的整体性，以免各柱子之间产生不均匀沉降，常将柱下基础沿纵、横方向连接起来，做成"十"字交叉的井格基础，故又称十字带形基础，如图 6-13 所示。

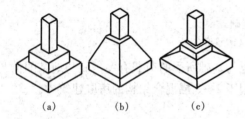
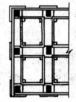
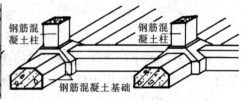

图 6-12　单独柱式基础
(a) 阶梯形；(b) 锥形；(c) 杯口基础

图 6-13　井格式基础

4. 筏形基础

当建筑物上部荷载大，而地基又软弱，这时采用简单的条形基础或井格基础已不能适应地基变形的需要，通常将墙下基础连成一片，使建筑物的荷载承受在一块整板上，这种满堂式的板式基础称为筏形基础。

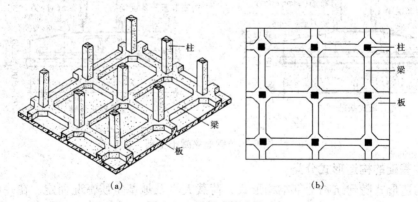

图 6-14　梁板式筏式基础
(a) 示意；(b) 平面

筏形基础有平板式和梁板式之分。图6-14所示为梁板式筏形基础，图6-15所示为不埋板式基础。不埋板式基础是在天然地表上，将场地平整并用压路机将地表土碾压密实后，在较好的持力层上，浇灌钢筋混凝土平板。这一平板便是建筑物的基础。在结构上，基础如同一只盘子反扣在地面上承受上部荷载。这种基础较适宜于较弱地基（但必须是均匀条件）的情况，特别适宜于5～6层整体刚度较好的居住建筑中。

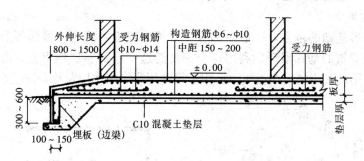

图6-15 不埋板式基础

5. 箱形基础

箱形基础是由钢筋混凝土底板、顶板和若干纵、横隔墙组成的整体结构，基础的中空部分可用作地下室，如图6-16所示。

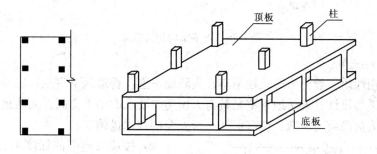

图6-16 箱形基础

箱形基础整体空间刚度大，能抵抗地基的不均匀沉降，常用于高层建筑或在软弱地基上建造的重型建筑物。

6. 桩基础

当建筑物上部荷载较大，而且地基的软弱土层较厚，地基承载力不能满足要求，做成人工地基又不具备条件或不经济时，则可采用桩基础。桩基础由承台和桩身两部分组成，如图6-17所示。

桩基础的类型很多，根据材料不同有木桩、钢筋混凝土桩和钢桩；根据受力性能不同有端承桩和摩擦桩；根据施工方法不同有预制桩、灌注桩和爆扩桩；根据断面形式不同有圆形、方形、环形、六角形桩及工字形桩等。

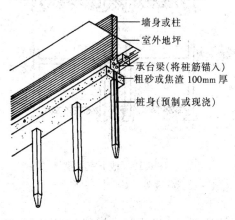

图6-17 桩基础的组成

第三节 地下室构造

建筑物下部的地下使用空间称为地下室。

一、地下室的组成及类型

1. 地下室的组成

地下室属箱形基础的范围，一般由墙身、底板、顶板、门窗、楼梯等部分组成，如图 6-18 所示。高层建筑的基础很深，利用这个深度建造一层或多层地下室，既可提高建设用地的利用率，又不需要增加太多投资，适用于设备用房、库房以及战备防空等。

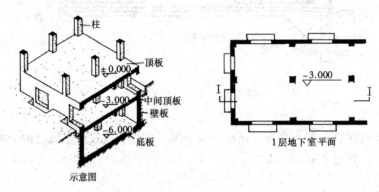

图 6-18 地下室的构造组成

2. 地下室的分类

（1）按使用性质一般分为普通地下室、人防地下室。普通地下室是普通的地下空间，一般按地下楼层进行设计；人防地下室是具有人民防空要求的地下空间。人防地下室应妥善解决紧急状态下人员隐蔽与疏散，应有保证人身安全的技术措施。

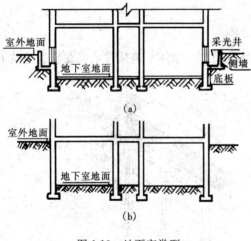

图 6-19 地下室类型
（a）半地下室；（b）全地下室

（2）按埋入地下的深度可分为全地下室、半地下室。全地下室是指地下室地坪面低于室外地坪的高度超过房间净高的 1/2；半地下室是指地下室地面低于室外地坪面高度超过该房间净高 1/3，但不超过 1/2，如图 6-19 所示。

二、地下室的防水构造

地下室的墙身、底板都埋在地下，长期受到地潮或地下水的侵蚀，轻则引起室内墙面灰皮脱落，墙面发霉，影响人体健康；重则进水，不能使用。因而为保证地下室不潮湿、不透水，必须对其外墙、底板采取相应的防水措施。

1. 地下工程防水等级标准

《地下工程防水技术规范》（GB 50108—2008）中，按围护结构允许渗漏水量，将地下工程的防水等级划分为四级，根据地下工程的重要性和使用中对防水的要求确定防水等级，见表 6-1。

表 6-1 地下工程防水等级

防水等级	标准	设防要求	工程名称
一级	不允许渗水，围护结构无湿渍	多道设防，其中必有一道结构自防水，并根据需要可设附加防水层或其他防水措施	医院、影剧院、商场、娱乐场、餐厅、旅馆、冷库、粮库、金库、档案库、计算机房、控制室、配电间、通信工程、防水要求较高的生产车间、指挥工程、武器弹药库、指挥人员掩蔽部、地下铁道车站、城市人行地道、铁路旅客通道
二级	不允许漏水，围护结构有少量偶见的湿渍	二道或多道设防，其中必有一道结构自防水，并根据需要可设附加防水层	车库、燃料库、空调机房、发电机房、一般生产车间、水泵房、工作人员掩蔽部、城市公路隧道、地铁运行区间隧道
三级	有少量漏水点，不得有线流和漏泥沙，每昼夜漏水量小于 0.5L/m²	一道或二道设防，其中必有一道结构自防水，并根据需要可采用其他防水	电缆隧道、水下隧道、一般公路隧道
四级	有漏水点，不得有线流和漏泥沙，每昼夜漏水量小于 2 L/m²	一道设防，可采用结构自防水或其他防水措施	取水隧道、污水排放隧道、人防疏散干道、涵洞

2. 地下室的防水构造主要有材料防水和混凝土自防水两大类

(1) 材料防水。材料防水是在外墙和底板表面敷设防水材料，借材料的高效防水特性阻止水的渗入，常用卷材、涂料和防水砂浆等。

1) 卷材防水。卷材防水能适应结构的微量变形和抵抗地下水的一般化学侵蚀，是一种传统的防水做法。防水卷材一般用高聚物改性沥青卷材和高分子卷材，并采用与卷材相适应的胶结材料胶合而成的防水层。高分子卷材具有重量轻、使用范围广、抗拉强度高、延伸率大、对基层伸缩或开裂的适应性强等特点，而且是冷作业，施工操作简便，但目前价格偏高，且不宜用于地下水含矿物油或有机溶液的地方。高聚物改性沥青卷材具有一定的抗拉强度和延伸性，价格较低，但应采用热熔法施工。防水卷材的铺贴厚度应符合表6-2的规定。

表 6-2 防水卷材厚度

防水等级	设防道数	合成高分子防水卷材	高聚物改性沥青防水卷材
一级	三道或三道以上设防	单层：不应小于 1.5mm；双层：每层不应小于 1.2mm	单层：不应小于 4mm；双层：每层不应小于 3mm
二级	二道设防		
三级	一道设防	不应小于 1.5mm	不应小于 4mm
	复合设防	不应小于 1.2mm	不应小于 3mm

按防水材料铺贴位置的不同，卷材防水分为外包防水和内包防水两类。

外包防水是将防水材料贴在地下室外墙的外表面（即迎水面）。防水卷材应铺设在结构主体底板垫层至墙体顶端的基面上，在外围形成封闭的防水层。

　　具体做法是：先在外墙外侧抹 20mm 厚的 1∶3 水泥砂浆找平层，涂刷基层处理剂，再在其上粘贴卷材，然后再在卷材外砌 120mm 厚保护墙，最后在保护墙外 0.5m 范围内回填 2∶8 灰土或炉渣等隔水层，如图 6-20 所示。

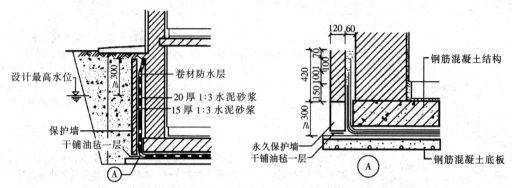

图 6-20　地下室卷材外防水做法

　　铺贴卷材应先铺平面，后铺立面，交接处应交叉搭接。从底面折向立面的卷材与永久性保护墙的接触部位，应采用空铺法施工，如图 6-21 所示。与临时性保护墙或围护结构模板接触的部位，应临时贴附在该墙上或模板上，卷材铺好后，其顶端应临时固定；阴阳角处应做成圆弧或 45°（135°）折角，其尺寸视卷材品质确定。在转角处、阴阳角等特殊部位，应增贴 1～2 层相同的卷材，宽度不宜小于 500mm；临时保护墙应用石灰砂浆砌筑，内表面应用石灰砂浆做找平层，并刷石灰浆。如用模板代替临时保护墙时，应在其上涂刷隔离剂。

　　内包防水是将防水卷材铺贴在地下室外墙内表面（即背水面）的内防水做法。这种做法防水效果较差，但施工简便，便于修补，因此常用于修缮工程或施工条件受限的工程。具体做法是在外墙内侧抹 1∶3 水泥砂浆找平层，然后铺贴卷材，最后再根据卷材特性采用软保

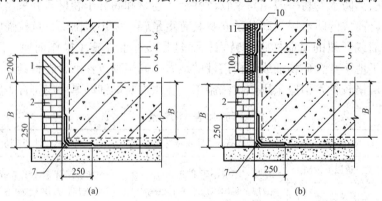

图 6-21　卷材防水层甩槎、接槎构造

（a）甩槎；（b）接槎

1—临时保护墙；2—永久保护墙；3—细石混凝土保护层；4—卷材防水层；5—水泥砂浆找平层；6—混凝土垫层；7—卷材加强层；8—结构墙体；9—卷材加强层；10—卷材防水层；

11—卷材保护层

护或铺抹 20mm 厚的 1：3 水泥砂浆。铺贴卷材时应先铺立面，再铺平面。铺贴立面时应先铺转角，后铺大面。

对地下室地坪的防水处理，是在土层上先浇混凝土垫层作底板，板厚约 100mm。然后在垫层上铺贴防水卷材，再在其上抹一层厚度不小于 50mm 的细石混凝土保护层。

2）涂料防水。涂料防水是指在施工现场以刷涂、刮涂、滚涂等方法，将无定型液态冷涂料在常温下涂敷于地下室结构表面的一种防水做法。涂料防水层包括无机防水涂料和有机防水涂料。无机防水涂料可选用水泥基防水涂料、水泥基渗透结晶型涂料。有机涂料可选用反应型、水乳型、聚合物水泥防水涂料。无机防水涂料用于结构主体的背水面，有机防水涂料宜用于结构主体的迎水面。

防水涂料可采用外防外涂、外防内涂两种做法，如图 6-22 所示。

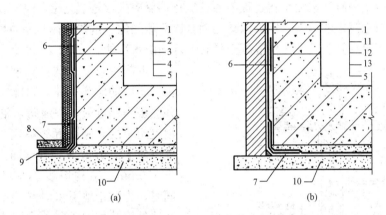

图 6-22　涂料防水做法

（a）防水涂料外防外涂构造；（b）防水涂料外防内涂构造

1—保护墙；2—砂浆保护层；3—涂料防水层；4—砂浆找平层；5—结构墙体；
6—涂料防水层加强层；7—涂料防水加强层；8—涂料防水层搭接部位保护层；
9—涂料防水层搭接部位；10—混凝土垫层；11—涂料保护层；12—涂料防水层；
13—找平层

水泥基防水涂料的厚度宜为 1.5～2.0mm；水泥基渗透结晶型防水涂料的厚度不应小于 0.8mm；有机防水涂料根据材料的性能，厚度宜为 1.2～2.0mm，并应在阴阳角及底板增加一层胎体增强材料，同时增涂 2～4 遍防水涂料。

有机防水涂料施工完毕后应及时做好保护层，底板、顶板应采用 20mm 厚 1：2.5 水泥砂浆层和 40～50mm 厚的细石混凝土保护，顶板防水层与保护层之间宜设置隔离层；外墙背水面应采用 20mm 厚 1：2.5 水泥砂浆层保护，迎水面宜选用软保护或 20mm 厚 1：2.5 水泥砂浆层保护。

3）水泥砂浆防水。水泥砂浆防水是采用合格材料，通过严格分层次交替操作形成的多防线整体防水层，包括普通水泥砂浆、聚合物水泥防水砂浆、掺外加剂或掺和料防水砂浆等，可用于结构主体的迎水面或背水面。但是，由于目前水泥砂浆防水以手工操作为主，质量难以控制，加上砂浆的干缩性大，故仅适用于结构刚度大、建筑变形小、面积较小的工程。

（2）混凝土自防水。由于地下室的外墙很少采用砖墙承重，为满足结构和防水的需要，地下室的地坪与墙体材料一般多采用混凝土或钢筋混凝土，以采用防水混凝土为佳。防水混凝土是通过调整混凝土的骨料级配或在混凝土内掺入外加剂等方法，改善混凝土构件自身的密实性，提高其防水性能的，主要有普通防水混凝土和掺外加剂的防水混凝土两类。

普通防水混凝土的配制和施工与普通混凝土相同，所不同的是借不同的集料级配以提高混凝土的密实性和混凝土自身的防水性能。集料级配主要是采用不同粒径的骨料进行级配，同时提高混凝土中水泥砂浆的含量，使砂浆充满于骨料之间，从而堵塞因骨料间直接接触而出现的渗水通道，达到防水的目的。

掺外加剂的防水混凝土是在混凝土中掺入加气剂或密实剂以提高其抗渗性能。目前常用的外加剂的主要成分是氯化铝、氯化钙、三乙醇胺、三氯化铁、木质磺酸钙、建Ⅰ型减水剂。它掺入混凝土中能使水泥水化过程中的氢氧化钙反应生成氢氧化铝、氢氧化铁等不溶于水的胶体，并与水泥中的硅酸二钙、铝酸三钙合成复盐晶体。这些胶体与晶体填充于混凝土的孔隙内，从而提高其密实性，使混凝土具有良好的防水性能。

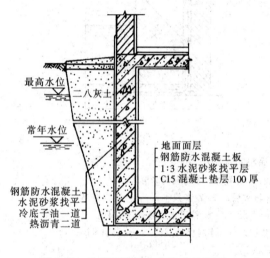

图 6-23　地下室混凝土自防水示意图

混凝土自防水构件集承重、围护、防水三方面功能为一体，因此，地下室的墙和底板不能过薄，一般防水混凝土底板的混凝土垫层，强度等级不应小于 C15，厚度不应小于 100mm，在软弱土层中不应小于 150mm，结构厚度不应小于 250mm。同时，为防止地下水对混凝土的侵蚀，应在墙外侧抹水泥砂浆并涂刷热沥青，如图 6-23 所示。

除上述防水措施外，还可采用人工降、排水的办法，消除地下水对地下室的影响。

降、排水法可分为外排法和内排法两种。所谓外排法是指当地下水位已高出地下室地面以上时，采取在建筑物的四周设置永久性降排水设施，通常是采用盲沟排水，即利用带孔的陶管埋在建筑物四周地下室地坪标高以下，陶管的周围填充可以滤水的卵石及粗砂等材料，以便水透入管中积聚后排至城市排水总管，如图 6-24（a）所示。从而使地下水位降低至地下室底板以下，变有压水为无压水，以减少或消除地下水的影响。

内排水法是将渗入地下室的水，通过永久性自流排水系统（如集水沟排至集水井再用水泵排除）排水。但应充分考虑因动力中断引起水位回升的影响，在构造上常将地下室地坪架空或设隔水间层，以保持室内墙地面干燥，如图 6-24（b）所示。

三、采光井构造

为了充分利用地下室空间，以满足一定的采光和通风要求，往往在地下室外墙一侧设置采光井。一般沿每个开窗部位单独设置，也可将几个采光井合并在一起设置。

采光井由侧墙和底板构成。侧墙一般用砖砌筑，井底板则用混凝土浇筑。

采光井的深度由地下室窗台的高度而定，一般窗台应高于采光井底板面层 200～

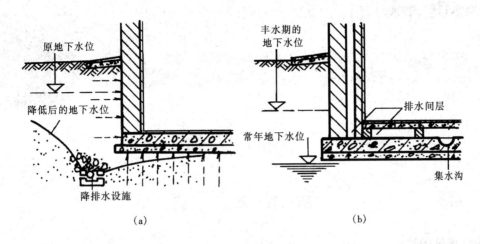

图 6-24　人工降排水措施

(a) 盲沟排水；(b) 集水井排水

300mm，采光井的长度应比窗宽 1000mm 左右；采光井的宽度视采光井的深度而定，当采光井深度为 1～2m 时，宽度为 1m 左右。采光井侧墙顶应高出室外设计地面不少于 500mm，以防地面水流入井内。采光井的构造如图6-25所示。

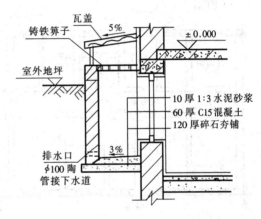

图 6-25　采光井构造

　　为了排除采光井内的雨水，井底要做 3% 左右的坡度，用陶土管或水管将灌入井底的雨水引入水管网，排水口处应设有铸铁算子，以防污物排入下水管道引起堵塞；有的建筑物还在井口上加设铁算子，以防人、畜跌入，有的井口上还设有遮雨设施。

　　采光井的防潮、防水措施同地下室部分。

思　考　题

6-1　什么是地基？什么是基础？常见基础类型有哪些？

6-2　什么是刚性基础？什么是柔性基础？各有什么特点？

6-3　基础埋置深度的含义是什么？影响基础埋置深度的因素有哪些？

6-4　地下室防潮、防水的构造措施有哪些？

墙　　体

第一节　概　　述

一、墙体的类型

建筑物的墙体按所在位置、受力情况、所用材料以及施工方法的不同分有不同的类型。如图 7-1 所示。

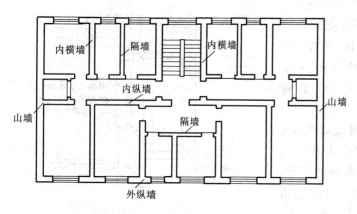

图 7-1　墙体各部分名称

1. 按墙体所处位置不同分类

根据墙体在平面上所处位置不同，有内墙和外墙、纵墙和横墙之分。凡位于房屋内部的墙体统称为内墙，它主要起分隔房间的作用；位于房屋周边的墙体统称为外墙，它主要是抵御风、霜、雨、雪的侵袭和保温、隔热，起围护作用；沿建筑物短轴方向布置的墙体称为横墙，有内横墙和外横墙，横向外墙称为山墙；沿建筑物长轴方向布置的墙体称为纵墙，有内纵墙和外纵墙之分。在一片墙上，窗与窗或窗与门之间的墙体称为窗间墙，窗洞下部的墙称为窗下墙，又称窗肚墙。外墙突出屋顶的部分称为女儿墙。

2. 按墙体受力情况分类

墙体按结构受力情况分为承重墙和非承重墙。凡直接承受楼板、屋顶等传来荷载的墙为承重墙；不承受外来荷载的墙称非承重墙。在非承重墙中，虽不承受外来荷载，但承受自身重量，下部有基础的墙称为自承重墙。仅起分隔房间的作用，自身重量由楼板或梁来承担的墙称为隔墙。框架结构中，填充在柱子之间的墙又称为填充墙。悬挂在建筑物结构外部的轻质外墙称为幕墙，有金属幕墙、玻璃幕墙等。

3. 按墙体所用材料分类

墙体按所用材料的不同，分为砖墙、石墙、土墙及混凝土墙等。砖是我国传统的墙体材料，但它越来越受到材源的限制，我国目前已提出限制使用实心黏土砖的规定；石墙在产石地区应用，有很好的经济效益，但有一定的局限性；土墙便于就地取材，是造价低廉的地方性墙体，有夯土墙和土坯墙等，目前已较少采用；混凝土墙可现浇、预制，在多、高层建筑中应用较多。目前多种材料结合的组合墙和利用工业废料发展墙体材料是墙体改革的新课题，应予以深入研究和推广应用。

4. 按墙体构造和施工方法分类

按构造方式不同，墙体有实体墙、空体墙和复合墙三种。实体墙和空体墙都是由单一材料组砌而成的，空体墙内部的空腔可以靠组砌形成，如空斗墙，也可用本身带孔的材料组合而成，如空心砌块墙等。复合墙是由两种或两种以上材料组成的，目的是为了在满足基本要求的情况下，提高墙体的保温、隔声或其他功能方面的要求。

根据施工方式的不同，墙体分为块材墙、板筑墙和板材墙三种。块材墙是用砂浆等胶结材料将砖、石、混凝土砌块等组砌而成，如实砌砖墙。板筑墙是在施工现场立模板，现浇而成的墙体，如现浇钢筋混凝土墙。板材墙是预先制成墙板，在施工现场安装、拼接而成的墙体，如预制混凝土大板墙。

二、墙体的设计要求

因墙体的作用不同，在选择墙体材料和确定构造方案时，应根据墙体的性质和位置，分别满足结构、热工、隔声、防火、工业化等要求。

（一）具有足够的强度和稳定性

强度是指墙体承受荷载的能力。它与墙体所用材料、墙体尺寸、构造方式和施工方法有关。如钢筋混凝土墙体比同截面的砖墙强度高；强度等级高的砖和砂浆所砌筑的墙体比强度等级低的砖和砂浆所砌筑的墙体强度高；相同材料和相同强度等级的墙体相比，截面积大的墙体强度要高。作为承重的墙体，必须具有足够的强度以保证结构的安全。

稳定性与墙体的高度、长度和厚度有关。高度和长度是对建筑物的层高、开间或进深尺寸而言的。高而薄的墙体比矮而厚的墙体稳定性差；长而薄的墙体比短而厚的墙体稳定性差；两端有固定的墙体比两端无固定的墙体稳定性好。

在设计墙体时，经计算来满足强度和稳定性的要求。承重墙的最小厚度为180mm，增强墙体稳定性的措施有：增加墙体厚度，提高材料强度等级，增设墙垛、壁柱、圈梁等。

（二）满足保温、隔热等热工方面的要求

《民用建筑热工设计规范》（GB 50176）将我国划为五个建筑热工分区。①严寒地区必须充分考虑冬季保温要求，一般可不考虑夏季防热；②寒冷地区应满足冬季保温要求，部分地区兼顾夏季防热；③夏热冬冷地区必须满足夏季防热要求，适当兼顾冬季保温；④夏热冬暖地区必须充分满足夏季防热要求，一般可不考虑冬季保温；⑤温和地区的部分地区应考虑冬季保温，一般可不考虑夏季防热。热工要求主要考虑墙体的保温与隔热。

采暖建筑的外墙应有足够的保温能力，为了减少热损失，应采取以下措施。

1. 提高外墙保温能力

为提高墙体的保温能力，必须提高墙体的热阻。热阻是指构件阻止热量传递的能力。热阻越大，墙体保温性能越好，反之越差。因此，为了满足墙体保温的要求，必须提高其构件的热阻，通常有以下三种做法：①增加外墙厚度。热阻是与厚度成正比的，外墙厚度增加其热阻将增大，传热过程延缓，提高保温效果。但这种做法势必会增加结构的自重、耗用墙体材料较多、使有效使用面积缩小，很不经济。②选用孔隙率高、密度轻、导热系数小的材料做外墙，如加气混凝土等。但是这些材料强度不高，不能承受较大的荷载，一般适用于框架结构的外墙中，也被称为自保温体系。③采用多种材料形成组合墙系统。如外墙外保温系统（图 7-2）、外墙内保温系统、外墙夹心保温系统（图 7-3）等。

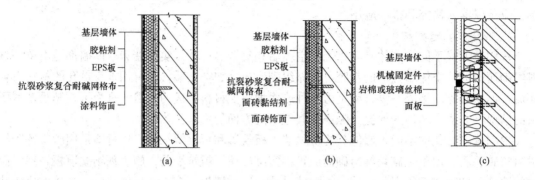

图 7-2 膨胀聚苯板外保温系统基本构造
（a）薄抹灰涂料面层；（b）面砖面层；（c）装饰面板面层

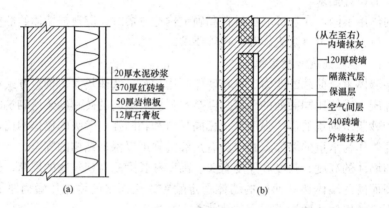

图 7-3 外墙内保温、夹心保温系统基本构造
（a）内保温系统；（b）夹心保温系统

2. 防止外墙中出现凝结水

为了减少建筑的热损失，冬季通常是门窗紧闭，生活用水及人的呼吸使室内湿度增高，形成高温高湿的室内环境。当室内的热空气传至外墙时，墙体的温度较低，蒸汽在墙内形成凝结水，水的导热系数较大，因此就使外墙的保温能力明显降低。为防止外墙中产生凝结水，应在靠室内高温一侧，设置隔蒸汽层，阻止水蒸气进入墙体。隔蒸汽层常用卷材、防水涂料或薄膜等材料，如图 7-3（b）所示。

3. 防止外墙出现空气渗透

由于墙体材料存在微小的孔洞，或者由于安装不密封或材料收缩等，会产生一些贯通性缝隙。冬季室外风的压力使冷空气从迎风墙面渗透到室内，而室内热空气从内墙渗透到室外，所以风压及热压使外墙出现空气渗透。为了防止外墙出现空气渗透，可采取以下措施：选择密实度高的墙体材料；墙体内外加抹灰层；加强构件间的密缝处理等。

夏季太阳辐射强烈，室外热量通过外墙传入室内，使室内温度升高。为使外墙有足够的隔热能力，可以选用热阻大的材料作外墙，也可以选用光滑、平整、浅色的材料如铝箔板等，以增加对太阳的反射能力。

（三）满足隔声要求

不同类型的建筑具有相应的噪声控制标准。噪声通常是指由各种不同强度、不同频率的声音混杂在一起的嘈杂声。噪声的传递有两种形式，一种是声响发生后，通过空气、透过墙体再传递到人耳，叫空气声。如说话声、汽车喇叭声等；另一种是直接撞击墙体或楼板，发出的声音再传递到人耳，叫固体声或撞击声。如关门时产生的撞击声、在楼板上行走的脚步声等。

墙体主要隔离空气声。空气声在墙体中的传播途径有两种：一是通过墙体的缝隙和微孔传播；二是在声波作用下墙体受到振动，声音透过墙体而传播。控制噪声，对墙体一般采取以下措施：①加强墙体的密缝处理；②增加墙体密实性及厚度，避免噪声穿透墙体及墙体振动；③采用有空气间层或多孔性材料的夹层墙，提高墙体的减振和吸音能力；④充分利用垂直绿化降噪。

由实验得知，双面抹灰的半砖墙的隔声量达 45dB。双面抹灰的一砖墙的隔声量达 48dB。《民用建筑隔声设计规范》（GB 50118—2010），对住宅的隔声标准的规定中指出：对一般无特殊隔声要求的建筑，双面抹灰的半砖墙已基本满足分户墙的隔声要求。在现代住宅建筑和高层建筑中，大量采用轻质材料和轻型结构。墙体中使用较多的有纸面石膏板、圆孔珍珠岩石膏板以及加气混凝土板等。如钢质墙筋，两面为双层纸面石膏板，中间间层厚75mm，内填超细玻璃棉毡的轻质墙体，其隔声量与 240mm 厚的砖墙相当，而其单位面积的重量却只有砖墙的 1/10。

（四）满足防火要求

选择燃烧性能和耐火极限符合防火规范规定的材料。有些建筑还应按防火规范要求设置防火墙，防止火灾蔓延。

（五）适应工业化生产的需要

在大量性民用建筑中，墙体工程量占着相当的比重。建筑工业化的关键是墙体改革，必须改变手工生产操作，提高机械化施工程度，提高工效，降低劳动强度，并应采用轻质高强的墙体材料，以减轻自重，降低成本。

墙体工业化生产

此外，还应根据实际情况，考虑墙体的防潮、防水、防射线、防腐蚀及经济等各方面的要求。

三、墙体的结构布置

墙体的结构布置有横墙承重、纵墙承重、纵横墙混合承重和部分框架承重等几种方案，如图 7-4 所示。

1. 横墙承重

横墙承重是指将楼板及屋面板等水平承重构件均搁置在横墙上，纵墙只起纵向稳定和拉结以及承自重的作用，如图 7-4（a）所示。其特点是：横墙间距小，建筑的整体性好，横向刚度大，利于抵抗水平荷载和地震作用；但房间的开间尺寸不灵活，墙的结构面积较大。因

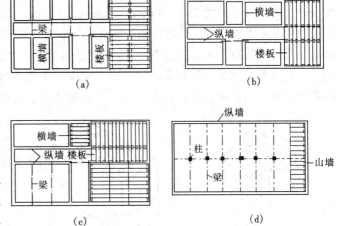

图 7-4　墙体的结构布置方案
（a）横墙承重；（b）纵墙承重；（c）纵横墙混合承重；（d）部分框架承重

此，横墙承重方案适用于房间开间尺寸不大的宿舍、旅馆、住宅、办公室等建筑中。

2. 纵墙承重

纵墙承重是指楼板及屋面板等水平承重构件均搁置在纵墙上，横墙只起分隔空间和连接纵墙的作用，如图7-4（b）所示。其特点是：横墙只起分隔作用，房屋开间划分灵活，可满足较大空间的要求；但其整体刚度差，抗震性能差。因此，纵墙承重方案适用于非地震区、房间开间较大的建筑物，如餐厅、商店、教学楼等。

3. 纵横墙混合承重

纵横墙混合承重是指房间的纵向和横向的墙共同承受楼板和屋面板等水平承重构件传来的荷载，如图7-4（c）所示。其特点是：房屋的纵墙和横墙均可起承重作用，建筑平面布局较灵活，建筑物的整体刚度、抗震性能较好。因此，该方案目前采用较多，多用于房间开间、进深尺寸较大且房间类型较多的建筑中，如教学楼、住宅、综合商店等。

4. 部分框架结构

部分框架结构即墙、柱混合承重结构，是指房屋的外墙和内柱共同承受楼板、屋面板等水平承重构件传来的荷载，此时内柱和梁组成内部框架结构，梁的另一端搁置在外墙上，如图7-4（d）所示。该方案具有内部空间大、较完整等特点，常用于内柱不影响使用的大房间，如商场、展室、车库等。

第二节　砖　墙　构　造

砖墙是由砖和砂浆按一定的规律和砌筑方式组合成的砖砌体。砖砌体的抗压强度取决于砖与砂浆的材料强度。

一、砖墙材料

1. 砖

砖按照材料和制作方法不同有烧结普通砖、烧结多孔砖、蒸养（压）灰砂砖等。

（1）烧结普通砖。以黏土、页岩、煤矸石或粉煤灰为原料，经成型、干燥、焙烧而成的无孔洞或孔洞率小于15%的实心砖。分烧结黏土砖、烧结页岩砖、烧结煤矸石砖、烧结粉煤灰砖。砖的标准尺寸为：240mm×115mm×53mm，若加上砌筑灰缝厚约10mm，则4块砖长、8块砖宽或16砖厚均约1m，因此，每立方米砖砌体需砖数4×8×16=512（块）。砖的外观尺寸允许有一定偏差。砖即具有一定的强度，又因其多孔而具有一定的保温隔热性能，因此大量用来做墙体材料、柱、拱、烟囱、沟道及基础。但其中的实心黏土砖属墙体材料革新中的淘汰产品，正在被多孔砖、空心砖或空心砌块等新型墙体材料所取代。

（2）烧结多孔砖、空心砖。以黏土、页岩、煤矸石为主要原料，经成型、干燥、焙烧而成，这种砖的大面有孔，孔多而小，孔洞率在15%以上，为烧结多孔砖。如图7-5所示。常用于砌筑6层以下的承重墙。孔洞率在30%以上，孔大而少，孔洞平行于大面和条面，与砂浆结合面上有深

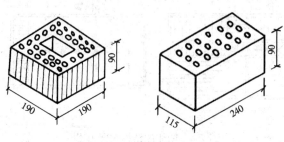

图7-5　两种烧结多孔砖的外观

度为 1mm 以上的凹线槽,称为烧结空心砖。如图 7-6 所示。目前,多孔砖外形尺寸一般为 240mm×115mm×90mm、240mm×175mm×115mm、240mm×115mm×115mm、190mm ×190mm×90mm。多孔砖的强度等级有:MU30、MU25、MU20、MU15、MU10 五个级别。

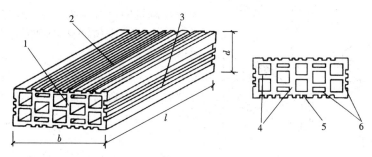

图 7-6 烧结空心砖

1—顶面;2—大面;3—条面;4—肋;5—线槽;6—外壁;

l—长度;*b*—宽度;*d*—高度

(3) 蒸养(压)砖。以石灰和含硅材料(砂、粉煤灰、煤矸石、炉渣和页岩等)加水拌和,经压制成型,蒸汽养护或蒸压养护而成。

1) 灰砂砖。主要原料为石灰与砂子,其规格与烧结普通砖相同,抗压强度分为 MU25、MU20、MU15、MU10 四个强度等级。灰砂砖表面光滑,与砂浆黏结力差,砌筑时应控制砖含水率(7%~12%),宜用混合砂浆。

2) 粉煤灰砖。主要原料为粉煤灰与石灰,强度等级有:MU20、MU15、MU10、MU7.5 四个等级,粉煤灰可用于墙体和基础部分,但用于基础或用于易受冻融和干湿交替作用的部位必须使用一等砖(强度等级不低于 10 级)与优等砖(不低于 15 级),不得用于长期受热 200℃以上部位,受急冷急热和有酸性介质侵蚀的部位。

3) 炉渣砖。呈黑灰色,强度等级有:MU20、MU15、MU10 三个等级,可用于一般建筑物的内墙和非承重外墙,其他使用要点同灰砂砖与粉煤灰砖。

2. 砂浆

砂浆是砌块的胶结材料。砖块需经砂浆砌筑成墙体,使它传力均匀,砂浆还起着嵌缝作用,能提高防寒、隔热和隔声的能力。

砌筑墙体常用的砂浆有水泥砂浆、混合砂浆和石灰砂浆。水泥砂浆由水泥、砂加水拌和而成,属水硬性材料,强度高,但可塑性和保水性较差,适合砌筑潮湿环境下的砌体,如地下室、砖基础等。石灰砂浆由石灰膏、砂加水拌和而成。由于石灰膏为塑性掺和料,所以石灰砂浆的可塑性很好,但它的强度较低,且属于气硬性材料,遇水强度即降低,所以适宜砌筑次要的民用建筑的地面以上的砌体。混合砂浆由水泥、石灰膏、砂加水拌和而成。既有较高的强度,也有良好的可塑性和保水性,故民用建筑地面以上砌体中被广泛采用。

砂浆的强度也是以强度等级划分的,分为七级:M15、M10、M7.5、M5、M2.5、M1、M0.4。常用的砌筑砂浆是 M1~M5 几个级别,M5 以上属于高强度砂浆。

二、砖墙的组砌方式

砖墙的组砌是指砖块在砌体中的排列方式。为了保证墙体的强度,其组砌原则是:砖缝必须横平竖直，错缝搭接，砖缝砂浆饱满，厚薄均匀。普通黏土砖依其砌式的不同，可组合成多种墙体。

1. 实砌砖墙

在砌筑中，每排列一层砖称为"一皮"，并将垂直于墙面砌筑的砖叫"顶砖"，把砖的长边沿墙面砌筑的砖叫"顺砖"。实体墙常见的砌筑方式有：全顺式（走砖式）、一顺一顶式或多顺一顶式、每皮顶顺相间式（梅花顶式）和两平一侧式（18墙）等，如图7-7所示。

2. 空体墙

空体墙一般分为空斗墙和空心墙两种。

空斗墙是指用普通黏土砖平砌与侧砌相结合形成的空体墙。墙厚为一砖，砌筑方式常用一眠一斗、一眠二斗或一眠多斗以及无眠空斗墙，如图7-8所示。眠砖是指垂直于墙面的平砌砖，斗砖是平行于墙面的侧砌砖，立砖是垂直于墙面的侧砌砖。

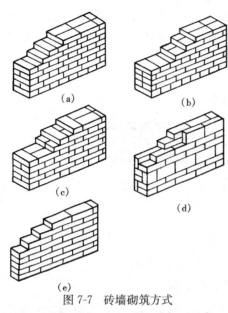

图7-7　砖墙砌筑方式

(a) 一顺一顶式；(b) 三顺一顶式；(c) 每皮顶顺相间式；(d) 两平一侧式；(e) 全顺式

空斗墙具有省料、自重轻、隔热性好等特点，但强度低，可用于非地震区三层以下民用建筑的承重墙。但在构造上需对以下部位进行加固，即门窗洞口侧边、墙转角处、内外墙交接处、勒脚及与承重砖柱相接处等部位。

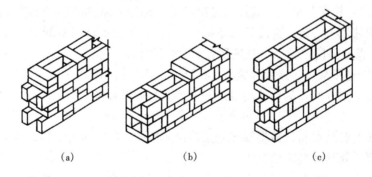

图7-8　空斗墙砌法

(a) 无眠空斗墙；(b) 一眠一斗空斗墙；(c) 一眠三斗空斗墙

空心砖墙是指用各种空心砖砌成的墙体。空心砖种类、规格很多，有承重和非承重两种。承重的多为竖孔，用黏土烧成；非承重的多为水平孔，用炉渣等材料制成。

3. 组合墙

组合墙是指两种材料或两种以上材料组合而成的复合墙体。为满足墙体的结构强度和保温效果，在北方寒冷地区，常用砖与保温材料组合砌成的墙体。

组合墙的组合方式一般有三种：一是砖墙的一侧附加保温材料；二是砖墙中间填充保温材料；三是在砖墙中间设置空气间层或带有铝箔的空气间层，如图7-9所示。

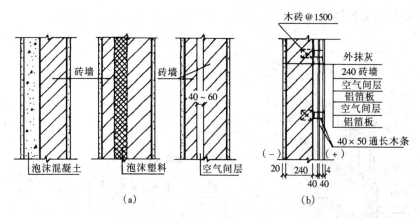

图 7-9　墙体的保温构造

（a）保温围护结构构造；（b）铝箔保温处理

三、砖墙的尺度

普通黏土砖墙的厚度是按半砖的倍数确定的。如半砖墙、一砖墙、一砖半墙、两砖墙等，相应的实际尺寸为 115、240、365、490mm 等。人们习惯以它们的标志尺寸来称呼，如 12 墙、24 墙、37 墙、49 墙，也可采用 3/4 砖墙，实际厚度为 178mm，通常称为 18 墙。墙厚与砖规格的关系如图 7-10 所示。

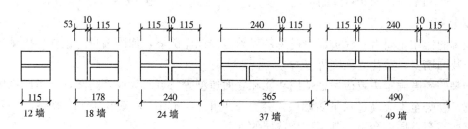

图 7-10　墙厚与砖规格

由于墙体的厚度、墙段长度等尺寸均以砖宽加灰缝尺寸为基数而形成的，即以 125mm 为基数，这与我国现行的模数协调标准不相吻合。为了避免砍砖，影响施工及砌体强度，当墙段尺度小于 1500mm 时，应考虑砖模数；当墙段尺度大于 1500mm 时，可不考虑砖模数，而以调节砖缝尺寸相协调。

墙厚、墙段尺寸可表示为　　$L = (n \times 125 - 10) \text{mm}$　　　　　（n——砖块宽数）

洞口尺寸可表示为　　　　　　$L = (n \times 125 + 10) \text{mm}$　　　　　（n——砖块宽数）

四、砖墙的细部构造

为满足不同的需要，砖墙上设有一些特殊的细部构造，一般有墙脚、窗台、门窗过梁、圈梁等，如图 7-11 所示。

（一）墙脚

墙脚一般是指基础以上，室内地面以下的这段墙体。外墙的墙脚又称勒脚。墙脚所处的位置容易受到外界的碰撞和雨、雪的侵蚀，遭到破坏，以致影响建筑物的耐久性和美观。同时还容易受到地表水和地下水的毛细作用所形成的地潮的侵蚀，致使墙身受潮，饰面层发霉脱落，影响室内卫生和人体健康；冬季也易形成冻融破坏，如图 7-12 所示。因此，在构造上必须采取必要的防护措施。

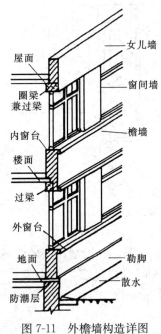

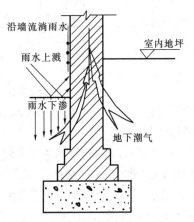

图 7-11　外檐墙构造详图　　　　　　　图 7-12　地下潮气对墙身的影响

1. 勒脚

勒脚的作用主要有：保护墙身避免外界雨雪侵蚀而破坏，加固墙身防止外界机械碰撞而受损，装饰墙身，美化立面交界。

勒脚的高度确定主要应考虑使用功能和立面造型等特点。为保证防潮，并考虑机械碰撞的影响，勒脚至少应高过水平防潮层，并且不低于 500mm；为突出其立面效果，也可将勒脚一直加高至首层窗台下，甚至整个首层的外墙。

勒脚的构造做法通常有抹灰、贴面或石砌等几种，如图 7-13 所示。

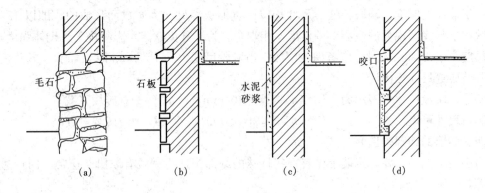

图 7-13　勒脚
(a) 毛石勒脚；(b) 石板贴面勒脚；(c) 抹灰勒脚；(d) 带咬口抹灰勒脚

对一般建筑，可采用具有一定强度和防水性能的水泥砂浆抹面或其他有效的抹面处理。这种做法造价经济，施工简单。为防止抹灰脱落，除严格施工操作外，常用增加抹灰的"咬口"进行加强。

标准较高的建筑，可在外表面镶贴天然石材或人造石材，如花岗石、水磨石等。

整个墙脚用强度高，耐久性和防水性好的材料砌成，如条石、混凝土等。

2. 墙身防潮

墙身防潮的目的是阻止土壤水分渗入墙体内部。防潮的方法是在墙身适当部位铺设水平防潮层。

（1）防潮层的位置。当地面垫层采用混凝土等不透水材料时，防潮层的位置应设在地面垫层范围以内，通常在−0.060m标高处设置。同时，至少要高于室外地坪150mm，以防雨水溅湿墙身。当地面垫层采用松散的透水性材料时，水平防潮层的位置应与室内地面标高齐平，或高于室内地面一皮砖。当室内地面在墙身两侧出现高差时，则应在墙身内设两道水平防潮层，并用垂直防潮层将两道水平防潮层连接成台阶式防潮层，防止土壤中的水气从地面高的一侧渗入墙体，如图7-14所示。

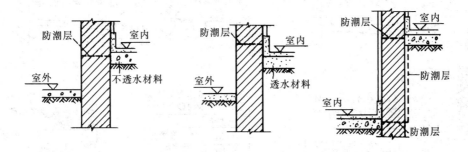

图 7-14　墙身防潮层的位置

（2）防潮层的做法。墙身防潮层在构造上需四周交圈，封闭连续，其做法通常有柔性防潮和刚性防潮两类。柔性防潮材料主要选用各种卷材，如改性沥青油毡、三元乙丙橡塑卷材等，如图7-15（a）所示。其特点是防潮效果好，但其黏结性差，建筑物的整体性刚度差，不宜用于地震区或有振动荷载的墙体中。刚性防潮材料主要选用防水砂浆防潮和细石混凝土防潮，如图7-15（b）、（c）所示。刚性防潮其黏结性、整体性较好，对抗震较有利。当建筑物设有地圈梁且标高合适时，也可将地圈梁兼作防潮层，如图7-15（d）所示。墙身两侧室

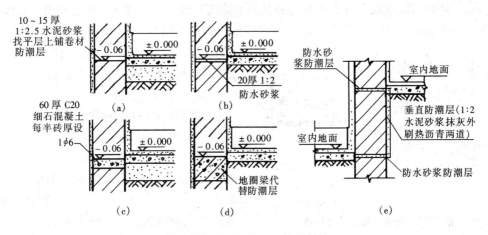

图 7-15　水平防潮层的构造做法

内地面标高不同时，其防潮层构造如图 7-15（e）所示。

（3）散水和明沟。为防止屋顶落水或地表水侵入勒脚而危害基础，必须将建筑物周围的积水及时排离。其做法有两种：一是在建筑物四周设排水沟，将水有组织地导向集水井，然后流入排水系统，这种做法称为明沟。二是在建筑物外墙四周做坡度为 3%～5% 的护坡，将积水排离建筑物，这种做法称为散水。

散水宽度主要与屋顶排水方式有关。对于有组织排水，散水宽度一般为 600～1000mm。对于无组织排水，当设有明沟时，檐口滴水中心与明沟中心竖向对齐；当不设明沟时，散水宽度比屋顶挑檐宽出 200mm。

散水和明沟的构造做法通常有砖铺、块石、混凝土等，如图 7-16 所示。

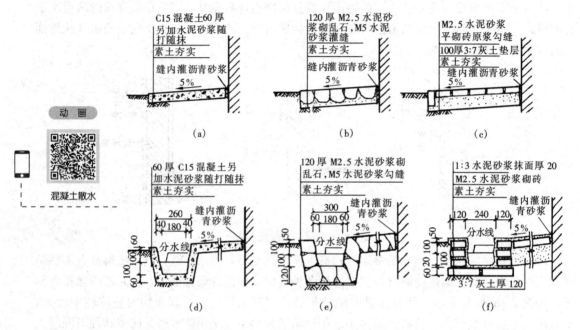

图 7-16　散水及明沟构造

（a）、（b）、（c）散水；（d）、（e）、（f）明沟

为防止墙体沉降或散水处发生意外的受力不均而导致墙基与散水交接处开裂，在构造上需在散水与勒脚之间设置沉降缝，如图 7-17 所示。另外，混凝土散水沿长度方向应每隔 6～12m 设伸缩缝。其伸缩缝以及散水与勒脚的接缝均应填充热沥青或沥青麻丝等。

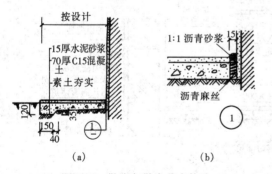

图 7-17　勒脚与散水节点构造

（a）节点构造；（b）详图

（二）窗台

窗台是窗洞口下部的排水构件。其目的：一是导水，二是起装饰作用。

窗台按位置不同分为外窗台和内窗台。外窗台是用以排除窗外侧流下的雨水，保护墙面；内窗台是用以排除窗内侧的冷凝水，并防止内墙面被撞坏且便于清洗。

窗台按其构造方式不同有悬挑窗台和不

悬挑窗台。悬挑窗台可用于外窗台或内窗台，外窗台的形式常与立面处理相结合，可做成单个窗台、通长窗台、窗套等。悬挑窗台的典型做法通常是：一挑二斜三滴水。窗台悬挑一般为 60mm 左右，窗台表面应有坡度，窗台下表面应做好滴水处理等，如图 7-18 所示。不悬挑窗台多用于外墙饰面为防水且易冲洗的材料（如瓷砖、马赛克）的外窗台，或为节省室内空间的内窗台、阳台内窗台等。

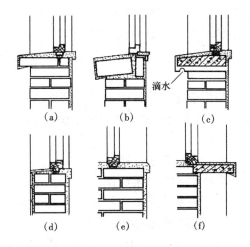

图 7-18　窗台的构造

(a) 平砌砖外窗台；(b) 侧砌砖外窗台；
(c) 预制钢筋混凝土窗台、抹灰内窗台；
(d) 不悬挑窗台；(e) 抹灰内窗台；
(f) 采暖地区预制钢筋混凝土内窗台板

（三）过梁

过梁是用来支承门窗洞口上部砌体和楼板层荷载的构件。由于墙体砖块相互咬接的结果，过梁上墙体的重量并不全部压在过梁上，而是有一部分重量沿搭接砖块斜向传给了门、窗两侧的墙体，所以过梁只承受上部墙体的部分重量，即图 7-19 中的三角形部分。只有当过梁范围内出现集中荷载时，才需另行考虑。过梁的常见做法有砖拱过梁、钢筋砖过梁和钢筋混凝土过梁三种形式。

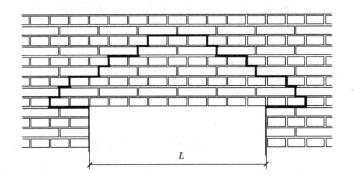

图 7-19　过梁受荷范围

1. 砖砌平拱过梁

砖砌平拱过梁是用砖立砌或侧砌成对称于中心而倾向两边的拱，如图 7-20 所示。砖砌平拱的高度多为一砖，灰缝上部宽度不大于 15mm，下部宽度不小于 5mm，两端下部伸入墙内 20～30mm，中部起拱高度为洞口跨度的 1/50。

砖砌平拱过梁适用于洞口跨度不超过 1.2m 的洞口。当建筑物有较大的振动荷载或可能产生不均匀沉降时，不宜采用此过梁。

2. 钢筋砖过梁

钢筋砖过梁是在砖缝内或洞口上部的砂浆层内配置钢筋的平砌砖过梁。通常在洞口上部铺一层不小于 30mm 厚的 M5 水泥砂浆层，再在其上配置 $\phi 6$ 钢筋，且间距不大于 120mm；钢筋的长度每边需宽出洞口不小于 240mm，并在端部设 90°弯钩埋入墙体的竖缝内；然后用

不低于 MU7.5 的砖和不低于 M5 的砂浆平
砌，其高度应经计算确定，通常不少于 5
皮砖且不小于 1/4 的洞口跨度，如图 7-21
所示。

钢筋砖过梁通常用于洞口跨度不大于
1.5m 的清水砖墙中，以获得与建筑立面统
一的效果。

3. 钢筋混凝土过梁

钢筋混凝土过梁应用范围广，可用于
洞口上部有集中荷载、振动荷载或可能产
生不均匀沉降的建筑物中。

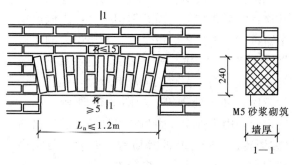

图 7-20　砖砌平拱

钢筋混凝土过梁按施工方式不同分为现浇和预制两种。按截面形式不同有矩形和 L 形。
在寒冷地区，为避免冷桥作用，常选用 L 形截面或组合式过梁；在南方炎热多雨地区，可
将过梁上挑出 300～500mm 宽的窗楣板以遮雨、挡阳光等，如图 7-22 所示。

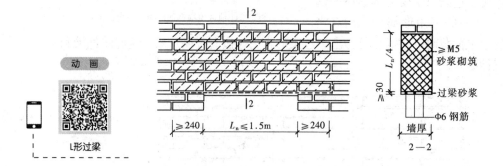

图 7-21　钢筋砖过梁

钢筋混凝土过梁的梁高及其配筋应由计算确定，但为了施工方便，梁高尺寸应与砖的模数
相适应，以方便墙体连续砌筑。常用尺寸为 60、120、180、240mm，梁宽一般与墙同厚。梁端
支承在墙上的长度每边不小于 240mm，以保证在墙上有足够的承压面积。

当过梁为现浇时，若过梁与圈梁或现浇楼板位置接近时，则应尽量合并设置，同时浇
筑。这样既节约模板，便于施工，又增加了建筑物的整体性。

（四）墙身加固

由于墙身承受集中荷载，开设门窗洞口及地震等因素，使墙体的稳定性受到影响，须在
墙身采取加固措施。

1. 增加壁柱和门垛

当建筑物墙上出现集中荷载，而墙厚又不足以承担其荷载时，或墙体的长度、高度超过
一定的限度并影响墙体稳定性时，常在墙身适当的位置增设凸出墙面的壁柱，以提高墙体的
刚度。凸出尺寸一般为 120mm×370mm、240mm×370mm、240mm×490mm 等，如图 7-
23（a）所示。

当墙上开设的门洞处于两墙转角处或丁字墙交接处时，为保证墙体的承载能力和稳定性

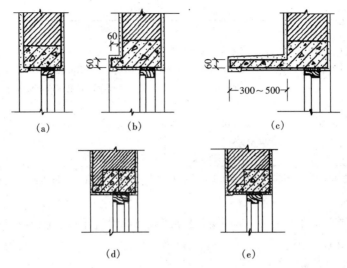

图 7-22　钢筋混凝土过梁

（a）平墙过梁；（b）带窗套过梁；（c）带窗楣过梁；（d）、（e）寒冷地区过梁形式

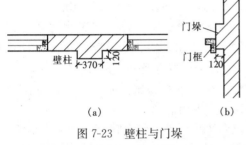

图 7-23　壁柱与门垛

（a）壁柱；（b）门垛

以及便于门框的安装，应设门垛。门垛尺寸不应小于 120mm，如图 7-23（b）所示。

2. 设置圈梁

圈梁又称腰箍，是沿建筑物外墙、内纵墙和部分内横墙设置的连续闭合的梁。圈梁配合楼板共同作用，可提高建筑物的空间刚度及整体性，增强墙体的稳定性，减少由于地基不均匀沉降而引起的墙身开裂，提高建筑物的抗震能力。

圈梁有钢筋砖圈梁和钢筋混凝土圈梁两种。钢筋砖圈梁多用于非地震区，结合钢筋砖过梁沿外墙和部分内墙一周连通砌筑而成。钢筋砖圈梁的高度一般为 4～6 皮砖，宽度与墙厚相同，用不低于 M5 级的砂浆砌筑；钢筋混凝土圈梁的高度应为砖厚的整数倍，并不小于 120mm，常见尺寸为 180、240mm。圈梁的宽度与墙厚相同，在寒冷地区可略小于墙厚，但不宜小于墙厚的 2/3。

圈梁的位置与数量与抗震设防等级和墙体的布置有关。一般情况下，檐口和基础处必须设置，其余楼层的设置可根据结构要求采用隔层设置或层层设置，见表 7-1。

表 7-1　　　　　　　　　　　圈梁的设置规定

序号	结构类型	设置规定
1	空旷的单层房屋，如车间、仓库、食堂等当墙厚≤240mm时	（1）砖砌体房屋，檐口标高为5～8m时，设圈梁一道，大于8m时适当增设（2）砌块及石砌体房屋，檐口标高为4～5m时，设圈梁一道；大于5m时适当增设（3）有电动桥式吊车、有较大振动设备的单层工业厂房，除在檐口或窗顶标高处设置钢筋混凝土圈梁外，尚宜在吊车梁标高处或其他适当位置处增设圈梁
2	多层砖砌体民用房屋，如宿舍、办公楼、住宅等当墙厚≤240mm时	（1）当层数为3～4层时，应在檐口标高处设置圈梁一道（2）超过4层时，可适当增设

序号	结构类型	设置规定
3	多层砖砌体工业房屋，如多层厂房、科研实验楼等	(1) 圈梁可隔层设置 (2) 有较大振动设备时，宜每层设置钢筋混凝土圈梁一道
4	多层砌块和料石砌体房屋	(1) 在外墙及内纵墙上，屋盖处应设置圈梁一道，楼盖处宜隔层设置 (2) 在横墙上，圈梁设置方法同上，间距不宜大于15m (3) 有较大振动设备或承重墙厚度 $h \leqslant 180mm$ 的多层房屋，宜每层设置圈梁一道 (4) 屋盖处圈梁宜现浇，预制圈梁安装时应坐浆，并应保证接头可靠

注　建筑在软弱地基或不均匀地基上的砌体房屋，或有抗震设防要求的房屋，除按本表规定设置圈梁外，尚应符合地基基础和抗震设计的要求。

圈梁当遇到洞口不能封闭时，应在洞口上部或下部设置不小于圈梁截面的附加圈梁，其搭接长度不小于1m，且应大于两梁高差的两倍，如图7-24所示。但对有抗震要求的建筑物，圈梁不宜被洞口截断。

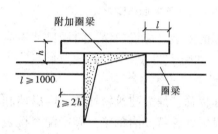

图7-24　附加圈梁

微课

附加圈梁

3. 加设构造柱

由于砖砌体系脆性材料，抗震能力差，因此在6度及以上的地震设防区，对多层砖混结构建筑的总高度、横墙间距、圈梁的设置、墙体的局部尺寸等，都提出了一定的限制和要求，应符合《建筑抗震设计规范》（GB 50011—2010）中的规定。为增强建筑物的整体刚度和稳定性，还要求提高砌体砌筑砂浆的强度等级以及增加钢筋混凝土构造柱。

钢筋混凝土构造柱是从构造角度考虑设置的。结合建筑物的防震等级，一般在建筑物的四角、内外墙交接处、楼梯间、电梯井的四个角以及某些较长墙体的中部等位置设置构造柱。构造柱必须与圈梁及墙体紧密相连。圈梁在水平方向将楼板和墙体箍住，而构造柱则从竖向加强层间墙体的连接，与圈梁一起构成空间骨架，从而加强建筑物的整体刚度，改善墙体的应变能力，使建筑物做到裂而不倒。

构造柱与圈梁应有可靠的连接。构造柱的最小截面为180mm×240mm。构造柱与墙连接处宜砌成马牙槎，并应沿墙高每隔500mm设2Φ6拉结钢筋，每边伸入墙内不宜小于1m，随着墙体的上升而逐段现浇钢筋混凝土柱身，使墙柱形成整体，如图7-25所示。

（五）防火墙

防火墙的作用在于把建筑空间隔成防火区，限制燃烧空间，防止火灾蔓延。根据防火规范规定，防火墙应选用非燃烧体，且耐火极限不低于4.0h；防火墙上不应开门窗洞口，如必须开设时应采用甲级防火门窗，并能自动关闭。防火墙的最大间距应根据建筑物的耐火等级而定，一、二级耐火等级的建筑物，防火墙的最大间距为150m，三级时为100m，四级时为60m。

防火墙应直接设置在基础上或钢筋混凝土框架上。防火墙应截断燃烧体或难燃烧体的屋顶结构，并应高出非燃烧体屋面不小于400mm，高出燃烧体或难燃烧体屋面不小于500mm，如图7-26所示。当建筑物的屋盖为耐火极限不低于0.5h的非燃烧体时，防火墙可砌至屋面基层底部，不必高出屋面。

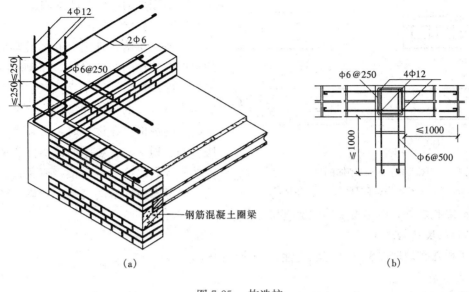

图 7-25 构造柱

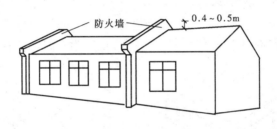

图 7-26 防火墙设置要求示意

第三节 砌块墙构造

砌块是采用素混凝土、工业废料和地方性材料制造的墙体材料。其优点是制作方便,施工简单,因地制宜,就地取材,造价经济,具有较大的灵活性。目前各地广泛采用的材料有混凝土、加气混凝土、各种工业废料、粉煤灰、煤矸石、石渣等。

一、砌块的类型及规格

砌块的规格全国各地不统一,但从使用情况看,主要分为大、中、小型砌块,砌块中规格高度在 115~380mm 之间的称为小型砌块,高度在 380~980mm 之间的称为中型砌块,高度在 980mm 以上的称为大型砌块;按构造方式分有实心砌块和空心砌块两种,空心砌块有单排方孔、单排圆孔和多排扁孔三种形式,多排扁孔对保温有利,如图 7-27 所示。按组砌位置与作用分为主砌块和辅砌块。

在考虑砌块规格时,首先必须符合《建筑模数协调标准》(GB 50002—2013)的规定;其次是砌块的类型愈少愈好,其主要砌块排列中,使用次数愈多愈好(占 70% 以上);另外砌块的尺寸应考虑到生产工艺条件、施工和起重、吊装能力以及砌筑时错缝搭接的可能性;最后,在确定砌块时既要考虑到砌块的强度和稳定性,还要考虑砌块的热工性能。

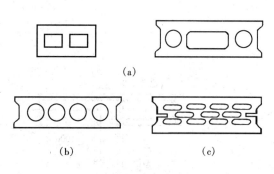

图 7-27　空心砌体的形式
(a) 单排方孔；(b) 单排圆孔；(c) 多排扁孔

二、砌块的组合与墙体构造

(一) 砌块的组合

为使砌块墙合理组合并搭接牢固，必须根据建筑物的初步设计，作砌块的试排工作，即按建筑物的平面尺寸、层高，对墙体进行合理的分块和搭接，以便正确选定砌块的规格。在设计时，必须考虑使砌块整齐、划一，有规律性，不仅要考虑到大面积墙面的错缝、搭接，避免通缝，而且还要考虑内外墙的交接、咬砌，使其排列有致。除此之外，应尽量多用主要砌块，并使其占砌块总量的 70％以上。

(二) 砌块墙构造

为了增强砌块墙的整体性与稳定性，必须从构造上予以加强。

1. 砌块墙的拼接

砌块在砌筑时，必须使竖缝填灌密实，水平缝砌筑饱满，使上、下、左、右砌块能更好地连接。一般砌块采用 M5 级砂浆砌筑。在中型砌块的两端一般设有封闭式的灌浆槽，水平灰缝、垂直灰缝一般为 15～20mm，当垂直灰缝大于 30mm 时，须用 C20 细石混凝土灌实。上、下皮砌块的搭接长度不得小于 150mm，当搭接长度不足时，应在水平灰缝内增设钢筋网片，如图 7-28 所示。

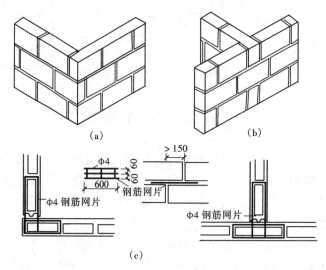

图 7-28　砌块墙构造
(a) 转角搭砌；(b) 内外墙搭砌；(c) 上下皮垂直缝＜150mm 时的处理

小型砌块墙体应对孔错缝搭砌，水平灰缝厚度和竖向灰缝厚度宜为 8～12mm。搭接长度不应小于 90mm。墙体个别部位不能满足上述要求时，应在灰缝中设置拉结钢筋或钢筋网片，但竖向通缝不得超过两皮小砌块。

砌块墙在室内地坪以下，室外明沟或散水以上的砌体内，应设置水平防潮层。一般采用防水砂浆或配筋混凝土。同时，应以水泥砂浆作勒脚抹面。

2. 过梁与圈梁

过梁是砌块墙的重要构件，它既起连系和承受门窗洞孔上部荷载的作用，同时又是一种调节砌块。当层高与砌块高出现差异时，过梁高度的变化可起调节作用，从而使得砌块的通用性更大。

为加强砌块建筑的整体性，多层砌块建筑应设置圈梁。当圈梁与过梁位置接近时，往往将圈梁、过梁一并考虑，一般现浇，也可预制。圈梁设置要求见表 7-2。

表 7-2　　　　　　　　　　　　多层砌块建筑圈梁设置

圈梁位置	设 置 要 求	备 注
外墙及内纵墙	屋顶处应设置，楼板处宜隔层设置	1. 如采用预制圈梁，安装时应坐浆，并保证接头牢固可靠
内横墙	同上，间距不宜大于 10m	2. 屋顶处圈梁宜现浇

注　1. 承重墙厚≤200mm 的砌块建筑，宜每层按本表要求设置圈梁一道。

　　2. 本表摘自《中型砌块建筑设计与施工规程》（JGJ 5—1980）。

3. 芯柱

芯柱是在砌块内部空腔中插入竖向钢筋并浇灌混凝土后形成的砌体内部的钢筋混凝土小柱。为加强砌块建筑的整体刚度，常在外墙转角、楼梯间四角和一些内外墙交界处设置芯柱。芯柱采用 C15 细石混凝土灌入砌块孔内，并在孔中插入 2Φ12 通长钢筋，如图 7-29 所示。

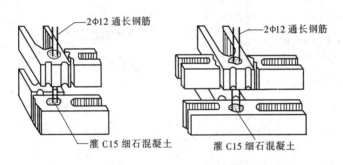

图 7-29　砌块墙芯柱构造

第四节　隔　墙　与　隔　断

一、隔墙

隔墙是分隔建筑物内部空间的非承重内墙，其本身的重量由楼板或梁来承担。在现代建筑中，为了提高平面布局的灵活性，大量采用隔墙以适应建筑功能的变化。因此，要求隔墙自重轻、厚度薄、便于安装和拆卸，有一定的隔声能力，同时还要能够满足特殊使用部位如厨房、卫生间等处的防火、防水、防潮等要求。

隔墙按构造形式分为轻骨架隔墙、块材隔墙、板材隔墙三大类。

（一）轻骨架隔墙

轻骨架隔墙由骨架和面层两部分组成，通常先立墙筋（骨架）后做面层，也称为立筋式隔墙。

1. 骨架

骨架的种类很多，常用的有木骨架和金属骨架。

木骨架由上槛、下槛、墙筋、横档或斜撑组成。上槛、下槛、墙筋的截面尺寸一般为
（40～50）mm×（70～100）mm，斜撑与横档的截面尺寸相同或略小些，墙筋之间沿高度
方向每隔1.2m左右设一道横档或斜撑，墙筋的间距由饰面材料的规格而定，通常取400～
600mm。上槛、下槛、墙筋与横档可以榫接，也可以钉接。但必须保证饰面平整，同时木
材必须干燥，避免翘曲。

金属骨架是由各种形式的薄壁型钢加工制成的，也称轻钢骨架或轻钢龙骨。它具有强度
高、刚度大、自重轻、整体性好、易于加工和大批量生产以及防火、防潮性能好等优点，还
可根据需要拆卸和组装。常用的薄壁型钢有0.8～1mm厚槽钢和工字钢，如图7-30所示。
其安装过程是先用螺钉将上槛、下槛（也称导向骨架）固定在楼板上，上、下槛固定后安装
钢龙骨（墙筋），间距为400～600mm，龙骨上留有走线孔。

2. 面层

轻骨架隔墙的面层有抹灰面层和人造板面层。抹灰面层常用木骨架，即传统的板条抹灰

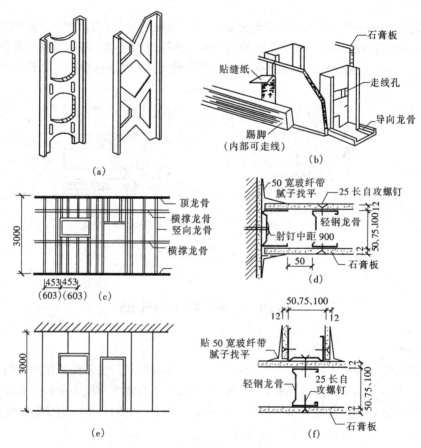

图 7-30　薄壁轻钢骨架隔墙

(a) 薄壁轻钢骨架；(b) 墙体组装示意；(c) 龙骨排列；(d) 靠墙节点；
(e) 石膏板排列；(f) 丁字隔墙节点

隔墙。人造板材可用木骨架，也可用轻钢骨架。

（1）板条抹灰隔墙。板条抹灰隔墙是在木骨架的两侧钉板条，然后抹灰。板条一般采用1200mm×24mm×6mm，板条间留缝7~10mm，以便让底灰挤入板条间缝背面咬住板条。因板条有湿胀干缩的特点，故在板条接头处要留3~5mm宽的缝隙，以利伸缩。板条上、下接头不应在一条线上，当板条搭接接缝长达600mm时，应错开一档墙筋，避免胀缩在一条线上，如图7-31所示。有时为了使抹灰与板条更好地连接，常将板条间距加大，然后在板条外钉上钢丝网或钢板网，再做抹灰面层，形成钢丝网板条抹灰或钢板网板条抹灰隔墙。由于钢丝网和钢板网变形小，强度高，与砂浆的黏结力大，因而抹灰层不易开裂和脱落，并有利于防潮和防火。

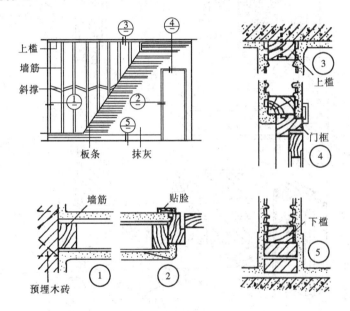

图 7-31 木骨架隔墙

（2）人造板面层骨架隔墙。人造板面层骨架隔墙是在骨架两侧钉人造板材，如胶合板、纤维板、石膏板、塑料板等。胶合板、硬质纤维板等以木材为原料的板材多用于木骨架，石膏面板多用于石膏或轻钢骨架。

人造板与骨架的构造关系有两种：一种是在骨架的两面或一面，用压条压缝或不用压条即贴面式；另一种是将板材置于骨架中间，四周用压条压住，称为镶板式。人造板在骨架上的固定方法有钉、粘、卡三种。采用轻钢骨架时，往往用骨架上的舌片或特制的夹具将面板卡到轻钢骨架上。

（二）块材隔墙

块材隔墙是用普通黏土砖、空心砖、加气混凝土砌块等块材砌筑而成的。常用的有普通砖隔墙和砌块隔墙。

1. 普通砖隔墙

普通砖隔墙有半砖隔墙和1/4砖隔墙之分。

半砖隔墙是用普通黏土砖顺砌而成，当采用M2.5级砂浆砌筑时，其高度不宜超过3.6m，长度不宜超过5m；当采用M5级砂浆砌筑时，高度不宜超过4m，长度不宜超过

6m。在构造上除砌筑时应与承重墙牢固搭接外，还应在墙身每隔500mm高砌入2Φ4钢筋，或每隔1.2m高设一道30mm厚水泥砂浆层，内设2Φ6拉结钢筋予以加固。顶部与楼板相接处用立砖斜砌，然后填塞墙与楼板间的空隙。隔墙上有门时，需预埋木砖、铁件或带有木楔的混凝土预制块，以便固定门框，如图7-32所示。半砖隔墙，坚固耐久，有一定的隔声能力，但自重大，湿作业多，施工麻烦。

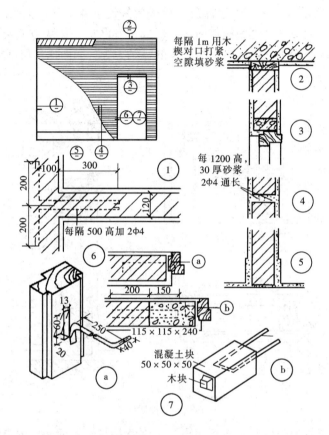

图 7-32　半砖隔墙

　　1/4砖墙是用普通黏土砖侧砌而成的。高度不应超过3m，宜用M5级砂浆砌筑。一般多用于面积不大且无门窗的墙体。

　　2. 砌块隔墙

　　为减轻隔墙自重、节约用砖，常采用加气混凝土砌块、粉煤灰硅酸盐砌块、水泥炉渣空心砖等砌筑隔墙。隔墙厚度由砌块尺寸而定，一般为90～120mm。砌块大多具有重量轻、孔隙率大、隔热性能好等优点，但吸水性强。因此，砌筑时应在墙下先砌3～5皮黏土砖。

　　砌块隔墙厚度较薄时，也需采取加强稳定性的措施，其方法与砖隔墙类似，如图7-33所示。

　　(三) 板材隔墙

　　板材隔墙是指采用各种轻质材料制成的各种预制薄型板材安装而成的隔墙。目前采用的大多为条板，常见的有加气混凝土条板、石膏条板、蜂窝纸板、水泥刨花板、泰柏板等。这些条板自重轻，安装方便。

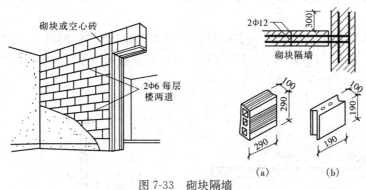

图 7-33 砌块隔墙

(a) 空心砖；(b) 空心砌砖

1. 加气混凝土条板隔墙

加气混凝土主要是由水泥、石灰、砂、矿渣等加发泡剂（铝粉），经过原料处理和养护等工序制成的。加气混凝土条板的规格为长 2700～3000mm，宽 600～800mm，厚 80～100mm。条板安装一般是在地面上用一对对口木楔在板底将板楔紧，墙板之间用水玻璃砂浆或 107 胶砂浆黏结，如图 7-34 所示。

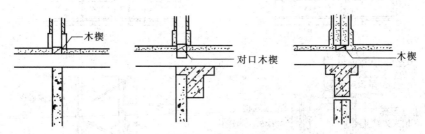

图 7-34 加气混凝土板隔墙与楼板的连接

加气混凝土条板具有自重轻，节省水泥，运输方便，施工简单，可锯、可刨、可钉等优点。但吸水性大、耐腐蚀性差、强度较低。不宜用于具有高温、高湿或有化学、有害空气介质的建筑中。

2. 碳化石灰板隔墙

碳化石灰板是以磨细的生石灰为主要原料，掺 3％～4％（质量比）的短玻璃纤维，加水搅拌，振动成型，利用石灰窑的废气碳化而成的空心板。其规格一般为长 2700～3000mm，宽 500～800mm，厚 90～120mm。板的安装与加气混凝土条板相同，如图 7-35 所

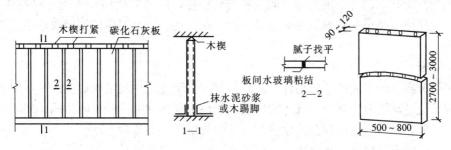

图 7-35 碳化石灰板隔墙

示。碳化石灰板材料来源广泛，生产工艺简单，成本低廉，重量轻，隔声效果好。

　　3. 泰柏板隔墙

　　泰柏板又称三维板，是由 $\phi2$ 低碳冷拔镀锌钢丝焊接成三维空间网笼，中间填充 50mm 厚的阻燃聚苯乙烯泡沫塑料构成的轻质板材，然后在现场安装并双面抹灰或喷涂水泥砂浆而组成的复合墙体，如图 7-36 所示。

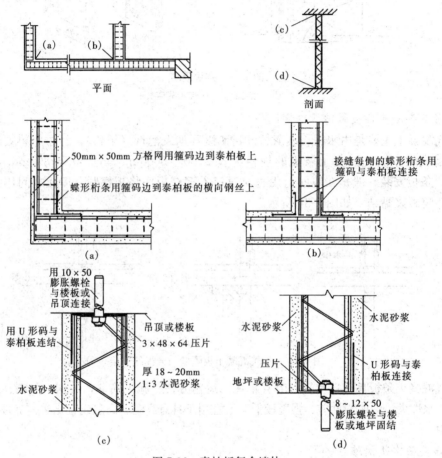

图 7-36　泰柏板复合墙体

(a) 转角交结；(b) 丁字交结；(c) 上部与楼板或吊顶的连接；(d) 下部与地坪或楼板的连接

　　泰柏板约长 2400～4000mm，宽 1200～1400mm，厚 75～76mm。它自重轻，强度高，保温、隔热性能好，具有一定的隔声能力和防火性能，故被广泛用作工业与民用建筑的内、外墙、轻型屋面以及小开间建筑的楼板等。同时在高层建筑及旧房的加层改造中也是常用的墙体材料。

　　二、隔断

　　隔断是分隔室内空间的装修构件。隔断的作用在于变化空间或遮挡视线，增加空间的层次和深度，使空间既分、又合，且互相连通。利用隔断能创造一种似隔非隔、似断非断、虚虚实实的景象，是当今居住和公共建筑在设计中常用的一种处理手法。

　　隔断的形式有屏风式、镂空式、玻璃墙式、移动式以及家具式等。

1. 屏风式隔断

屏风式隔断通常是不到顶，使空间通透性强，常用于办公室、餐厅、展览馆以及门诊部的诊室等公共建筑中。厕所、淋浴间等也多采用这种形式。隔断高一般为 1050、1350、1500、1800mm 等，可根据不同使用要求进行选用。

屏风式隔断有固定式和活动式两种构造形式。固定式构造又可有立筋骨架式和预制板式之分。预制板式隔断借预埋铁件与周围墙体、地面固定；立筋骨架式与隔墙相似，它可在骨架两侧铺钉面板，也可镶嵌玻璃。玻璃可以是磨砂玻璃、彩色玻璃、棱花玻璃等。骨架与地面的固定方式如图 7-37 所示。

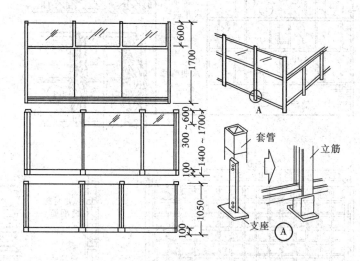

图 7-37 屏风式隔断

活动式屏风隔断可以移动放置。最简单的支承方式是在屏风扇下安装一金属支承架。支架可以直接放在地面上，也可在支架下安装橡胶滚动轮或滑动轮，这样移动起来更加方便，如图 7-38 所示。

2. 镂空式隔断

镂空式隔断是公共建筑门厅、客厅等处分隔空间常用的一种形式，有竹、木制的，也有混凝土预制构件的，形式多样，如图 7-39 所示。

隔断与地面、顶棚的固定也根据材料不同而变化，可用钉、焊等方式联结。

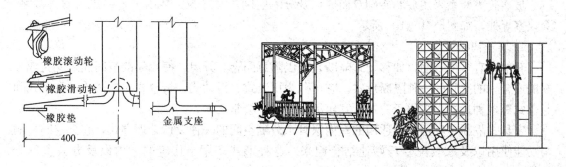

图 7-38 活动式支架   图 7-39 镂空式隔断

3. 玻璃隔断

玻璃隔断有空透式隔断和玻璃砖隔断两种。透空式玻璃隔断系采用普通平板玻璃、磨砂玻璃、刻花玻璃、压花玻璃、彩色玻璃以及各种颜色的有机玻璃等嵌入木框或金属框的骨架中，具有透光性。主要用于幼儿园、医院病房等处，如图 7-40（a）所示。

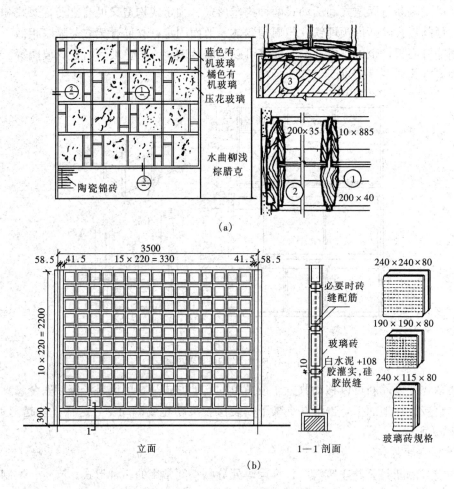

图 7-40 透空玻璃隔断

（a）透空玻璃隔断；（b）玻璃砖隔断

玻璃砖隔断系采用玻璃砖砌筑而成，既分隔空间，又透光，常用于公共建筑的接待室、会议室等处，如图 7-40（b）所示。

4. 其他隔断

其他尚有多种隔断，如移动式隔断是可以随意闭合、开启，使相邻的空间随之变化成独立的或合一的空间的一种隔断形式。它可分为拼装式、滑动式、折叠式、悬吊式、卷帘和起落式等多种形式。多用于餐馆、宾馆活动室以及会堂之中。

家具式隔断是利用各种适用的室内家具来分隔空间的一种设计处理方式，它把空间分隔与功能使用以及家具配套巧妙地结合起来。这种形式多用于住宅的室内以及办公室的分隔等。

思 考 题

7-1 墙体按所处位置、受力情况、所用材料及施工方法如何分类？

7-2 墙体的设计要求有哪些？

7-3 墙体的结构布置方案有哪几种？各有何特点？

7-4 标准砖的规格、砖墙的模数及砖墙的常用厚度各是多少？

7-5 什么是勒脚？常见勒脚的构造做法有哪些？

7-6 如何确定墙身水平防潮层的位置？其做法有哪几种？何时需设置垂直防潮层？

7-7 什么是散水、明沟？其作用和构造做法各是什么？

7-8 窗台、过梁的作用和构造要点各是什么？

7-9 墙身加固的措施有哪些？圈梁遇到洞口不能封闭时应如何处理？

7-10 砌块墙的构造要点是什么？

7-11 隔墙与隔断有何不同？隔墙有哪些类型？各类隔墙的构造要点是什么？

楼 地 层

第一节 概 述

楼板层是多层房屋的重要组成部分,它对房屋除了起水平分隔作用外,还起承重作用。它承受楼面荷载(含自重)并通过墙或柱把荷载传递到基础上去。同时它与墙或柱等垂直承重构件相互依赖,互为支撑,构成房屋多层空间结构。如图8-1所示。

一、楼板层的组成

楼板层主要由面层、结构层和顶棚层三部分组成,如图8-1所示。

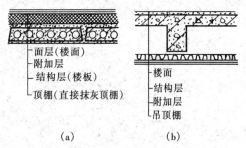

图 8-1 楼板层的组成
(a) 预制钢筋混凝土楼板层;(b) 现浇钢筋混凝土楼板层

1. 面层

面层又称楼面或地面,位于楼板层的最上层,起着保护结构层、分布荷载和室内装饰等作用。

2. 结构层

结构层是楼板层的承重构件,包括板和梁,主要作用是承受楼板层上的全部荷载,并将这些荷载传给墙或柱。

3. 顶棚层

顶棚层位于楼板层的最下层,起着保护结构层、装饰室内、安装灯具、敷设管线等作用。

4. 附加层

对于有特殊要求的房间,通常在面层与结构层或结构层与天棚层之间设置附加层,如主要管线敷设层、隔声层、防水层、保温隔热层等。

二、楼板层的设计要求

(1)具有足够的刚度和强度,以保证结构安全适用;

(2)具有一定的防火能力,以保证人身及财产安全;

(3)具有一定的防潮、防水能力,以防止渗漏、影响建筑物的正常使用;

(4)具有一定的隔声能力,以避免上下层房间相互影响。

三、楼板的类型

根据使用材料的不同,楼板可分为木楼板、砖拱楼板、钢筋混凝土楼板和钢衬板组合楼板等几种类型,如图8-2所示。

木楼板构造简单,自重轻,保温性能好,但耐火性和耐久性较差,所以目前除在产木

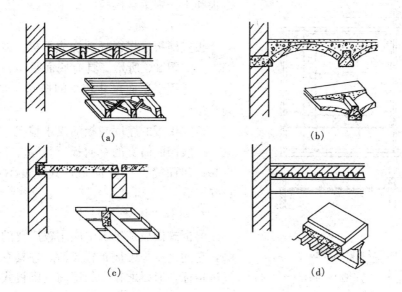

图 8-2 楼板的类型

(a) 木楼板；(b) 砖拱楼板；(c) 钢筋混凝土楼板；(d) 钢衬板组合楼板

区或特殊要求时选用外，很少采用木楼板。

砖拱楼板节约钢材、水泥、木材，但自重大，承载能力差，对抗震不利，而且施工复杂，现已基本不用。

钢筋混凝土楼板强度高，刚度好，耐久防火性好，而且便于工业化施工，是目前采用最广泛的一种楼板。

钢衬板组合楼板是利用钢板作为楼板的受弯构件和底模，上面现浇混凝土而成。这种楼板的强度和刚度较高，而且又利于加快施工进度，是目前大力推广应用的一种新型楼板。

第二节　钢筋混凝土楼板构造

钢筋混凝土楼板按其施工方式不同分为现浇式、预制装配式和装配整体式三种类型。

现浇式楼板系指现场支模、绑扎钢筋、整体浇筑混凝土等而成型的楼板结构。具有整体性好、刚度大、利于抗震、梁板布置灵活等特点，但其模板耗材大，施工进度慢，施工受季节限制。适用于地震区及平面形状不规则或防水要求较高的房间。

预制式楼板系指在构件预制厂或施工现场预先制作，然后在施工现场装配而成的楼板。这种楼板可节省模板、改善劳动条件、提高生产效率、加快施工速度并利于推广建筑工业化，但楼板的整体性差。适用于非地震区、平面形状较规整的房间中。

装配整体式楼板系指预制构件与现浇混凝土面层叠合而成的楼板。它既可节省模板、提高其整体性，又可加快施工速度，但其施工较复杂。目前多用于住宅、宾馆、学校、办公楼等大量性建筑中。

一、现浇式钢筋混凝土楼板构造

现浇式钢筋混凝土楼板根据结构形式分，有板式楼板、梁板式楼板、密肋式楼板、无梁

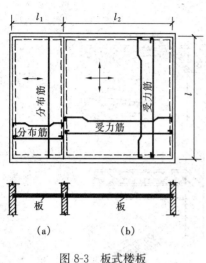

图 8-3 板式楼板

(a) 单向板 $\left(\dfrac{l}{l_1}>2\right)$；(b) 双向板 $\left(\dfrac{l}{l_2}<2\right)$

楼板和钢衬板组合楼板。

1. 板式楼板

板式楼板是将楼板现浇成平板，并直接支承在墙上，如图 8-3 所示。具有底面平整、便于支模等优点，适用于平面尺寸较小的房间，如厨房、卫生间、走廊等。

板式楼板的厚度与板的支承情况、受力情况有关。一般四面简支的单向板，其厚度不小于短边的 1/40；四面简支的双向板，其厚度不小于短边的 1/45。

2. 梁板式楼板

梁板式楼板是建筑中应用较广泛的楼板形式之一，它的优点是梁板布置灵活，并具有较好的技术经济指标，但要求较大的层高。梁板式楼板是由板和梁共同组成的楼板结构。其荷载传递路线一般为板—梁—柱（或墙），如图 8-4 所示。

梁板式楼板主要适用于平面尺寸较大的房间或门厅。它的梁板布置主要由房间的使用要求、平面形式及尺寸、窗洞位置等因素决定。通常在纵横两个方向都设置梁。沿房间短跨布置的梁为主梁，垂直主梁方向布置的梁为次梁。一般情况下，主梁的经济跨度为 5～8m，梁高为跨度的 1/12～1/8，梁宽为梁高的 1/3～1/2；次梁的经济跨度为主梁的间距，即 4～6m，次梁的高度为其跨度的 1/18～1/12，宽度为高度的 1/3～1/2；板的跨度为次梁的间距，一般为 1.7～3m，厚度一般为其跨度的 1/50～1/40，且一般不小于 60mm。

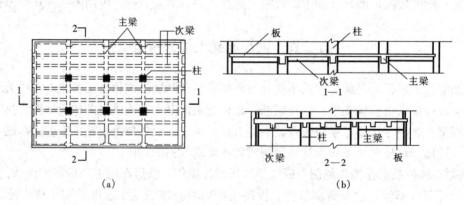

图 8-4 梁板式楼板

(a) 平面图；(b) 剖面图

当房间平面尺寸较大且平面形状接近方形时，常将梁板式楼板中的两个方向的梁等距、等高布置，称为井式楼板。如图 8-5 所示。

井式楼板可根据房间使用特点和平面形式选择，井式楼板的短边长度不宜大于 15m，平

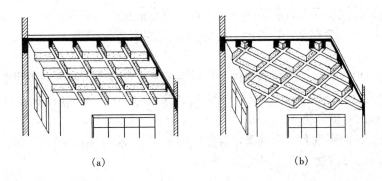

(a)　　　　　　　　　　　　　(b)

图 8-5　井梁式楼板

(a) 正井式；(b) 斜井式

面尺寸长宽比不应大于 1.5。一般可与墙体正交正放布置、正交斜放布置、斜交布置等。井式楼板的跨度可达 20～30m，梁截面高度一般为梁跨的 1/15；宽度为梁高的 1/2～1/3，井字梁的间距宜为 2.5～3.3m。

3. 密肋楼板

密肋楼板是由薄板和间距较小的肋梁组成，可分为单向密肋楼板和双向密肋楼板两种。

密肋楼板与一般肋梁楼盖相比，梁高较小，可降低层高，减轻自重，同时建筑效果好。一般用于跨度较大且梁高受限制的情况。如建筑的柱网为方形或接近方形时，常采用双向密肋楼板形式，其柱距不宜大于 12m，肋梁间距常采用 1.0～1.5m。当为小柱网时，肋梁间距可相应减少。通常双向密肋楼板其肋高可取跨度的 1/30～1/20，肋宽 150～200mm。单向密肋楼板常用于平面长宽比大于 1.5 的楼盖，其跨度不宜大于 6.0m，其肋高一般可取跨度的 1/28～1/20，肋宽 80～120mm，肋距 500～700mm，密肋楼板面板厚度均不应小于 50mm。

4. 无梁楼板

无梁楼板为等厚的平板直接支承在柱上或墙上，分为有柱帽和无柱帽两种。其中柱帽形式可根据室内空间中柱的截面形式而定，如图 8-6 所示。

无梁楼板的柱网一般布置成正方形或矩形，间距一般不超过 6m，且无梁楼板周围应设置圈梁，其高度不小于板厚的 2.5 倍，并不小于板跨的 1/15。板的截面高度应不小于板跨的 1/35～1/32，且不小于 120mm，一般为 150～200mm。

图 8-6　柱帽形式举例

无梁楼板具有室内空间净空高度大、顶棚平整、施工简便等优点，适用于商店、仓库及书库等荷载较大的建筑中。

二、预制装配式钢筋混凝土楼板

（一）预制装配式钢筋混凝土楼板的类型

（1）按施工方式不同有预应力楼板和非预应力楼板两种。其中预应力楼板刚度好、自重轻、节约材料、造价经济，和非预应力楼板相比可节约钢材 30%～50%，节约混凝土 30%。因此，常用于板跨较大的房间中。

（2）按构造方式及受力特点不同有实心板、空心板和槽形板等。

实心平板跨度一般在 2.4m 以内，板厚为跨度的 1/30，常取 60～80mm，板宽一般为 600～900mm。

槽形板是一种梁板结合的预制构件，作用在板上的荷载是由两侧的边肋来承担。板一般做得很薄，通常为 25～30mm；槽板的肋高通常为 150～300mm；板宽常为 600、900、1200mm 等；板的跨度常为 3～7.5m。

为提高槽形板的刚度和便于搁置，常将板的两端以端肋封闭。当板长超过 6m 时，每隔 1000～1500mm 增设横肋一道，如图 8-7 所示。

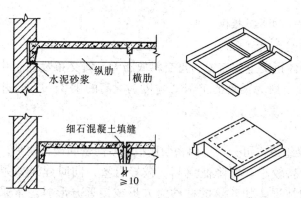

图 8-7　预制钢筋混凝土槽形板

槽形板有正置（肋向下）和倒置（肋向上）两种设置方法。正置板由于板底不平整、板面较薄、隔声较差，适用于观瞻要求不高的房间，或在其下设吊顶遮盖。倒置板底面较平整，便需另做面层，当房间对保温、隔热要求较高时，可在槽内填充轻质多孔材料。

空心板是指板腹抽孔的钢筋混凝土楼板，其材料消耗量与槽形板相近，在结构计算理论上二者相同，但空心板底面平整、刚度大、隔声效果好。

空心板的抽孔形式有矩形、圆形、椭圆形等。其中圆形孔应用最广泛。

空心板的跨度一般为 2.4～6.0m，板厚有 120、180mm，板宽有 600、900、1200mm 等。

（二）预制楼板的结构布置

1. 结构布置

在进行板的结构布置时，首先应根据房间的使用要求和平面尺寸确定板的支承方式。板的支承方式有板式和梁板式两种，如图 8-8 所示。板式布置多用于房间的开间或进深尺寸不大的建筑，如住宅、宿舍等。梁板式布置多用于房间开间和进深尺寸较大的房间，如教学楼、商场等。

在确定板的布置时，一般要求板的类型、规格愈少愈好，以简化板的制作与安装。同时

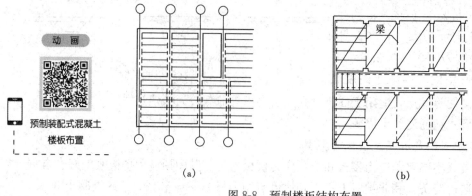

动　画

预制装配式混凝土
楼板布置

（a）　　　　　　　　　　　　　　　（b）

图 8-8　预制楼板结构布置

（a）板式结构布置；（b）梁板式结构布置

空心板应避免出现三边支承。因空心板是按单向受力状态考虑的，三边支承的板为双向受力状态，在荷载的作用下宜沿板边竖向开裂，如图8-9所示。

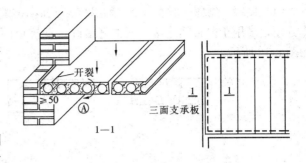

图8-9　三面支承的板

2. 板的搁置

预制板可直接搁置在墙上或梁上，为满足结构要求，通常应满足板端的搁置长度。一般情况下，板搁置在梁上应不小于80mm，搁置在墙上不小于100mm。

空心板安装前应在板端孔内填塞C15混凝土或碎砖。其原因有二：一是避免板端被上部墙体压坏；二是避免端缝灌浇时材料流入孔内而降低其隔声、隔热性能等。铺板前通常先在墙上或梁上抹10～20mm厚的水泥砂浆找平（称坐浆），使板与墙或梁有较好的连接，并保证墙体受力均匀，如图8-10所示。

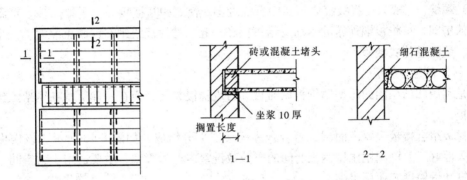

图8-10　预制板在墙上的搁置

当选用梁板式结构时，板在梁上的搁置有两种方式：一是搁置在梁顶，如矩形梁；二是搁置在梁出挑的翼缘上，如花篮梁、十字梁等，如图8-11所示。

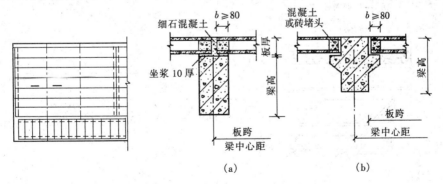

图8-11　板在梁上的搁置
(a) 板搁置在矩形梁上；(b) 板搁置在花篮梁上

3. 板缝构造

板间接缝分侧缝和端缝两类。

（1）侧缝。侧缝一般有 V 形缝、U 形缝和凹槽缝三种形式。V 形缝和 U 形缝，施工操作方便，多用于薄板间连接，凹槽缝最好，抵抗板间裂缝和错动的能力最强，但施工复杂，如图 8-12 所示。

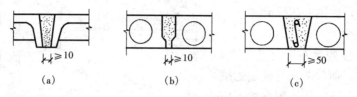

图 8-12　板缝构造
(a) V 形缝；(b) U 形缝；(c) 凹槽缝

为使板缝灌筑密实，缝的上口不宜小于 30mm，缝的下端宽度一般以 10mm 为宜。填缝材料与缝宽有关，当缝宽大于 20mm 时，一般宜采用细石混凝土（不低于 C15）灌缝；当缝宽 20mm 时，宜采用水泥砂浆灌筑。当板缝过宽（50mm）时，则应在灌缝的混凝土中配置构造钢筋。

（2）端缝。一般只需将板缝内填实细石混凝土，使之相互连接，对于整体性、抗震性要求较高的房间，可将板端外露的钢筋交错搭接在一起，然后浇筑细石混凝土灌缝。

三、装配整体式楼板

1. 钢衬板组合楼板

它是利用凹凸相同的压型薄钢板做衬板，与现浇混凝土浇筑在一起支承在钢架上构成整体型楼板。

钢衬板组合楼板主要由面层、组合板和钢梁三部分组成，如图 8-13 所示。该楼板整体性、耐久性好，并可利用压型钢板肋间的空隙敷设室内电力管线。主要适用于大空间、高层民用建筑和大跨度工业厂房中。

钢衬板组合楼板按压型钢板的形式不同有单层钢衬板组合楼板和双层钢衬板组合楼板两种，如图 8-13 所示。

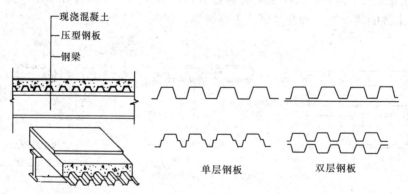

图 8-13　压型板混凝土组合楼板

2. 叠合式楼板

该楼板体系是由预制薄板与后浇混凝土两部分组成，即首先在工厂预制厚度为 50～60mm 的预应力薄板，高跨比不小于 1/100。在施工现场，这种预制预应力薄板可作楼板现浇部分的底模。在支好的预应力薄板上绑扎楼板钢筋，再浇筑混凝土，叠合部分的混凝土厚度为80～120mm，与预制薄板形成整体共同工作。从而可节约大量模板，经济效益比较可观。

在薄板上现浇的混凝土叠合层中可以按设计需要埋设电源等管线，现浇层内只需配置少量的支座负弯矩钢筋。预制薄板板底平整，作为顶棚可直接喷刷涂料或粘贴壁纸。叠合楼板板跨一般4～6m，最大可达9m。现浇叠合层采用C20细石混凝土浇筑，厚度一般为70～120mm。叠合楼板的总厚度取决于楼板的跨度，一般为150～300mm。楼板的厚度以大于或等于薄板厚度的两倍为宜。

为便于现浇面层与薄板有较好的连接，薄板上表面一般加工成排列有序直径50mm，深20mm的圆形凹槽，或在薄板面上露出较规则的三角形状的结合钢筋，如图8-14所示。

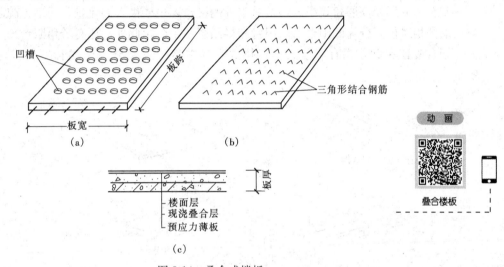

图8-14　叠合式楼板

(a) 板面刻槽；(b) 板面露出三角形结合钢筋；(c) 叠合组合薄板

第三节 地 坪 构 造

地坪层是指建筑物底层与土壤相接的水平部分。它承受着地坪上的荷载，并均匀地传给地坪以下的土壤。

地坪由面层、垫层和基层三部分组成，对有特殊要求的地坪，常在面层与垫层之间增设附加层，如保温层、防水层等。

1. 面层

构造面层是地层上表面的铺筑层，也是室内空间下部的装饰层，也称地面，直接承受着上面的各种荷载，同时又有装饰室内的功能。根据使用和装修要求的不同，有各种不同作法，详见第九章。

2. 垫层

垫层即地坪的结构层，垫层是位于面层之下用来承受和传递上部荷载，一般采用C15混凝土制成，厚度为60～100mm。混凝土垫层属于刚性垫层，有时也可采用灰土、三合土等非刚性垫层。

3. 基层

基层是结构层与土壤之间的找平层或填充层，主要起加强地基、传递荷载的作用。基层一般可以就地取材，如采用灰土、碎砖、道渣或三合土等，厚度为 100～150mm。

4. 附加层

附加层主要是为了满足某些特殊使用要求而设置的构造层次，如防潮层、防水层、保温层、隔声层或管道敷设层等。

第四节　阳台与雨篷

1. 阳台

阳台是多层及高层建筑中人们接触室外的平台，主要供人们休息、活动、晾晒用。按其与外墙的相对位置分为凹阳台、凸阳台和半凸半凹阳台，此外，还有转角阳台。

阳台按其承重方式有墙承式和悬挑式，其中悬挑式又分挑梁式和挑板式，如图 8-15 所示。

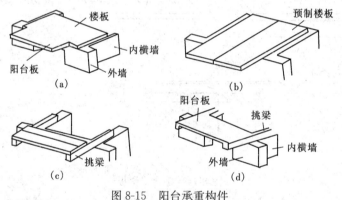

图 8-15　阳台承重构件
(a)、(b) 楼板外伸式；(c)、(d) 挑梁外伸式

阳台一般由承重构件、栏杆（板）和扶手组成。当相邻两户设置联合阳台时，中间一般设有隔板，一般选用钢筋混凝土板、金属栏栅以及其他轻质材料等，如图 8-16 所示。

阳台的栏杆形式应考虑立面造型和当地气候特点，一般炎热地区采用空透式；寒冷地区采用实心板式或半空透式。栏杆的高度不宜小于 1.05m，高层建筑的栏杆可提高到 1.2m。

为防止雨水流入室内，阳台地面的标高应低于室内地面标高 10～20mm，并在阳台的一侧或两侧设排水口，阳台地面向排水口做 1‰～2‰ 的坡度。排水口内埋设 40 镀锌钢管或塑料管，并伸出阳台栏板不小于 60mm，如图 8-17 所示。

2. 雨篷

雨篷又称雨罩，设置在建筑出入口处，其作用是遮挡雨雪，使人们雨天可在入口处作暂时停留，保护外门免受雨淋，丰富建筑立面。

雨篷的形式多样，根据雨篷板的支承不同有门洞过梁悬挑板式和墙（或柱）支承式。其中最简单的是过梁悬挑板式，挑出长度一般为 0.9～1.5m，宽度一般需宽出洞口 500mm 以上。雨篷上表面需做防水处理，并在侧面或前面设排水口，表面形成 1‰ 的排水坡度，在靠墙处做泛水处理，如图 8-18 所示。

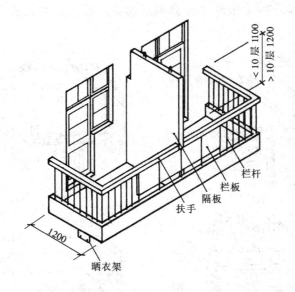

图 8-16 联合阳台构件组成

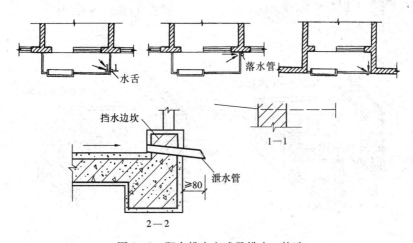

图 8-17 阳台排水方式及排水口构造

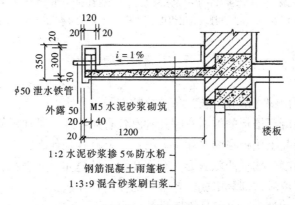

图 8-18 雨篷构造

　　此外，为了板面排水的组织和立面造型的需要，板外沿常做成多种形式，如图 8-19 所示。

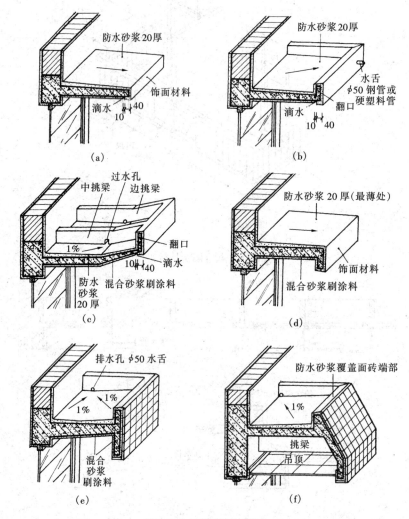

图 8-19　雨篷构造示例

(a) 自由落水雨篷；(b) 有翻口有组织排水雨篷；(c) 折挑倒梁有组织排水雨篷；(d) 下翻口
自由落水雨篷；(e) 上下翻口有组织排水雨篷；(f) 下挑梁有组织排水带吊顶雨篷

思　考　题

8-1　楼板层主要由哪些部分组成？各部分的作用是什么？

8-2　现浇钢筋混凝土楼板的类型有哪几种？各有何特点？梁和板的经济尺度是多少？

8-3　预制钢筋混凝土楼板在墙上和梁上的构造要点各是什么？

8-4　预制钢筋混凝土楼板的侧缝形式有哪几种？板缝如何处理？

8-5　地坪层主要由哪些部分组成？各部分的作用是什么？

8-6　阳台有哪几种类型？如何处理阳台的排水？

第九章

饰 面 装 修

第一节 概 述

建筑饰面装修是指建筑物除主体结构部分以外，使用建筑材料及其制品或其他装饰性材料对建筑物内外与人接触部分以及看得见部分进行装潢和修饰的构造做法。

一、饰面装修的作用

1. 保护墙体，提高墙体的耐久性

建筑物墙体要受到风、雨、雪、太阳辐射等自然因素和各种人为因素的影响。对墙面进行装修处理，可以提高墙体对水、火、酸、碱、氧化、风化等不利因素的抵抗能力，同时还可以保护墙体不直接受到外力的磨损、碰撞和破坏，从而提高墙体的坚固性和耐久性，延长其使用寿命。

2. 改善环境条件，满足房屋的使用功能要求

对墙面进行装修处理，可利用饰面材料堵塞墙身空隙，从而提高墙体的保温、隔热和隔声能力。平整光滑、浅色的室内装修，不仅便于保持清洁，改善卫生条件，还可增加光线的反射，提高室内照度。

3. 美化环境，提高建筑的艺术效果

不同质地、色彩和形式的饰面材料，会给人不同的视觉感受，设计中可以通过正确合理地选材，并对材料表面纹理的粗细、凹凸、对光的吸收、反射程度以及不同的加工方式所产生的各种感观上的效果进行恰当处理和巧妙组合，创造出优美、和谐、统一而又丰富的空间环境。

二、饰面装修构造的影响因素

选择饰面装修构造做法，必须对多种因素加以考虑和分析比较后选择出一种最佳的构造方案。因此，正确合理的选择装饰构造做法主要应考虑以下方面。

1. 功能性

建筑装饰的基本功能，包括满足与保证使用的要求，保护主体结构免受损害和对建筑的立面、室内空间等进行装饰这三个方面。但是，根据建筑类型的不同、装饰部位的不同，装饰设计的目的是不尽相同的，这就导致了在不同的条件下，饰面所承担的三方面的功能是不同的。因此，在选择装饰构造时，应根据建筑物的类型、使用性质、主体结构所用材料的特性、装饰的部位、环境条件及人的活动与装饰部位间的接触的可能性等各种因素，合理地确定饰面构造处理的目的性。

2. 安全性

建筑饰面工程，无论是墙面、地面或顶棚，其构造都要求具有一定的强度和刚度，符合计算要求。特别是各部分之间相互连接的节点，更要安全可靠。如果构造本身不合理，材料强度、连接件刚度等不能达到安全、坚固的要求，也就失去了其他一切功能。

3. 经济性

建筑饰面装修标准差距甚大，不同性质、不同用途的建筑有不同的装饰标准。要根据建筑的实际性质和用途确定装饰标准，既不能盲目追求艺术效果，造成资金的浪费，也不要片面降低装饰标准而影响使用。因此在合理的造价情况下，通过巧妙的饰面装修构造设计可达到既满足功能要求，又具有较好的装饰效果。

三、建筑饰面装修的基本分类

饰面装修根据所处部位的不同，可分为三类：墙面装修、地面装修、顶棚装修。

第二节　墙 面 装 修

墙体饰面是指墙体工程完成以后，为满足使用功能、耐久及美观等要求，而在墙面进行的装设和修饰层，即墙面装修层。

一、墙面装修的类型

墙体饰面依其所处的位置，分室内和室外两部分。室外装修起保护墙体和美观的作用，应选用强度高、耐水性好以及有一定抗冻性和抗腐蚀、耐风化的建筑材料。室内装修主要是为了改善室内卫生条件，提高采光、音响等效果，美化室内环境。室内装修材料的选用应根据房间的功能要求和装修标准确定；同时，对一些有特殊要求的房间，还要考虑材料的防水、防火、防辐射等能力。

按材料和施工方式的不同，常见的墙体饰面可分为抹灰类、贴面类、涂料类、裱糊类和铺钉类等，见表 9-1。

表 9-1　　　　　　　　　　　饰 面 装 修 分 类

类　别	室　外　装　修	室　内　装　修
抹灰类	水泥砂浆、混合砂浆、聚合物水泥砂浆、拉毛、水刷石、干粘石、斩假石、假面砖、喷涂、滚涂等	纸筋灰、麻刀灰粉面、石膏粉面、膨胀珍珠岩灰浆、混合砂浆、拉毛、拉条等
贴面类	外墙面砖、马赛克、水磨石板、天然石板等	釉面砖、人造石板、天然石板等
涂料类	石灰浆、水泥浆、溶剂型涂料、乳液涂料、彩色胶砂涂料、彩色弹涂等	大白浆、石灰浆、油漆、乳胶漆、水溶性涂料、弹涂等
裱糊类	—	塑料墙纸、金属面墙纸、木纹壁纸、花纹玻璃、纤维布、纺织面墙纸及锦缎等
铺钉类	各种金属饰面板、石棉水泥板，玻璃	各种木夹板、木纤维板、石膏板及各种装饰面板等

二、墙面装修的构造

墙体饰面装修一般由基层和面层组成。基层即支托饰面层的结构构件或骨架，其表面应平整，并应有一定的强度和刚度。面层附着于基层表面起美观和保护作用，它应与基层牢固结合，且表面须平整均匀。通常将面层最外表面的材料，作为饰面装修构造类型的命名。

（一）抹灰类

抹灰类墙面是指用石灰砂浆、水泥砂浆、水泥石灰混合砂浆、聚合物水泥砂浆、膨胀珍珠岩水泥砂浆以及麻刀灰、纸筋灰、石膏灰等作为饰面层的装修做法。它的主要优点是材料的来源广泛、施工操作简便和造价低廉。但也存在着耐久性差、易开裂、湿作业量大、劳动强度高、工效低等缺点。一般抹灰按质量要求分为普通抹灰、中级抹灰和高级抹灰三级。

为保证抹灰层与基层连接牢固，表面平整均匀，避免裂缝和脱落，在抹灰前应将基层表面的灰尘、污垢、油渍等清除干净，并洒水湿润。同时抹灰层不能太厚，并应分层完成。普通抹灰一般由底层和面层组成，装修标准较高的房间，当采用中级或高级抹灰时，还要在面层与底层之间加一层或多层中间层，如图 9-1 所示。墙面抹灰层的平均总厚度，施工规范中规定不得大于以下数值：

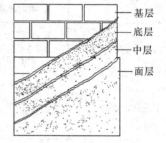

图 9-1 墙面抹灰分层构造

外墙：普通墙面——20mm，勒脚及突出墙面部分——25mm。

内墙：普通抹灰——18mm，中级抹灰——20mm，高级抹灰——25mm。

石墙：墙面抹灰——35mm。

底层抹灰，简称底灰，它的作用是使面层与基层粘牢和初步找平，厚度一般为 5～15mm。底灰的选用与基层材料有关，对黏土砖墙、混凝土墙的底灰一般用水泥砂浆、水泥石灰混合砂浆或聚合物水泥砂浆。轻质混凝土砌块墙的底灰多用混合砂浆或聚合物水泥砂浆。板条墙的底灰常用麻刀石灰砂浆或纸筋石灰砂浆。另外，对湿度较大的房间或有防水、防潮要求的墙体，底灰宜选用水泥砂浆。

中层抹灰的作用是进一步找平，减少由于底层砂浆开裂导致的面层裂缝，同时也是底层和面层的黏结层，其厚度一般为 5～10mm。中层抹灰的材料可以与底灰相同，也可根据装饰要求选用其他材料。

面层抹灰，也称罩面，主要起装饰作用，要求表面平整、色彩均匀、无裂纹等。根据面层采用的材料不同，除一般装修外，还有水刷石、干粘石、水磨石、斩假石、拉毛灰、彩色抹灰等做法，见表 9-2。

在室内抹灰中，对人群活动频繁、易受碰撞的墙面，或有防水、防潮要求的墙身，常做墙裙对墙身进行保护。墙裙高度一般为 1.5m，有时也做到 1.8m 以上，常见的做法有水泥砂浆抹灰、水磨石、贴瓷砖、油漆、铺钉胶合板等。同时，对室内墙面、柱面及门窗洞口的阳角，宜用 1:2 水泥砂浆做护角，高度不小于 2m，每侧宽度不应小于 50mm，如图 9-2 所示。

此外，在室外抹灰中，由于抹灰面积大，为防止面层裂纹和便于操作，或立面处理的需要，常对抹灰面层做线脚分隔处理。面层施工前，先做不同形式的木引条，待面层抹完后取出木引条，即形成线脚，如图 9-3 所示。

表 9-2   **常用抹灰做法说明**

抹灰名称	做 法 说 明	适 用 范 围
纸筋灰墙面（一）	1. 13 厚 1：3 石灰砂浆打底 2. 8 厚 1：3 石灰砂浆 3. 2 厚纸筋灰罩面 4. 喷内墙涂料	砖基层的内墙
纸筋灰墙面（二）	1. 涂刷 TG 胶浆一道，配比：TG 胶：水：水泥＝1：4：1.5 2. 6 厚 TG 砂浆打底扫毛，配比：水泥：砂：TG 胶：水＝1：6：0.2：适量 3. 8 厚 1：3 石灰砂浆 4. 2 厚纸筋灰罩面 5. 喷内墙涂料	加气混凝土基层的内墙
混合砂浆墙面	1. 15 厚 1：1：6 水泥石灰混合砂浆打底找平 2. 5 厚 1：0.3：3 水泥石灰混合砂浆面层 3. 喷内墙涂料	内墙
水泥砂浆墙面（一）	1. 10 厚 1：3 水泥砂浆打底扫毛或划出纹道 2. 9 厚 1：3 水泥砂浆刮平扫毛 3. 6 厚 1：2.5 水泥砂浆罩面	砖基层的外墙或有防水要求的内墙
水泥砂浆墙面（二）	1. 喷一道 108 胶水溶液配比：108 胶：水＝1：4 2. 6 厚 2：1：8 水泥石灰砂浆打底扫毛 3. 6 厚 1：1：6 水泥石灰砂浆刮平扫毛 4. 6 厚 1：2.5 水泥砂浆罩面	加气混凝土基层的外墙
水刷石墙面（一）	1. 6 厚 2：1：8 水泥石灰砂浆打底扫毛 2. 6 厚 1：1：6 水泥石灰砂浆刮平扫毛 3. 刷素水泥浆一道（内掺 3％～5％108 胶） 4. 8 厚 1：1.5 水泥石子（小八厘）	加气混凝土基层的外墙
水刷石墙面（二）	1. 12 厚 1：3 水泥石灰砂浆打底扫毛 2. 刷素水泥浆一道（内掺水重的 3％～5％108 胶） 3. 8 厚 1：1.5 水泥石子（小八厘）或 10 厚 1：1.25 水泥石子（中八厘）罩面	砖基层外墙
斩假石墙面（剁斧石）	1. 12 厚 1：3 水泥砂浆打底扫毛或划出纹道 2. 刷素水泥浆一道（内掺水重的 3％～5％108 胶） 3. 10 厚 1：1.25 水泥石子（米粒石内掺 30％石屑）罩面赶平压实 4. 斧剁斩毛两遍成活	外墙
水磨石墙面	1. 12 厚 1：3 水泥砂浆打底扫毛 2. 刷素水泥浆一道（内掺水重 3％～5％108 胶） 3. 10 厚 1：1.25 水泥石子罩面	墙裙、踢脚等处

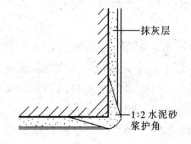

图 9-2 护脚做法

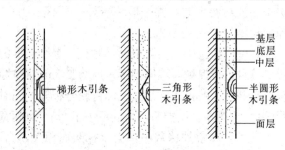

图 9-3 引条线脚做法

（二）贴面类

贴面类是指利用各种天然石材或人造板、块，通过绑、挂或直接粘贴于基层表面的饰面做法。这类装修具有耐久性好、施工方便、装饰性强、质量高、易于清洗等优点。常用的贴面材料有陶瓷面砖、马赛克以及水磨石和天然的花岗岩、大理石板等。其中，质地细腻、耐候性差的材料常用于室内装修，如瓷砖、大理石板等；而质感粗放、耐候性较好的材料，如陶瓷面砖、马赛克、花岗岩板等，多用作室外装修。但在公共建筑体量较大的厅堂内，有时也运用质感丰富的面砖、彩绘陶板装饰墙面，取得了良好的建筑艺术效果。

贴面类饰面构造按工艺不同分成两类：直接镶贴类和采用一定构造连接方式的饰面镶贴类。直接镶贴饰面构造比较简单，大体上由底层砂浆、黏结层砂浆和块状贴面材料面层组成。采用一定构造连接方式的镶贴类构造则与直接镶贴类构造有显著的差异。

1. 面砖、陶瓷锦砖、玻璃马赛克等饰面

陶瓷面砖、锦砖系以陶土或瓷土为原料，经加工成型、煅烧而制成的产品，通常分为以下几种：

陶土釉面砖，它色彩艳丽、装饰性强。其规格为 100mm×100mm×7mm，有白、棕、黄、绿、黑等色，具有强度高、表面光滑、美观耐用、吸水率低等特点，多用作内、外墙及柱的饰面。

陶土无釉面砖，俗称面砖，它质地坚固、防冻、耐腐蚀，主要用作外墙面装修，有光面、毛面或各种纹理饰面。

瓷土釉面砖，常见的有瓷砖、彩釉墙砖，瓷砖系薄板制品故又称瓷片。瓷砖多用作厨房、卫生间的墙裙或卫生要求较高的墙面贴面。彩釉墙砖多用作内外墙面装修。

瓷土无釉砖，主要包括锦砖及无釉砖。锦砖又名马赛克，系由各种颜色、方形或多种几何形状的小瓷片拼制而成，生产时将小瓷片拼贴在 300mm×300mm 或 400mm×400mm 的牛皮纸上，又称纸皮砖。瓷土无釉砖，图案丰富、色泽稳定，耐污染，易清洁，价廉，变化多，近年来已大量用于外墙饰面，效果甚佳。

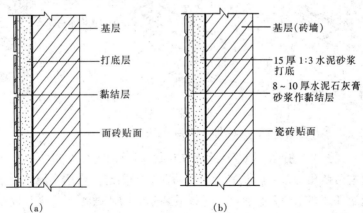

图 9-4 墙面砖饰面构造
（a）面砖贴面；（b）瓷砖贴面

陶瓷墙面砖作为外墙面装修，其构造多采用 10～15mm 厚 1∶3 水泥砂浆打底，5mm 厚 1∶1 水泥砂浆黏结层，然后粘贴各类装饰材料。如果黏结层内掺入 10% 以下的 108 胶时，其粘贴层可减为 2~3mm 厚，在外墙面砖之间粘贴时留出约 13mm 缝隙，以增加材料的透气性，面砖贴面如图 9-4 (a) 所示。作为内墙面装修，瓷砖贴面构造多采用 10~15mm 厚 1：3 水泥砂浆或 1：3：6 水泥、石灰膏砂浆打底，8~10mm 厚 1：0.3：3 水泥、石灰膏砂浆黏结层，外贴瓷砖，如图 9-4 (b) 所示。

2. 天然石板、人造石板贴面

用于墙面装修的天然石板有大理石板和花岗岩板，属于高级装修饰面。

大理石又称云石，表面经磨光后纹理雅致，色泽鲜艳，美丽如画。全国各地有各具特色的产品，如杭灰、苏黑、宜兴咖啡、南京红以及北京房山的白色大理石（汉白玉）等。

花岗岩质地坚硬、不易风化、能适应各种气候变化，故多用作室外装修。它也有多种颜色，有黑、灰、红、粉红色等，根据对石板表面加工方式的不同可分为剁斧石、火爆石、蘑菇石和磨光石四种。

人造石板常见的有人造大理石、水磨石板等。

天然石板安装方法有粘贴法、绑扎法、干挂法三种。

小规格的板材（一般指边长不超过 400mm，厚度在 10mm 左右的薄板）通常用粘贴的方法安装，这与前述的面砖铺贴的方法基本相同。

大规格饰面板是指块面大的板材（边长 500~2000mm）或是厚度大的块材（40mm 以上）。因其板块重量大，为避免直接粘贴后可能引起坍落，常采取以下构造方法：

(1) 绑扎法。如图 9-5 所示，先在墙身或柱内预埋中距 500mm 左右、双向的Φ8"Ω"形钢筋，在其上绑扎 $\phi6$~$\phi10$ 的钢筋网，再用 16 号镀锌铁丝或铜丝穿过事先在石板上钻好的孔眼，将石板绑扎在钢筋网上。固定石板用的横向钢筋间距应与石板的高度一致，当石板就位、校正、绑扎牢固后，在石板与墙或柱面的缝隙中，用 1：2.5 水泥砂浆分层灌缝，每次灌入高度不应超过 200mm。石板与墙柱间的缝宽一般为 30mm。

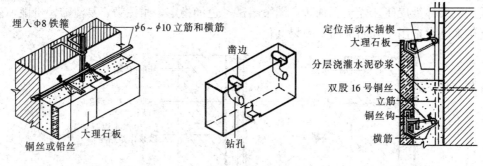

图 9-5 绑扎法

(2) 干挂法。如图 9-6 所示，在需要铺贴饰面石材的部位预留木砖、金属型材或者直接在饰面石材上用电钻钻孔，打入膨胀螺栓，然后用螺栓固定，或用金属型材卡紧固定，最后进行勾缝和压缝处理。如图 9-7 所示，人造石板装修的构造做法与天然石板相同，但不必在板上钻孔，而是利用板背面预留的钢筋挂钩，用铜丝或镀锌铁丝将其绑扎在水平钢筋上，就位后再用砂浆填缝。

(三) 涂刷类饰面

在已做好的墙面基层上，经局部或满刮腻子处理使墙面平整，然后涂刷选定的材料即成为涂刷类饰面。

建筑物的内外墙面采用涂刷材料作饰面，是各种饰面做法中最为简便的一种方式。这种饰面做法省工省料，工期短，工效高，自重轻，颜色丰富，便于维修更新，而且造价相对比较低，因此，在国内外涂刷类饰面成为一种传统的饰面方法得到广泛应用。

涂料按其成膜物的不同可分无机涂料和有机涂料两大类。无机涂料包括石灰浆、大白浆、水泥浆及各种无机高分子涂料等，如 JHS0-1 型、JHN84-1 型和 F832 型等。有机涂料依其稀释剂的不同，分溶

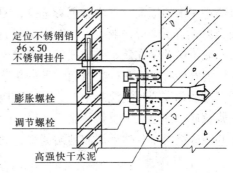

图 9-6 干挂法构造

剂型涂料、水溶性涂料和乳胶涂料等，如 812 建筑涂料、106 内墙涂料及 PA-1 型乳胶涂料等。

涂刷类饰面的涂层构造，一般可以分为三层，即底层、中间层、面层。

底层，俗称刷底漆，其主要目的是增加涂层与基层之间的黏附力，同时还可以进一步清理基层表面的灰尘，使一部分悬浮的灰尘颗粒固定于基层。另外，底层漆还兼具基层封闭剂（封底）的作用，用以防止木脂、水泥砂浆抹灰层中的可溶性盐等物质渗出表面，造成对涂料饰面的破坏。

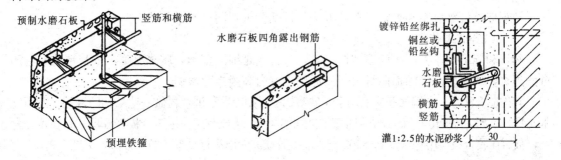

图 9-7 预制人造石板墙面装修构造

中间层，是整个涂层构造中的成型层。其目的是通过适当的工艺，形成具有一定厚度、匀实饱满的涂层。通过这一涂层，达到保护基层和形成所需的装饰效果。中间层的质量好，不仅可以保证涂层的耐久性、耐水性和强度，在某些情况下对基层尚可起到补强的作用。

面层的作用是体现涂层的色彩和光感。从色彩的角度考虑，为了保证色彩均匀，并满足耐久性、耐磨性等方面的要求，面层最低限度应涂刷二遍。从光泽度的角度考虑，一般地说溶剂型涂料的光泽度普遍比水溶性涂料、无机涂料的光泽度要高一些。但从漆膜反光的角度分析，却不尽然。因为反光光泽度的大小不仅与所用溶剂的类型有关，还与填料的颗粒大小、基本成膜物质的种类有关。当采用适当的涂料生产工艺、施工工艺时，水溶性涂料和无机涂料的光泽度赶上或超过溶剂型涂料的光泽度是可能的。

（四）裱糊类饰面

裱糊类饰面是将各种装饰性墙纸、墙布等卷材裱糊在墙面上的一种饰面做法，包括墙纸、墙布、丝绒和锦缎、皮革和人造革等。

1. 墙纸饰面

墙纸又称壁纸。墙纸是室内装饰中常用的一种装饰材料，不仅广泛地用于墙面装饰，也

可应用于吊顶饰面。它具有色彩丰富、图案的装饰性强、易于擦洗等特点；同时，更新也比较容易，施工中湿作业减少，能提高工效，缩短工期。

墙纸应粘贴在具有一定强度、表面平整、光洁、干净、不疏松掉粉的基层上，如水泥砂浆、混合砂浆、石灰砂浆抹面，纸筋灰罩面，石膏板、石棉水泥板等预制板材，以及质量达到标准的现浇或预制混凝土墙体。一般构造方法是：在墙体上做12mm厚1∶3∶9水泥石灰砂浆打底，使墙面平整，再做8mm厚1∶3∶9水泥、石灰膏、细黄砂粉面，干燥后满刮腻子并用砂纸磨平，然后用胶粘贴墙纸，见图9-8。

2. 墙布饰面

墙布饰面包括玻璃纤维墙布和无纺墙布饰面。

玻璃纤维墙布是以玻璃纤维布作为基材制成的墙布。这种饰面材料强度大、韧性好、耐水、耐火，可用水擦洗，本身有布纹质感，适用于室内饰面。其不足之处是它的盖底力稍差，当基层颜色有深浅时容易在裱糊面上显现出来；涂层一旦磨损破碎时有可能散落出少量玻璃纤维，要注意保养。

无纺墙布是采用棉、麻、涤、腈等合成的高级饰面材料。无纺墙布挺括，有弹性，不易折断，表面光洁而又有羊绒毛感，色彩鲜艳，图案雅致，不褪色，具有一定透气性、可擦洗，施工简便。

裱糊玻璃纤维墙布和无纺墙布的方法与纸基壁纸类同，不予赘述。

3. 丝绒和锦缎饰面

丝绒和锦缎是一种高级墙面装饰材料，其特点是绚丽多彩，质感温暖，古雅精致，色泽自然逼真，属于较高级的饰面材料，只适用于室内高级饰面裱糊。

其构造方法是：在墙面基层上用水泥砂浆找平后刷冷底子油，再做一毡二油防潮层，然后立木龙骨（断面为50mm×50mm），纵横双向间距450mm构成骨架。把胶合板（五层）钉在木龙骨上，最后在胶合板上用化学浆糊、108胶、墙纸胶或淀粉面糊裱贴丝、绒、锦缎，见图9-9。

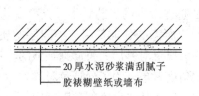

图9-8 墙纸或墙布饰面构造　　　　　　　图9-9 锦缎饰面构造

4. 皮革与人造革饰面

皮革与人造革墙面是一种高级墙面装饰材料，格调高雅，触感柔软、温暖、耐磨并且有消声消震特性。皮革或人造革墙面可用于健身房、练功房、幼儿园等要求防止碰撞的房间，以及酒吧台、餐厅、会客室、客房、起居室等，以使环境优雅、舒适，也适用于录音室等声学要求较高的房间。

皮革与人造革饰面一般构造方法是：将墙面先做防潮处理，即用1∶3水泥砂浆20mm厚找平墙面并涂刷冷底子油，再做一毡二油，然后立墙筋，墙筋一般是采用断面为（20～50）mm×（40～50）mm的木条，双向钉于预埋在砖墙或混凝土墙中的木砖或木楔之上。

在砖墙或混凝土墙上埋入木砖（或木楔）的间距尺寸，同墙筋的间距尺寸一样。一般为 400
～600mm，按设计中的分格需要来划分，常见的划分尺寸为 450mm×450mm 见方。墙筋固
定好后，将五合板做衬板钉于木墙筋之上。然后，以皮革或人造革包矿棉（或泡沫塑料、棕
丝、玻璃棉等）覆于五合板之上，并采用暗钉口将其钉在墙筋上。最后，以电化铝帽头钉按
划分的分格尺寸在每一分块的四角钉入即可。图 9-10 为皮革或人造革墙面构造。

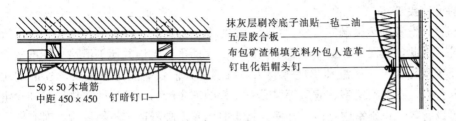

图 9-10　皮革或人造革墙面构造

（五）铺钉类饰面

铺钉类饰面是指利用天然板条或各种人造薄板借助于钉、胶粘等固定方式对墙面进行的
饰面做法。选用不同材质的面板和恰当的构造方式，可以使墙面具有质感细腻，美观大方，
或给人以亲切感等不同的装饰效果，同时，还可以改善室内声学等环境效果，满足不同的功
能要求。

铺钉类装修构造做法与骨架隔墙的做法类似，是由骨架和面板两部分组成，施工时先在
墙面上立骨架（墙筋），然后在骨架上铺钉装饰面板。

骨架有木骨架和金属骨架，木骨架截面一般为 50mm×50mm，金属骨架多为槽形冷轧
薄钢板。木骨架一般借助于墙中的预埋防腐木砖固定在墙上，木砖尺寸为 60mm×60mm×
60mm，中距 500mm，骨架间距还应与墙板尺寸相配合。金属骨架多用膨胀螺栓固定在墙
上。为防止骨架和面板受潮，在固定骨架前，宜先在墙面上抹 10mm 厚混合砂浆，然后刷
二遍防潮防腐剂（热沥青），或铺一毡两油防潮层。

常见的装饰面板有硬木条（板）、竹条、胶合板、纤维板、石膏板、钙塑板及各种吸声
墙板等。面板在木骨架上用圆钉或木螺钉固定，在金属骨架上一般用自攻螺丝固定面板。

图 9-11 为常见的铺钉类墙面的装饰构造。

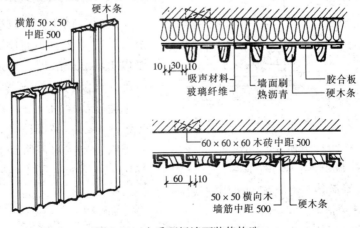

图 9-11　木质面板墙面装修构造

第三节 地 面 装 修

楼面和地面分别为楼板层和地层的面层，它们在构造要求和做法上基本相同，对室内装修而言，两者统称地面。

一、地面的设计要求

地面是人和家具设备直接接触的部分，直接承受地面上的荷载，经常受到摩擦，并需要经常清扫或擦洗。因此，地面首先必须满足坚固耐磨，表面平整光洁并便于清洁。标准较高的房间，地面还应满足吸声、保温和弹性等要求，特别是人们长时间逗留且要求安静的房间，如居室、办公室、图书阅览室、病房等。具有良好的消声能力、较低的热传导性和一定弹性的面层，可以有效地控制室内噪声，并使人行走时感到温暖舒适，不易疲劳。对有些房间，地面还应具有防水、耐腐蚀、耐火等性能。如厕所、浴室、厨房等用水的房间，地面应具有防水性能；某些实验室等有酸碱作用的房间，地面应具有耐酸碱腐蚀的能力；厨房等有火源的房间，地面应具有较好的防火性能等。

二、地面的类型

地面的名称是依据面层所用材料而命名的。按面层所用材料和施工方式不同，常见地面可分为以下几类：

(1) 整体类地面，包括水泥砂浆、细石混凝土、水磨石及菱苦土地面等；

(2) 板块类地面，包括黏土砖、大阶砖、水泥花砖、缸砖、陶瓷锦砖、地砖、人造石板、天然石板及木地板等地面；

(3) 卷材类地面，包括油地毡、橡胶地毡、塑料地毡及无纺织地毯等地面；

(4) 涂料类地面，包括各种高分子合成涂料所形成的地面。

三、地面的构造做法

(一) 整体浇筑地面

1. 水泥砂浆地面

水泥砂浆地面通常是用水泥砂浆抹压而成。水泥砂浆地面构造简单，施工方便，造价低，且耐水，是目前应用最广泛的一种低档地面，但地面易起灰，无弹性，热传导性高，且装饰效果较差，如图9-12所示。

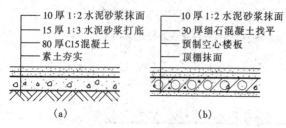

图9-12　水泥砂浆地面
(a) 底层地面；(b) 楼层地面

水泥砂浆地面有双层和单层构造之分，双层做法分为面层和底层，构造上常以 15～20mm 厚 1：3 水泥砂浆打底、找平，再以 5～10mm 厚 1：1.5 或 1：2 的水泥砂浆抹面。分层构造虽增加了施工程序，却容易保证质量。单层构造是在结构层上抹水泥浆结合层一道后，直接抹 15～20mm 厚 1：2 或 1：2.5 的水泥砂浆一道，抹平后待其终凝前，再用铁板压光。

2. 细石混凝土地面

为了增强楼板层的整体性和防止楼面产生裂缝，可采用细石混凝土层。构造做法：在基层上浇筑 30～40mm 厚 C20 细石混凝土，随打随压光。为提高其整体性、满足抗震要求，可内配 Φ4@200 的钢筋网。

3. 水磨石地面

水磨石地面是将用水泥作胶结材料，大理石或白云石等中等硬度石料的石屑作骨料而形成的水泥石屑浆浇抹硬结后，经磨光打蜡而成。

水磨石地面坚硬、耐磨、光洁、不透水，而且由于施工时磨去了表面的水泥浆膜，使其避免了起灰，有利于保持清洁，它的装饰效果也优于水泥砂浆地面，但造价高于水泥砂浆地面，施工较复杂，无弹性，吸热性强，常用于人流量较大的交通空间和房间，如公共建筑的门厅、走廊、楼梯以及营业厅、候车厅等。对装修要求较高的建筑，可用彩色水泥或白水泥加入各种颜料代替普通水泥，与彩色大理石石屑做成各种色彩和图案的地面，即美术水磨石地面，比普通的水磨石地面具有更好的装饰性，但造价较高。

水磨石地面的常见做法是先用 15～20mm 厚 1:3 水泥砂浆找平，再用 10～15mm 厚 1:1.5 或 1:2 的水泥石屑浆抹面，待水泥凝结到一定硬度后，用磨光机打磨，再由草酸清洗，打蜡保护。为便于施工和维修，并防止因温度变化而导致面层变形开裂，应用分格条将面层按设计的图案进行分格，这样做也可以增加美观。分格形状有正方形、长方形、多边形等，尺寸常为 400～1000mm。分格条按材料不同有玻璃条、塑料条、铜条或铝条等，视装修要求而定。分格条通常在找平层上用 1:1 水泥砂浆嵌固。水磨石地面，如图 9-13 所示。

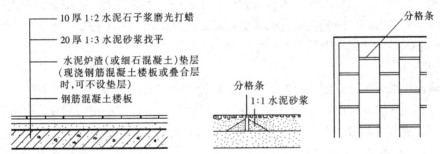

图 9-13　水磨石地面

（二）板块地面

板块地面是指利用板材或块材铺贴而成的地面，按地面材料不同有陶瓷板块地面、石板地面、塑料板块地面和木地面等。

1. 陶瓷板块地面

用作地面的陶瓷板块有陶瓷锦砖和缸砖、陶瓷彩釉砖、瓷质无釉砖等各种陶瓷地砖。陶瓷锦砖（又称马赛克）是以优质瓷土烧制而成的小块瓷砖，它有各种颜色、多种几何形状，并可拼成各种图案。陶瓷锦砖色彩丰富、鲜艳，尺寸小，面层薄，自重轻，不易踩碎。陶瓷锦砖地面的常见做法是先在混凝土垫层或钢筋混凝土楼板上用 15～20mm 厚 1:3 水泥砂浆找平，再将拼贴在牛皮纸上的陶瓷锦砖用 5～8mm 厚 1:1 水泥砂浆粘贴，在表面的牛皮纸清洗后，用素水泥浆扫缝，如图 9-14（b）所示。

缸砖是用陶土烧制而成，可根据需要制成方形、长方形、六角形和八角形等，并可组合拼成各种图案，其中方形缸砖应用较多。缸砖通常是在 15～20mm 厚 1:3 水泥砂浆找平层上用 5～10mm 厚 1:1 水泥砂浆粘贴，并用素水泥浆扫缝，如图 9-14（a）所示。

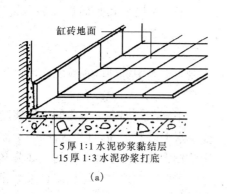
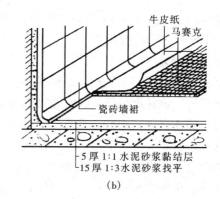

缸砖地面

5厚1:1水泥砂浆黏结层
15厚1:3水泥砂浆打底

(a)

牛皮纸
马赛克

瓷砖墙裙

5厚1:1水泥砂浆黏结层
15厚1:3水泥砂浆找平

(b)

图 9-14 陶瓷板块地面
(a) 缸砖地面；(b) 陶瓷锦砖地面

陶瓷彩釉砖和瓷质无釉砖是较理想的新型地面装修材料，其规格尺寸一般较大。瓷质无釉砖又称仿花岗石砖，具有天然花岗石的质感。陶瓷彩釉砖和瓷质无釉砖可用于门厅、餐厅、营业厅等，其构造做法与缸砖相同。

陶瓷板块地面的特点是坚硬耐磨、色泽稳定，易于保持清洁，而且具有较好的耐水和耐酸碱腐蚀的性能，但造价偏高，一般适用于用水的房间以及有腐蚀的房间，如厕所、盥洗室、浴室和实验室等。这种地面由于没有弹性、不消声、吸热性大，故不宜用于人们长时间停留并要求安静的房间。陶瓷板块地面的面层属于刚性面层，只能铺贴在整体性和刚性较好的基层上，如混凝土垫层或钢筋混凝土楼板结构层。

2. 石板地面

石板地面包括天然石地面和人造石地面，如图 9-15 所示。

天然石有大理石和花岗石等。天然大理石色泽艳丽，具有各种斑驳纹理，可取得较好的装饰效果。大理石板的规格尺寸一般为 300mm×300mm～500mm×500mm，厚度为 20～30mm。大理石地面的常见做法是先用 20～30mm 厚 1:3 或 1:4 干硬性水泥砂浆找平，铺贴大理石板，板缝宽不大于 1mm，洒干水泥粉浇水扫缝，最后过草酸打蜡。另外，还可利用大理石碎块拼贴，形成碎大理石地面，它可以充分利用边角料，既能降低造价，又可取得较好的装饰效果。用作室内地面的花岗石板是表面打磨光滑的磨光花岗石板，它的耐磨程度高于大理石板，但价格昂贵，应用较少。其构造做法同大理石地面。天然石地面具有较好的耐磨、耐久性能和装饰性，但造价较高，属于高档做法，一般用于装修标准较高的公共建筑的门厅、大厅等。

人造石板有预制水磨石板、人造大理石板等，其规格尺寸及地面的构造做法与天然石板基本相同，而价格低于天然石板。

3. 塑料板块地面

随着石油化工业的发展，塑料板块地面的应用日益广泛。塑料地面材料的种类很多，目前聚氯乙烯塑料地面材料应用最广泛，有块材、卷材之分，其材质有软质和半硬质两种。目前在我国应用较多的是半硬质聚氯乙烯块材，其规格尺寸一般为 100mm×100mm～500mm×500mm，厚度为 1.5～2.0mm。塑料板块地面的构造做法是先用 15～20mm 厚 1:2 水泥砂浆找平，干燥后再用胶黏剂粘贴塑料板，如图 9-16 所示。

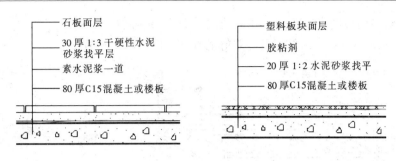

图 9-15　石板地面　　　　　　图 9-16　塑料板块地面

塑料板块地面具有一定的弹性和吸声能力，因热传导性低，使脚感舒适温暖，并有利于隔声，它的色彩丰富，可获得较好的装饰效果，而且耐磨性、耐湿性和耐燃性较好，施工方便，易于保持清洁。但其耐高温性和耐刻画性较差，易老化，日久失光变色。这种地面适用于人们长时间逗留且要求安静的房间或清洁要求较高的房间。

4. 木地面

木地面是指表面有木板铺钉或胶合而成的地面，优点是富有弹性、不起砂、不起灰、易油漆、易清洁、不返潮、纹理美观、蓄热系数小，常用于住宅的室内装修中。木地面从板条规格及组合方式上，可分为普通木地面、硬木条形地面和拼花木地面；从木地面材料上分有纯木材、复合木地板等。纯木材的木地面系指以柏木、杉、松木、柚木、紫檀等有特色木纹与色彩的木材做成木地板，要求材质均匀，无节疤。而复合木地板则是一种两面贴上单层面板的复合构造的木板。木地面按构造方式有空铺式、实铺式和粘贴式三种。

空铺式木地面是将支承木地板的格栅架空搁置。木格栅可搁置于墙上，当房间尺寸较大时，也可搁置于地垄墙或砖墩上。空铺木地面应组织好架空层的通风，通常应在外墙勒脚处开设通风洞，有地垄墙时，地垄墙上也应留洞，使地板下的潮气通过空气对流排至室外。空铺式木地面的构造见图 9-17。空铺式木地面构造复杂，耗费木材较多，因而采用较少。

实铺式木地面是直接在实体基层上铺设的地面。木格栅直接放在结构层上，木格栅截面一般为 50mm×50mm，中距小于 450mm。格栅可以借预埋在结构层内的 U 形铁件嵌固或用镀锌铁丝扎牢。有时为提高地板弹性质量，可做纵横两层格栅。格栅下面可以放入垫木，以调整不平坦的情况。为了防止木材受潮而产生膨胀，须在与混凝土接触的底面涂刷冷底子油及热沥青各一道。

实铺式木地面可用单层木板铺钉，也可用双层木板铺钉。单层木地板通常采用普通木地板或硬木条形地板，见图 9-18。双层木地板的底板称为毛板，可采用普通木板，与格栅呈

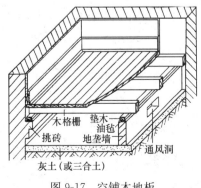

图 9-17　空铺木地板

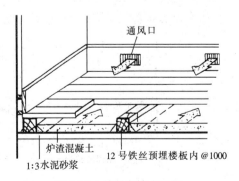

图 9-18　单层实铺木地板

30°或 45°方向铺钉，面板则采用硬木拼花板或硬木条形板，底板和面板之间应衬一层油纸，以减小摩擦，见图 9-19。双层木地板具有更好的弹性，但消耗木材较多。

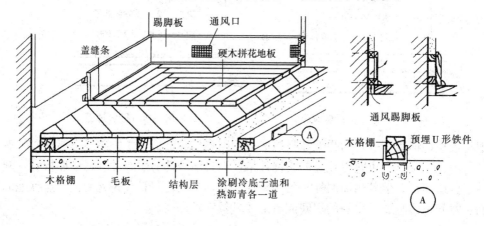

图 9-19 双层实铺木地板

粘贴式实铺木地面是将木地板用沥青胶或环氧树脂等黏结材料直接粘贴在找平层上，若为底层地面，则应在找平层上做防潮层，或直接用沥青砂浆找平。粘贴式木地面由于省略了格栅，比实铺式节约木材，造价低，施工简便，应用较多，见图 9-20。

复合木地板可采用粘贴式和无黏结式。无黏结式复合木地板应直接在实体基层上干铺 4～5mm 厚阻燃发泡型软泡沫塑料垫层。

（三）卷材地面

卷材地面是用成卷的卷材铺贴而成。常见的地面卷材有软质聚氯乙烯塑料地毡、油地毡、橡胶地毡和地毯等。

软质聚氯乙烯塑料地毡的规格一般为：宽 700～2000mm，长 10～20m，厚 1～8mm，可用胶黏剂粘贴在水泥砂浆找平层上，也可干铺。塑料地毡的拼接缝隙通常切割成 V 形，用三角形塑料焊条焊接，见图 9-21。

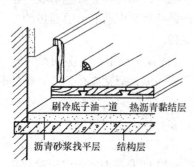

图 9-20 粘贴木地板

油地毡一般可不用胶黏剂，直接干铺在找平层上即可。

橡胶地毡可以干铺，也可用胶黏剂粘贴在水泥砂浆找平层上。

地毯类型较多，按地毯面层材料不同有化纤地毯、羊毛地毯和棉织地毯等，其中用化纤

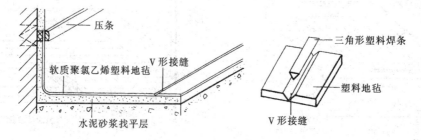

图 9-21 塑料卷材地面

或短羊毛作面层，麻布、塑料作背衬的化纤或短羊毛地毯应用较多。地毯可以满铺，也可局部铺设，其铺设方法有固定和不固定两种。不固定式是将地毯直接摊铺在地面上；固定式通常是将地毯用胶黏剂粘贴在地面上，或用倒刺板将地毯四周固定。为增加地面的弹性和消声能力，地毯下可铺设一层泡沫橡胶衬垫，见图 9-22 和图 9-23。

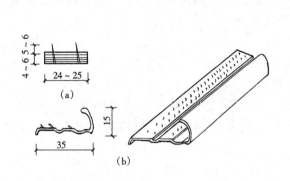

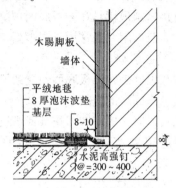

图 9-22 倒刺板
(a) 倒刺板；(b) L 形倒刺收口条

图 9-23 地毯的固定
及与踢脚板的关系

　　为保护墙面，防止外界碰撞损坏墙面，或擦洗地面时弄脏墙面，通常在墙面靠近地面处设踢脚线（又称踢脚板）。

　　踢脚线的材料一般与地面相同，故可看作是地面的一部分，即地面在墙面上的延伸部分。踢脚线通常凸出墙面，也可与墙面平齐或凹进墙面，其高度一般为 100～150mm。踢脚线构造见图 9-24。

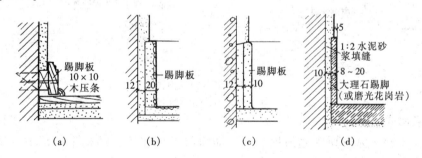

图 9-24 踢脚线构造
(a) 木踢脚；(b) 预制水磨石踢脚；(c) 水泥砂浆踢脚；(d) 大理石踢脚

第四节 顶 棚 装 修

　　顶棚又称平顶或天花，系指楼板层的下面部分，也是室内装修部分之一。作为顶棚，要求表面光洁、美观，且能起反射光照的作用，以改善室内的亮度。对某些特殊要求的房间，还要求顶棚具有隔声、防水、保温、隔热等功能。

　　一般顶棚多为水平式，但根据房间用途的不同，顶棚可作成弧形、凹凸形、高低形、折线型等。依其构造方式的不同，顶棚有直接式顶棚和悬吊式顶棚之分。

一、直接式顶棚

直接式顶棚是指直接在楼板结构层的底面做饰面层所形成的顶棚。直接式顶棚构造简单，施工方便，造价较低。

1. 直接喷刷顶棚

直接喷刷顶棚是在楼板底面填缝刮平后直接喷或刷大白浆、石灰浆等涂料，以增加顶棚的反射光照作用，通常用于观瞻要求不高的房间。

2. 抹灰顶棚

抹灰顶棚是在楼板底面勾缝或刷素水泥浆后进行抹灰装修，抹灰表面可喷刷涂料，适用于一般装修标准的房间。

抹灰顶棚一般有麻刀灰（或纸筋灰）顶棚、水泥砂浆顶棚和混合砂浆顶棚等，其中麻刀灰顶棚应用最普遍。麻刀灰顶棚的做法是先用混合砂浆打底，再用麻刀灰罩面，见图9-25（a）。

3. 贴面顶棚

贴面顶棚是在楼板底面用砂浆打底找平后，用胶黏剂粘贴墙纸、泡沫塑胶板或装饰吸声板等，一般用于楼板底部干整、不需要顶棚敷设管线而装修要求又较高的房间，或有吸声、保温隔热等要求的房间，如图 9-25（b）所示。

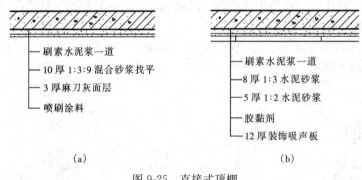

刷素水泥浆一道
10 厚 1:3:9 混合砂浆找平
3 厚麻刀灰面层
喷刷涂料

（a）

刷素水泥浆一道
8 厚 1:3 水泥砂浆
5 厚 1:2 水泥砂浆
胶黏剂
12 厚装饰吸声板

（b）

图 9-25　直接式顶棚

（a）抹灰顶棚；（b）贴面顶棚

二、悬吊式顶棚

悬吊式顶棚又称吊顶棚或吊顶，是将饰面层悬吊在楼板结构上而形成的顶棚，见图9-26。吊顶棚的构造复杂、施工麻烦、造价较高，一般用于装修标准较高而楼板底部不平或在楼板下面敷设管线的房间，以及有特殊要求的房间。

吊顶棚应具有足够的净空高度，以便于照明、空调、灭火喷淋、感应器、广播设备等管线及其装置各种设备管线的敷设；合理地安排灯具、通风口的位置，以符合照明、通风要求；选择合适的材料和构造做法，使其燃烧性能和耐火极限符合防火规范的规定；吊顶棚应便于制作、安装和维修，自重宜轻，以减少结构负荷。同时，吊顶棚还应满足美观和经济等方面的要求。对有些房间，吊顶棚应满足隔声、音质等特殊要求。

悬吊式顶棚一般由吊杆、基层和面层三部分组成。吊杆又称吊筋，顶棚通常是借助于吊杆吊在楼板结构上的，有时也可不用吊杆而将基层直接固定在梁或墙上。吊筋的作用主要是承受吊顶棚和格栅的荷载，并将这一荷载传递给屋面板、楼板、屋架等部位；另一作用是用来调整、确定吊顶棚的空间高度，以适应不同场合、不同艺术处理上的需要。吊杆有金属吊

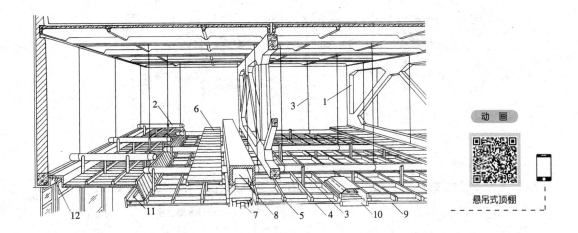

图 9-26 悬吊式顶棚构造示意

1—屋架；2—主龙骨；3—吊筋；4—次龙骨；5—间距龙骨；6—检修走道；

7—出风口；8—风道；9—吊顶面层；10—灯具；11—灯槽；12—窗帘盒

杆和木吊杆两种，一般多用钢筋或型钢等制作金属吊杆。基层是用来固定面层并承受其重量，一般有主龙骨（又称主格栅）和次龙骨（又称次格栅）两部分组成。主龙骨与吊杆相连，一般单向布置。次龙骨固定在主龙骨上，其布置方式和间距视面层材料和顶棚外形而定。龙骨也有金属龙骨和木龙骨两种，为节约木材、减轻自重以及提高防火性能，现多用薄钢带或铝合金制作的轻型金属龙骨，常用的有 T 形、U 形、C 形、LT 形。面层固定在次龙骨上，可现场抹灰而成，也可用板材拼装而成。

吊顶按面层施工方式不同有抹灰吊顶、板材吊顶和格栅吊顶三大类。

（一）抹灰吊顶

抹灰吊顶按面层做法不同有板条抹灰、板条钢板网（或钢丝网）抹灰和钢板网抹灰三种。

1. 板条抹灰吊顶

板条抹灰吊顶的吊杆一般采用 Φ6 钢筋或带螺栓的 Φ8 钢筋，间距一般为 900~1500mm。吊杆与钢筋混凝土楼板的固定方式有若干种，如现浇钢筋混凝土楼板中预留钢筋作吊杆或与吊杆连接，预制钢筋混凝土楼板的板缝伸出吊杆，或用射钉、螺钉固定吊杆等，如图 9-27 所示。这种吊顶也可采用木吊杆。吊顶的龙骨为木龙骨，主龙骨间距不大于 1500mm，次龙骨垂直于主龙骨单向布置，间距一般为 400~500mm，主龙骨和次龙骨通过吊木连接。面层是由铺钉于次龙骨上的板条和表面的抹灰层组成。这种吊顶造价较低，但抹灰劳动量大，抹灰面层易出现龟裂，甚至破损脱落，且防火性能差，一般用于装修要求不高且面积不大的房间，如图 9-28（a）所示。

2. 板条钢板网抹灰吊顶

板条钢板网抹灰吊顶是在板条抹灰吊顶的板条和抹灰层之间加钉一层钢板网，以防抹灰层开裂脱落，如图 9-28（b）所示。

3. 钢板网抹灰吊顶

钢板网抹灰吊顶一般采用金属龙骨，主龙骨多为槽钢，其型号和间距应视荷载大小而定，次龙骨一般为角钢，在次龙骨下加铺一道 Φ6 的钢筋网，再铺设钢板网抹灰。这种吊顶

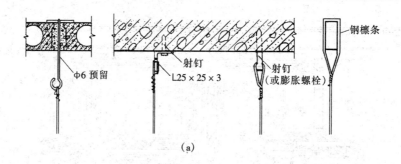

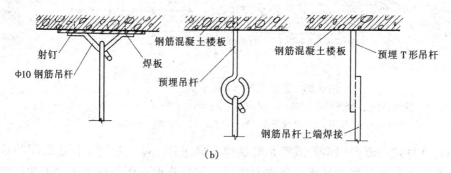

图 9-27 吊筋与楼板的固定方式

(a) 不上人吊点连接；(b) 上人吊点连接

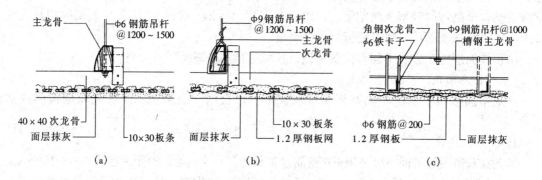

图 9-28 抹灰吊顶

(a) 板条抹灰吊顶；(b) 板条钢板网抹灰吊顶；(c) 钢板网抹灰吊顶

的防火性能和耐久性好，可用于防火要求较高的建筑，如图 9-28（c）所示。

（二）板材吊顶

板材吊顶按基层材料不同主要有木基层吊顶和金属基层吊顶两种类型。

1. 木基层吊顶

木基层吊顶的吊杆可采用 Φ6 钢筋，也可采用 40mm×40mm 或 50mm×50mm 的方木，吊杆间距一般为 900～1200mm。木基层通常由主龙骨和次龙骨组成。主龙骨钉接或栓接于吊杆上，其断面多为 50mm×70mm。主龙骨底部钉装次龙骨，次龙骨通常纵横双向布置，其断面一般为 50mm×50mm，间距应根据材料规格确定，一般不超过 600mm，超过 600mm 时可加设小龙骨。吊顶面积不大且形式较简单时，可不设主龙骨。木基层吊顶属于燃烧体或难燃烧体，故只能用于防火要求较低的建筑中。

2. 金属基层吊顶

金属基层吊顶的吊杆一般采用Φ6钢筋或Φ8钢筋，吊杆间距一般为 900~1200mm。金属基层吊顶的主龙骨间距不宜大于 1200mm，按其承受上人荷载的能力不同分为轻型、中型和重型三级，主龙骨借助于吊件与吊杆连接。次龙骨和小龙骨的间距应根据板材规格确定。龙骨之间用配套的吊挂件或连接件连接。

金属基层按材质不同有轻钢基层和铝合金基层。轻钢基层的龙骨断面多为 U 形，称为U 型轻钢吊顶龙骨，一般由主龙骨、次龙骨、次龙骨横撑、小龙骨及配件组成。主龙骨断面为 C 形，次龙骨和小龙骨的断面均为 U 形，如图 9-29（b）所示。铝合金基层的龙骨断面多为 T 形，称为 T 形铝合金吊顶龙骨，一般由主龙骨、次龙骨、小龙骨、边龙骨及配件组成，主龙骨断面也是 C 形，次龙骨和小龙骨的断面为倒 T 形，边部次龙骨或小龙骨断面为L 形，如图 9-29（a）所示。

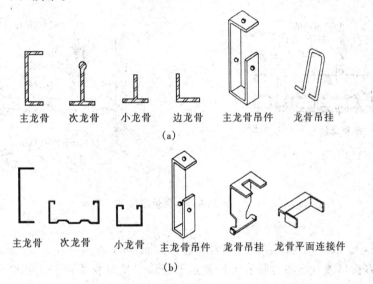

图 9-29　金属龙骨主配件
（a）T 形铝合金龙骨主配件；（b）U 形轻钢龙骨主配件

金属基层吊顶的板材主要有石膏板、金属板、塑料板和矿棉板等。

（1）石膏板吊顶。石膏板有普通纸面石膏板、石膏装饰吸声板等，它具有质轻、防火、吸声、隔热和易于加工等优点。石膏板可以直接搁置在 T 形龙骨的翼缘上，也可以用自攻螺钉固定于龙骨上，如图 9-30 所示。

（2）金属板吊顶。金属板吊顶是用轻质金属板材，例如铝板、铝合金板等作面层的吊顶。

金属板顶棚自重小，色泽美观大方，不仅具有独特的质感，而且平、挺、线条刚劲而明快，这是其他材料所无法比拟的。在这种吊顶中，吊顶龙骨除是承重杆件外，还兼具卡具的作用。

金属板吊顶分为金属条板吊顶和金属方板吊顶两种类型。

1）金属条板吊顶。铝合金和薄钢板线轧而成的槽形条板，有窄条、宽条之分。根据条板与条板间相接处的板缝处理形式，可将其分为两大类，即开放型条板顶棚和封闭型条板

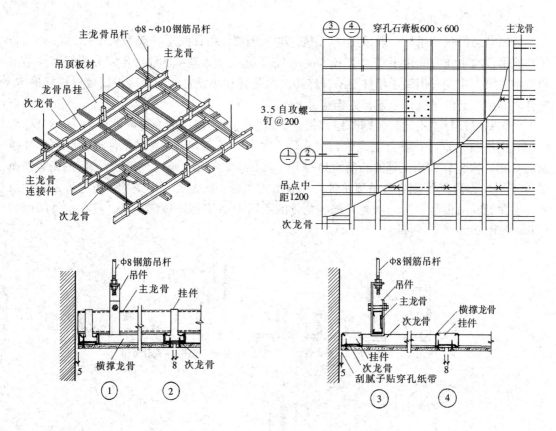

图 9-30　石膏板吊顶

顶棚。

金属条板，一般多用卡固方式与龙骨相连，如图 9-31 所示。

2）金属方板吊顶。金属方板有方形及矩形板块，按其材质可分为铝合金板、彩色镀锌钢板、不锈钢板和钛金板等，按板材的表面效果，有平板、穿孔板、图案板、各种彩色板等。

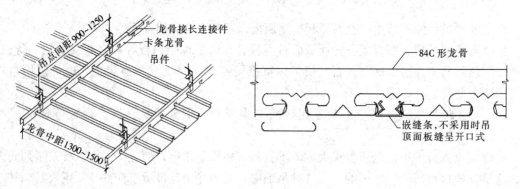

图 9-31　金属条板吊顶

金属方板吊顶的构造有搁置式和卡入式两种。搁置式多为 T 形龙骨，方板四边带翼，搁置在 T 形龙骨的翼缘上，如图 9-32 所示。卡入式的金属方板卷边向上，形同有缺口的盒子形式，一般边上轧出凸出的卡口，卡入有夹簧的龙骨中。

（三）格栅吊顶

格栅吊顶也称开敞式吊顶。这种吊顶虽然形成了一个顶棚，但其顶棚的表面是开口的。格栅吊顶，减少了吊顶的压抑感，而且表现出一定的韵律感。一般可分为木质和铝质开敞式吊顶，如图9-33所示。

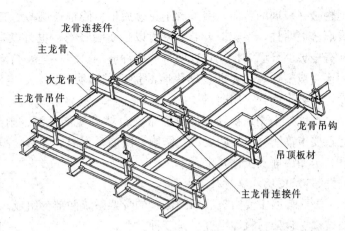

图 9-32 金属方板吊顶

格栅吊顶是通过一定单体构件组合而成的。标准单体构件的连接，通常是采用将预拼安装的单体构件插接、挂接或榫接在一起的方法。

格栅吊顶的安装构造，可分为两种类型。一种是将单体构件固定在可靠的骨架上，然后再将骨架用吊杆与结构相连；另一种方法，是对于用轻质、高强材料制成的单体构件，不用骨架支持，而直接用吊杆与结构相连。

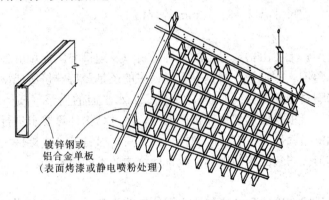

图 9-33 格栅吊顶示意

第五节 幕 墙

幕墙是建筑物外围护墙的一种新的形式。幕墙一般不承重，形似挂幕，又称为悬挂墙。幕墙的特点是装饰效果好、质量轻、安装速度快，是外墙轻型化、装配化较理想的形式，因此在现代大型和高层建筑上得到广泛地采用。

常见的幕墙有玻璃幕墙、金属幕墙两种类型。

一、玻璃幕墙

（一）玻璃幕墙类型及设计要求

玻璃幕墙以其构造方式分为有框和无框两类。在有框玻璃幕墙中，又有明框和隐框两种。明框玻璃幕墙的金属框暴露在室外，形成外观上可见的金属格构；隐框玻璃幕墙的金属框隐蔽在玻璃的背面，室外看不见金属框。隐框玻璃幕墙又可分为全隐框玻璃幕墙和半隐框玻璃幕墙两种，半隐框玻璃幕墙可以是横明竖隐，也可以是竖明横隐。在无框玻璃幕墙中，又有全玻璃幕墙、挂架式玻璃幕墙两种玻璃幕墙。全玻璃幕墙不设边框，以高强黏结胶将玻璃连接成整片墙。无框玻璃幕墙的优点是透明、轻盈、空间渗透强，因而为许多建筑师钟爱，有着广泛的应用前景。

幕墙处于建筑物外表面，经常受自然环境如日晒、雨淋、风沙等不利因素的影响。因此，要求幕墙材料要防腐蚀、防雨、防渗、保温、隔热，满足防火、防雷、防止玻璃破碎坠落、防变形等安全性要求。

（二）玻璃幕墙材料

玻璃幕墙主要由玻璃和固定它的骨架系统两部分组成。所用材料概括起来，基本上有幕墙玻璃、骨架材料和填缝材料三种。

1. 幕墙玻璃

玻璃幕墙的饰面玻璃主要有热反射玻璃（镜面玻璃）、吸热玻璃（染色玻璃）、双层中空玻璃及夹层玻璃、夹丝玻璃、钢化玻璃等品种。另外，各种无色或着色的浮法玻璃也常被采用。从玻璃的特性来讲，通常将前三种称为节能玻璃，将夹层玻璃、夹丝玻璃及钢化玻璃等称为安全玻璃。而各种浮法玻璃则具有机械磨光、两面平整、光洁而且板面规格尺寸较大的优点。玻璃原片厚度有 3～10mm 等不同规格，色彩有无色、茶色、蓝色、灰色、灰绿色等；组合玻璃产品厚度尺寸有 6、9、12mm 等规格。

2. 骨架材料

玻璃幕墙的骨架，主要由构成骨架的各种型材以及连接与固定用的各种连接件、紧固件组成。型材可采用角钢、方钢管、槽钢等，但最多的还是经特殊挤压成型的各种铝合金幕墙型材。铝合金幕墙型材主要有竖向的立柱（竖框）、水平向的横梁（横档）两种类型。其断面高度有多种规格，可根据使用部位和抗风能力，经过结构计算要求进行选择。

玻璃幕墙常用的紧固件主要有膨胀螺栓、铝拉钉、射钉等。连接件大多用角钢、槽钢或钢板加工而成，其形式与断面因使用部位及幕墙结构的不同而不同。

3. 填缝材料

填缝材料用于幕墙玻璃装配及块与块之间的缝隙处理，一般是由填充材料、密封材料与防水材料组成。填充材料主要用于间隙内的底部，起到填充作用，目前使用最多的材料是聚乙烯泡沫胶等。密封材料在玻璃装配中起密封、缓冲和黏结作用，常用的有橡胶密封条。防水密封材料使用最多的是硅酮系列。

（三）玻璃幕墙的构造

1. 明框玻璃幕墙

明框玻璃幕墙的玻璃镶嵌在框内，成为四边有铝框的幕墙构件；幕墙构件镶嵌在横梁及立柱上，形成梁、立柱均外露，铝框分格明显的立面。

明框玻璃幕墙是最传统的形式，最大特点在于横梁和立柱本身兼龙骨及固定玻璃的双重作用。横梁上有固定玻璃的凹槽，而不用其他配件。这种类型应用最广泛，工作性能可靠，相对于隐框幕墙，施工技术要求较低。

（1）立柱、横梁的安装。立柱为竖向构件，立柱安装的准确性和质量将影响整个玻璃幕墙的安装质量。立柱通过连接件固定在楼板上，立柱与楼板之间应留有一定的间隙，以方便施工安装时的调差工作，一般情况下，间隙为 100mm 左右，如图 9-34（a）所示。立柱一般根据施工及运输条件，可以是一层楼高为一整根，长度可达到 7.5m，接头应有一定空隙，采用套筒连接，可适应和消除建筑挠度变形和温度变形的影响，如图 9-35 所示。

横梁一般为水平构件，是分段在立柱中嵌入连接，横梁两端与立柱连接处应加弹性橡胶垫，弹性橡胶垫应有 20%～35% 的压缩性，以适应和消除横向温度变形的要求，图 9-34（b）为横梁与立柱的安装透视。横梁通过连接件与不锈钢螺栓固定在立柱上，考虑构件间的变形，应留 1.5mm 缝，用弹性硅酮胶填缝。

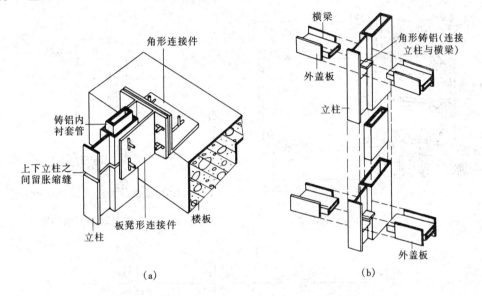

图 9-34　玻璃幕墙铝框连接构造
(a) 立柱与楼板的连接；(b) 立柱与横梁的连接

（2）玻璃的安装构造。在立柱上固定玻璃，其构造主要包括玻璃、压条、封缝三个方面。安装玻璃时，先在立柱的内侧安装铝合金压条，然后将玻璃放入凹槽内，再用密封材料密封。其基本构造如图 9-36 所示。

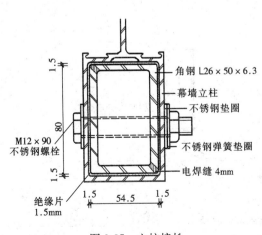

图 9-35　立柱接长

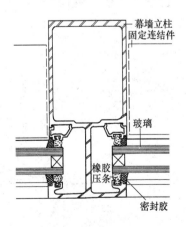

图 9-36　双层中空玻璃在
立柱上的安装构造

　　在横梁上安装玻璃时，其构造与立柱上安装玻璃的构造稍有不同，主要表现在玻璃的下方设了定位垫块；另外在横梁上支承玻璃的部位是倾斜的，以排除渗入凹槽内的雨水，如图9-37所示。

　　2. 隐框玻璃幕墙

　　在隐框玻璃幕墙中，金属框隐蔽在玻璃的背面，外面不露骨架，也不见窗框，使得玻璃幕墙外观更加新颖、简洁。隐框玻璃幕墙的横梁不是分段与立柱连接的，而是作为铝框的一部分与玻璃组成一个整体组件后再与立柱连接的。图9-38为隐框玻璃幕墙构造示意。

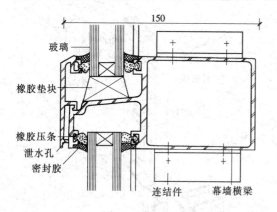

图 9-37　横梁上玻璃的安装构造

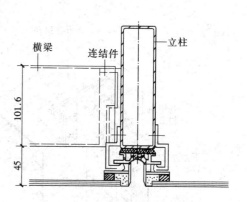

图 9-38　隐框玻璃幕墙构造

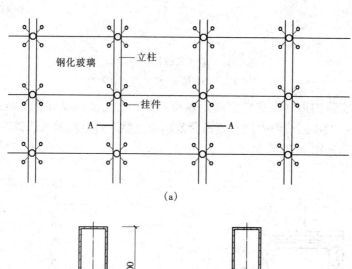

(a)

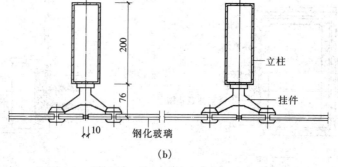

(b)

图 9-39　挂架式玻璃幕墙示意

(a) 挂架式玻璃幕墙立面；(b) A－A节点剖面

3. 挂架式玻璃幕墙

挂架式玻璃幕墙又称点式玻璃幕墙，采用四爪式不锈钢挂件与立柱相焊接，每块玻璃四角在厂家加工钻 4 个 $\phi 20$ 孔，挂件的每个爪与 1 块玻璃 1 个孔相连接，即 1 个挂件同时与 4 块玻璃相连接，或 1 块玻璃固定于 4 个挂件上，如图 9-39 所示。

4. 无框玻璃幕墙

无框玻璃幕墙的含义是指在视线范围内不出现金属框料，形成在某一层范围内幅面比较大的无遮挡透明墙面。为了增强玻璃墙面的刚度，必须每隔一定的距离用条形玻璃作为加强肋板，称为肋玻璃。面玻璃与肋玻璃相交部位宜留出一定的间隙，用硅酮系列密封胶注满。无框玻璃幕墙一般选用比较厚的钢化玻璃和夹层钢化玻璃，选用的单片玻璃面积和厚度，主要应满足最大风压情况下的使用要求。无框玻璃幕墙的面玻璃和肋玻璃有三种固定方式：

（1）用上部结构梁上悬吊下来的吊钩将肋玻璃及面玻璃固定，这种方式多用于高度较大的单块玻璃，如图 9-40（a）所示。

（2）将面玻璃及肋玻璃的上、下两端固定，它的重量支承在其下部，如图 9-40（b）所示。

（3）通过金属立柱将部分荷载传给下部结构，如图 9-40（c）所示。

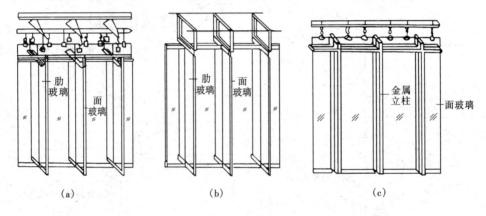

图 9-40　无框玻璃幕墙玻璃固定方式

二、金属幕墙

目前，大型建筑外墙装饰多采用玻璃幕墙、金属幕墙，且常为其中两种组合共同完成装饰及维护功能，形成闪闪发光的金属墙面，具有其独特的现代艺术感。

金属幕墙按构造体系划分为明框金属幕墙、隐框金属幕墙及半隐框（竖隐横明或横隐竖明）金属幕墙；按结构体系划分为型钢骨架体系、铝合金型材骨架体系及无骨架金属板幕墙体系等；按材料体系划分为铝合金板（包括单层铝板、复合铝板、蜂窝铝板数种）、钢板等。

金属幕墙由在工厂定制的折边金属薄板作为外围护墙面。金属幕墙与玻璃幕墙从设计原理到安装方式等方面都很相似。图 9-41～图 9-43 表示几种不同板材的节点构造。图 9-44 是铝板与玻璃的组合式幕墙。

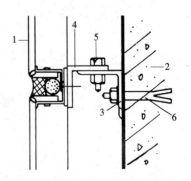

图 9-41　单板或铝塑板节点构造
1—单板或铝塑板；2—承重柱（或墙）；3—角支撑；4—直角型铝材横梁；5—调整螺栓；6—锚固螺栓

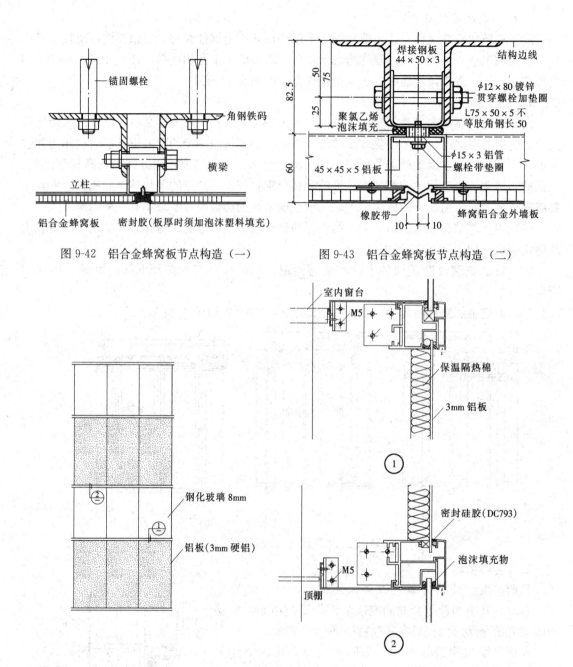

图 9-42 铝合金蜂窝板节点构造（一）

图 9-43 铝合金蜂窝板节点构造（二）

图 9-44 玻璃和铝板组合半隐框幕墙

思 考 题

9-1 墙面装修按材料和施工方式分哪几类？各种常用墙面装修的特点和构造做法是什么？

9-2 地面的设计要求有哪些？

9-3　地面按所用材料和施工方式分哪几类？各种常用地面的特点和构造做法是什么？

9-4　踢脚板的作用和构造要点是什么？

9-5　顶棚有哪两种类型？各是如何形成的？

9-6　吊顶棚由哪几部分组成？常用吊顶的构造做法是什么？

9-7　玻璃幕墙的类型和构造特点是什么？

楼 梯

楼梯是两层以上的建筑的垂直交通设施，根据房屋的使用需求不同，还可设有电梯、自动扶梯，起着疏散人流和装点环境的作用。因而楼梯应具有使用方便，结构可靠、安全防火、造型美观等特点。

第一节 楼梯的组成及形式

微课

楼梯组成

一、楼梯的组成

楼梯主要由梯段、平台和栏杆扶手三部分组成，如图 10-1 所示。梯段是两个平台之间由若干连续踏步组成的倾斜构件，每个梯段的踏步数量一般不应超过 18 级，也不应少于 3 级。

平台包括楼层平台和中间平台两部分。连接楼板层与梯段端部的水平构件称为楼层平台，位于两层楼（地）面之间连接梯段的水平构件称为中间平台。

栏杆是布置在楼梯梯段和平台边缘处有一定刚度和安全度的围护构件。扶手附设于栏杆顶部供依扶用。

二、楼梯的形式

按楼层间梯段的数量和形式不同，楼梯有多种形式，如图 10-2 所示。

（1）单跑楼梯。一般用于层高较小的建筑，中间不设休息平台，只有一个楼梯段，所占楼间宽度较小，长度较大。

（2）双跑平行式楼梯。这是在一般建筑物中采用最为广泛的一种楼梯形式。由于双跑楼梯第二跑梯段折回，所以占用房间长度较小，楼梯间与普通房间平面尺寸大致相近，便于平面设计时进行楼梯布置。双分式、双合式楼梯相当于两个双跑楼梯并在一起，常用作公共建筑的主要楼梯。

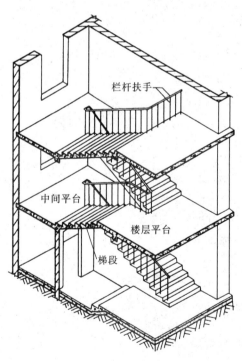

图 10-1 楼梯的组成

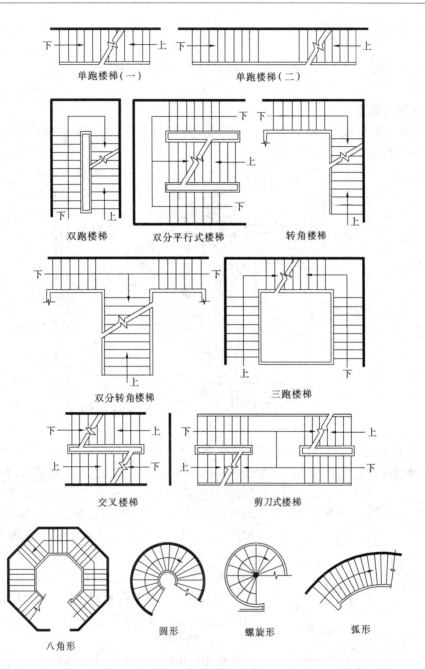

图 10-2　楼梯的形式

（3）三、四跑楼梯。常用于楼梯间平面接近方形的公共建筑，由于梯井较大，不宜用于住宅、小学校等儿童经常上下楼梯的建筑，否则应有可靠的安全措施。

（4）螺旋楼梯。楼梯踏步围绕一根中央立柱布置，每个踏步面为扇形，另外还有圆形、弧形等曲线形楼梯形式，它们造型独特、美观，但由于行走不便一般采用较少，有时公共建筑为丰富建筑空间采用这种形式的楼梯。

（5）剪刀式楼梯。四个梯段用一个中间平台相连，占用面积较大，行走方便，多用于人流较多的公共建筑。

第二节　楼梯的主要尺度

一、楼梯的坡度

楼梯的坡度是指梯段中各级踏步前缘的假定连线与水平面形成的夹角，或以夹角的正切表示踏步的高宽比，如图 10-3 所示。

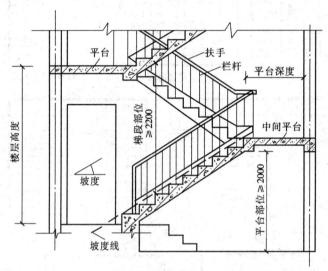

图 10-3　楼梯间剖面

楼梯坡度不宜过大或过小，坡度过大，行走易疲劳，坡度过小，楼梯占用空间大。楼梯的坡度范围常为 23°～45°，适宜的坡度为 30°左右。坡度过小时，可做成坡道，坡度过大时可做成爬梯，如图 10-4 所示。公共建筑的楼梯坡度较平缓，常用 26°34′（正切为 1/2）左右。住宅中的共用楼梯坡度可稍陡些，常用 33°42′（正切为 1/1.5）左右。

楼梯坡度一般不宜超过 38°，供少量人流通行的内部交通楼梯，坡度可适当加大。

二、踏步尺寸

踏步是由踏步面和踏步踢板组成。踏步尺寸包括踏步宽度和踏步高度，如图 10-5 所示。

踏步高度不宜大于 210mm，并不宜小于 140mm，各级踏步高度均应相同，一般常用 140～180mm。

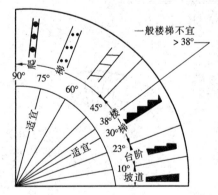

图 10-4　楼梯、爬梯及坡道的坡度

踏步宽度应与成人的脚长相适应，一般不宜小于 260mm，常用 260～320mm。计算踏步尺寸常用的经验公式为

$$2h+b=600\text{mm}$$

式中　h——踏步高度；

　　　b——踏步宽度；

600mm——人行走时的平均步距。

当受条件限制，供少量人流通行的内部交通楼梯，踏步宽度可适当减少，但也不宜小于220mm，或者也可采用突缘（出沿或尖角）加宽20mm。如图10-5（b）所示踏步宽度一般以1/5M为模数，如220、240、260、280、300、320mm等。

规范对各类建筑的楼梯踏步最小宽度和最大高度规定见表10-1。

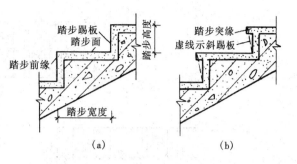

图 10-5 楼梯踏步

(a) 无突缘；(b) 有突缘

表 10-1   **楼梯踏步最小宽度和最大高度**   mm

楼 梯 类 别		最小宽度	最大高度
住宅楼梯	住宅公共楼梯	260	175
	住宅套内楼梯	220	200
宿舍楼梯	小学宿舍楼梯	260	150
	其他宿舍楼梯	270	165
老年人建筑楼梯	住宅建筑楼梯	300	150
	公共建筑楼梯	320	130
托儿所、幼儿园楼梯		260	130
小学校楼梯		260	150
人员密集且竖向交通繁忙的建筑和大、中学校楼梯		280	165
其他建筑楼梯		260	175
超高层建筑核心筒内楼梯		250	180
检修及内部服务楼梯		220	200

三、楼梯段宽度

楼梯段宽度指的是梯段边缘或墙面之间垂直于行走方向的水平距离，如图10-6所示。

梯段宽度是根据通行的人流量大小和安全疏散的要求决定的，供日常主要交通用的楼梯的梯段净宽应根据建筑物使用特征，一般按每股人流宽为 $0.55+（0\sim0.15）$ m 的人流股数确定，并不应少于两股人流。表10-2提供了楼梯梯段宽度与人流股数的关系。

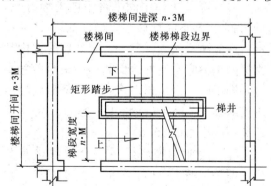

图 10-6 楼梯间平面

表 10-2   **楼梯梯段宽度**   mm

计算依据：每股人流宽度为550＋（0～150）		
类 别	梯段宽	备 注
单人通过	＞1000	满足单人携物通过
双人通过	1100～1400	
三人通过	1650～2100	

四、楼梯平台深度

楼梯平台是连接楼地面与梯段端部的水平部分，有中间平台和楼层平台，平台深度不应小于楼梯梯段的宽度。但直跑楼梯的中间平台深度以及通向走廊的开敞式楼梯楼层平台深度，可不受此限制，如图10-7所示。

当梯段改变方向时，平台扶手处的最小宽度不应小于梯段净宽，并不得小于1.20m，当平台上设暖气片或消防栓时，应扣除它们所占的宽度。

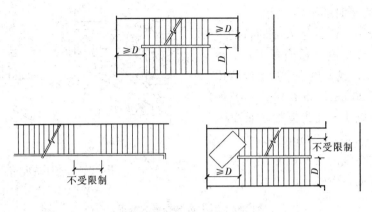

图 10-7 楼梯平台深度

五、栏杆扶手高度

楼梯栏杆扶手的高度是指从踏步前缘至扶手上表面的垂直距离。室内楼梯栏杆扶手的高度不宜小于 900mm，通常取 1000mm。凡阳台、外廊、室内回廊、内天井、上人屋面及室外楼梯等临空处设置的防护栏杆，栏杆扶手的高度不宜小于 1050mm。高层建筑的栏杆高度应再适当提高，但不宜超过 1200mm。对幼儿栏杆扶手的高度不宜大于 600mm。

六、楼梯的净空高度

楼梯的净空高度包括梯段部位的净高和平台部位的净高。梯段净高是指踏步前缘到顶棚（即顶部梯段底面）的垂直距离，梯段净高不应小于 2200mm。平台净高是指平台面（或楼地面）到顶部平台梁底面的垂直距离，平台净高不应小于 2000mm。楼梯梯段最低、最高踏步的前缘线与顶部凸出物的内边缘线的水平距离不应小于 300mm，如图 10-8 所示。

当楼梯底层中间平台下做通道时，为使平台净高满足要求，常采用以下几种处理方法：

（1）降低楼梯中间平台下的地面标高，即将部分室外台阶移至室内，如图 10-9 所示。但应注意两点：其一，降低后的室内地面标高至少应比室外地面高出一级台阶的高度，即 100～150mm；其二，移至室内的台阶前缘线与顶部平台梁的内边缘之间的水平距离不应小于 300mm。

（2）增加楼梯底层第一个梯段踏步数量，即抬高底层中间平台，如图 10-9（b）

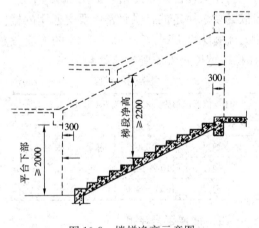

图 10-8 楼梯净高示意图

所示。

（3）将上述两种方法结合，即降低楼梯中间平台下的地面标高的同时，增加楼梯底层第一个梯段的踏步数量，如图 10-9（c）所示。

另外，也可考虑采用其他办法，如底层采用直跑楼梯等，如图 10-9（d）所示。

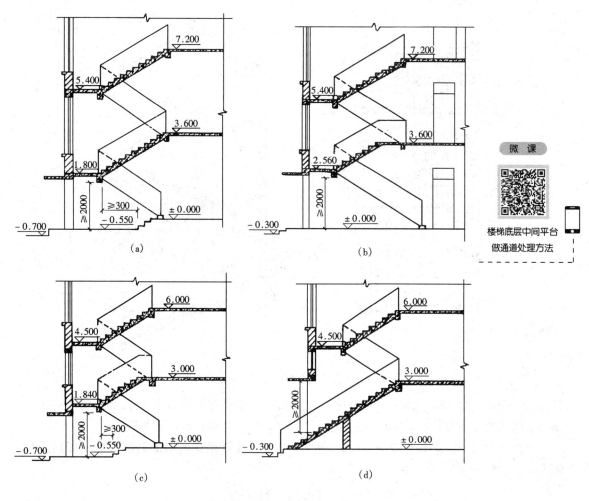

图 10-9　楼梯底层中间平台下做通道的几种处理方法

第三节　楼梯设计与实例分析

一、楼梯设计步骤和方法

（一）已知楼梯间开间、进深和层高，进行楼梯设计

1. 选择楼梯形式

根据已知的楼梯间尺寸，选择合适的楼梯形式。进深较大而开间较小时，可选用双跑平行楼梯，如图 10-10 所示；开间和进深均较大时，可选用双分式平行楼梯；进深不大且与开间尺寸接近时，可选用三跑楼梯。

2. 确定踏步尺寸和踏步数量

根据建筑物的性质和楼梯的使用要求，确定踏步尺寸，参见表 10-1。

通常公共建筑主要楼梯的踏步尺寸适宜范围为：踏步宽度 300mm、320mm，踏步高度 140～150mm；公共建筑次要楼梯的踏步尺寸适宜范围为：踏步宽度 280mm、300mm，踏步高度 150～170mm；住宅共用楼梯的踏步尺寸适宜范围为：踏步宽度 250mm、260mm、

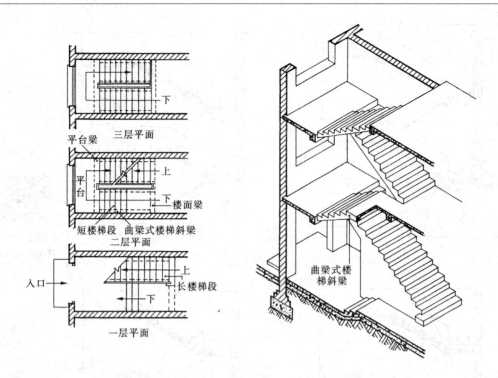

平台梁 三层平面

平台

短楼梯段 曲梁式楼梯斜梁 二层平面

楼面梁

入口→

长楼梯段 一层平面

曲梁式楼梯斜梁

图 10-10 钢筋混凝土楼梯的平、剖面内视图

280mm，踏步高度 160～180mm。设计时，可选定踏步宽度，由经验公式 $2h+b=600$mm（h 为踏步高度，b 为踏步宽度），可求得踏步高度，且各级踏步高度应相同。

根据楼梯间的层高和初步确定的楼梯踏步高度，计算楼梯各层的踏步数量，即踏步数量为

$$N=\frac{\text{层高}（H）}{\text{踏步高度}（h）}$$

若得出的踏步数量不是整数，可调整踏步高度 h 值，使踏步数量为整数。

3. 确定梯段宽度

根据楼梯间的开间、楼梯形式和楼梯的使用要求，确定梯段宽度。

如双跑平行楼梯梯段宽度为

$$\text{梯段宽度}（B）=\frac{\text{楼梯间净宽} - \text{梯井宽}}{2}$$

梯井宽度一般为 100～200mm，梯段宽度应采用 1M 或 1/2M 的整数倍数。

4. 确定各梯段的踏步数量

根据各层踏步数量、楼梯形式等，确定各梯段的踏步数量。

如双跑平行楼梯

$$\text{各梯段踏步数量}（n）=\frac{\text{各层踏步数量}（N）}{2}$$

各层踏步数量宜为偶数。若为奇数，每层的两个梯段的踏步数量相差一步。

5. 确定梯段长度和梯段高度

根据踏步尺寸和各梯段的踏步数量，计算梯段长度和高度，计算式为

$$梯段长度＝[该梯段踏步数量(n)-1]\times踏步宽度(b)$$

$$梯段高度＝该梯段踏步数量(n)\times踏步高度(h)$$

6. 确定平台深度

根据楼梯间的尺寸、梯段宽度等，确定平台深度。平台深度不应小于梯段宽度，对直接通向走廊的开敞式楼梯间而言，其楼层平台的深度不受此限制（参见图 10-7），但为了避免走廊与楼梯的人流相互干扰并便于使用，应留有一定的缓冲余地，此时，一般楼层平台深度至少为 500~600mm。

7. 确定底层楼梯中间平台下的地面标高和中间平台面标高

若底层中间平台下设通道，平台梁底面与地面之间的垂直距离应满足平台净高的要求，即不小于 2000mm。否则，应将地面标高降低，或同时抬高中间平台面标高。此时，底层楼梯各梯段的踏步数量、梯段长度和梯段高度需进行相应调整。

8. 校核

根据以上设计所得结果，计算出楼梯间的进深。

若计算结果比已知的楼梯间进深小，通常只需调整平台深度；当计算结果大于已知的楼梯间进深，而平台深度又无调整余地时，应调整踏步尺寸，按以上步骤重新计算，直到与已知的楼梯间尺寸一致为止。

9. 绘制楼梯间各层平面图和剖面图

楼梯平面图通常有底层平面图、标准层平面图和顶层平面图。

绘图时应注意以下几点：

（1）尺寸和标高的标注应整齐、完整。平面图中应主要标注楼梯间的开间和进深、梯段长度和平台深度、梯段宽度和梯井宽度等尺寸，以及室内外地面、楼层和中间平台面等标高。剖面图中应主要标注层高、梯段高度、室内外地面高差等尺寸，以及室内外地面、楼层和中间平台面等标高。

（2）楼梯平面图中应标注楼梯上行和下行指示线及踏步数量。上行和下行指示线是以各层楼面（或地面）标高为基准进行标注的，踏步数量应为上行或下行楼层踏步数。

（3）在剖面图中，若为平行楼梯，当底层的两个梯段做成不等长梯段时，第二个梯段的一端会出现错步，错步的位置宜安排在二层楼层平台处，不宜布置在底层中间平台处，如图 10-10 所示。

（二）已知建筑物层高和楼梯形式，进行楼梯设计，并确定楼梯间的开间和进深

（1）根据建筑物的性质和楼梯的使用要求，确定踏步尺寸；再根据初步确定的踏步尺寸和建筑物的层高，确定楼梯各层的踏步数量。设计方法同上。

（2）根据各层踏步数量、梯段形式等，确定各梯段的踏步数量。再根据各梯段踏步数量和踏步尺寸计算梯段长度和梯段高度。楼梯底层中间平台下设通道时，可能需要调整底层各梯段的踏步数量、梯段长度和梯段高度，以使平台净高满足 2000mm 要求。设计方法同上。

（3）根据楼梯的使用性质、人流量的大小及防火要求，确定梯段宽度。通常住宅的共用楼梯梯段净宽不应小于 1100mm，不超过六层时，可不小于 1000mm。公共建筑的次要楼梯

梯段净宽不应小于1100mm，主要楼梯梯段净宽一般不宜小于1650mm。

（4）根据梯段宽度和楼梯间的形式等，确定平台深度。设计方法同上。

（5）根据以上设计所得结果，确定楼梯间的开间和进深。开间和进深应以3M为模数。

（6）绘制楼梯各层平面图和楼梯剖面图。

二、楼梯设计实例分析

【例10-1】 如图10-11所示，某内廊式综合楼的层高为3.60m，楼梯间的开间为3.30m，进深为6m，室内外地面高差为450mm，墙厚为240mm，轴线居中，试设计该楼梯。

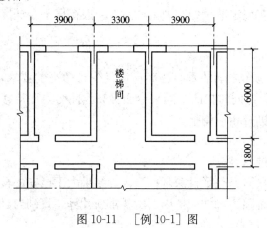

图10-11　［例10-1］图

解 （1）选择楼梯形式。

对于开间为3.30m，进深为6m的楼梯间，适合选用双跑平行楼梯。

（2）确定踏步尺寸和踏步数量。

作为公共建筑的楼梯，初步选取踏步宽度 $b=300$mm。

由经验公式 $2h+b=600$（mm）求得踏步高度 $h=150$mm，初步取 $h=150$mm。

各层踏步数量 $N=\dfrac{\text{层高}H}{h}=\dfrac{3600}{150}=24$（级）

（3）确定梯段宽度。取梯井宽为160mm，楼梯间净宽为 $3300-2\times120=3060$（mm），则梯段宽度为

$$B=\frac{3060-160}{2}=1450\text{（mm）}$$

（4）确定各梯段的踏步数量。各层两梯段采用等跑，则各层两个梯段踏步数量为

$$n_1=n_2=\frac{N}{2}=\frac{24}{2}=12\text{（级）}$$

（5）确定梯段长度和梯段高度。

梯段长度　　　　　$L_1=L_2=(n-1)b=(12-1)\times300=3300$(mm)

梯段高度　　　　　$H_1=H_2=n\cdot h=12\times150=1800$(mm)

（6）确定平台深度。中间平台深度 B_1 不小于1450mm（梯段宽度），取1600mm，楼梯平台深度 B_2 暂取600mm。

（7）校核

　　　$L_1+B_1+B_2+120=3300+1600+600+120=5620$（mm）$<6000$mm（进深）

将楼层平台深度加大至 $600+(6000-5620)=1080$（mm）。

由于层高较大，楼梯底层中间平台下的空间可有效利用，作为储藏空间。为增加净高，可降低平台下的地面标高至 $\underset{\triangledown}{-0.300}$。根据以上设计结果，绘制楼梯各层平面图和楼梯剖面图，见图10-12（此图按三层综合楼绘制。设计时，按实际层数绘图）。

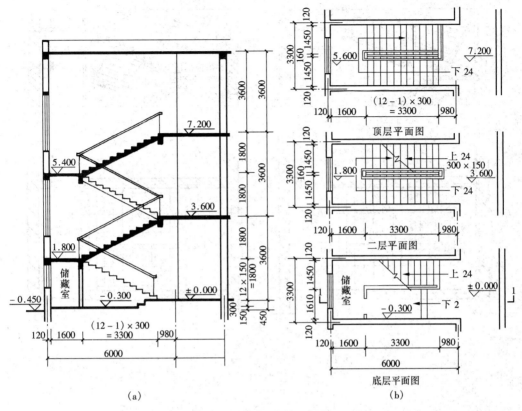

图 10-12 楼梯平面图和剖面图

(a) 1—1 剖面图；(b) 平面图

第四节 钢筋混凝土楼梯构造

钢筋混凝土楼梯按施工方法不同有现浇整体式和预制装配式两种类型。现浇钢筋混凝土楼梯由于整体性好、刚度大、抗震性能好等特点，目前应用最为广泛。

一、现浇钢筋混凝土楼梯

现浇钢筋混凝土楼梯按梯段的结构形式不同，有板式楼梯和梁式楼梯两种，如图10-13所示。

1. 板式楼梯

板式楼梯通常由梯段板、平台梁和平台板组成，梯段板承受梯段的全部荷载，并且传给两端的平台梁，再由平台梁将荷载传到墙上。平台梁之间的距离即为板的跨度。另外也可不设平台梁，将平台板和梯段板连在一起，荷载直接传给墙体。

板式楼梯底面光洁平整，外形美观，便于支模施工。但是当梯段跨度较大时，梯段板较厚，混凝土和钢筋用量也随之增加，因此板式楼梯在梯段跨度不大（一般在 3m 以下）时采用。

2. 梁式楼梯

梁式楼梯由梯段板、梯段斜梁、平台板和平台梁组成。梯段荷载由梯段板传给梯梁，梯

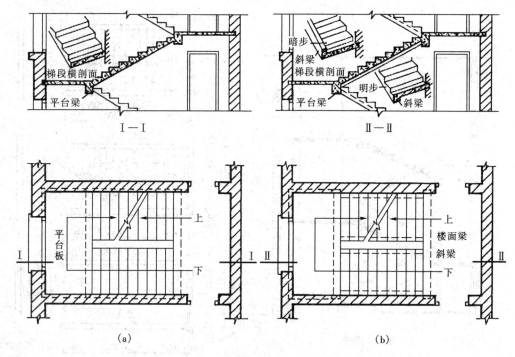

图 10-13　现浇钢筋混凝土楼梯构造

(a) 板式；(b) 梁式

梁两端搭在平台梁上，再由平台梁将荷载传给墙体。

梯段板靠墙一边可以搭在墙上，省去一根梯梁，以节省材料和模板，但施工不便。另一种做法是在梯段板两边设两根梯梁。梯梁在梯段板下，踏步外露，称为明步；梯梁在梯段板之上，踏步包在里面，称为暗步。

梁式楼梯传力路线明确，受力合理。当楼梯的跨度较大或荷载较大时，采用梁式楼梯较经济。

二、预制装配式钢筋混凝土楼梯

装配式钢筋混凝土楼梯根据生产、运输、吊装和建筑体系的不同，有许多不同的构造形式，由于构件尺度的不同，大致可分为小型构件装配式、中型构件装配式和大型构件装配式三大类。

（一）小型构件装配式楼梯

小型构件装配式楼梯的主要预制构件是踏步和平台板。

1. 预制踏步

预制踏步的断面形式有三角形、L形和一字形等。三角形踏步有实心和空心两种。L形踏步可将踢板朝上搁置，称为正置；也可将踢板朝下搁置，称为倒置。一字形踢步只有踏板没有踢板，拼装后漏空、轻巧，也可用砖补砌踢板。

2. 预制踏步的支承方式

预制踏步的支承方式主要有梁承式、墙承式和悬挑式三种。

（1）梁承式。梁承式指预制踏步支承在梯梁上，而梯梁支承在平台梁上。预制踏步梁承式楼梯，在构造设计中应注意两个方面：一方面是踏步在梯梁上的搁置构造；另一方面是梯梁在平台梁上的搁置构造。

踏步在梯梁上的搁置构造，主要涉及踏步和梯梁的形式。三角形踏步应搁置在矩形梯梁上，楼梯为暗步时，可采用 L 形梯梁。L 形和一字形踢步应搁置在锯齿形梯梁上。

梯梁在平台梁上的搁置构造与平台处上下行梯段的踏步相对位置有关。平台处上下行梯段的踏步相对位置一般有三种：一是上下行梯段同步，搁置构造见图10-14（a）；二是上下行梯段错开一步，搁置构造见图 10-14（b）；三是上下行梯段错开多步，搁置构造见图 10-14（c）。平台梁可采用等截面的 L 形梁，也可采用两端带缺口的矩形梁，如图 10-15 所示。

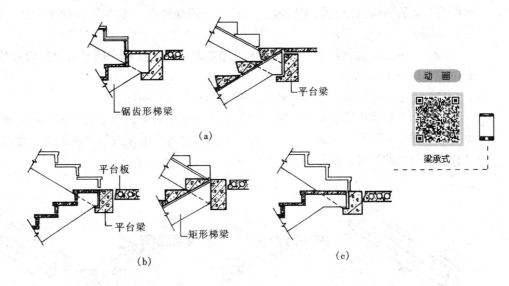

动画

梁承式

图 10-14 梯梁在平台梁上的搁置构造
（a）上下行梯段同步；（b）上下行梯段错一步；（c）上下行梯段错多步

（2）墙承式。墙承式预制踏步的两端支承在墙上。预制踏步墙承式楼梯不需要设梯梁和平台梁，预制构件只有踏步和平台板，踏步可采用 L 形或一字形。对于双跑平行楼梯，应在楼梯间中部设墙。

（3）悬挑式。悬挑式预制踏步的一端固定在墙上，另一端悬挑。楼梯间两侧墙体的厚度不应小于 240mm，悬挑长度一般不超过 1500mm，预制踏步可采用 L 形或一字形。

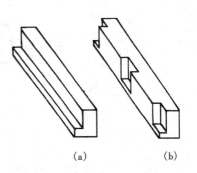

3. 预制平台板

常用预制钢筋混凝土空心板、实心平板或槽形板，板通常支承在楼梯间的横墙上，对于梁承式楼梯，板也可支承在平台梁和楼梯间的纵墙上。

图 10-15 平台梁
（a）等截面 L 形平台梁；（b）带缺口矩形平台梁

（二）中型构件装配式楼梯

中型构件装配式楼梯的主要预制构件是梯段、平台板和平台梁。

1. 预制梯段

预制梯段有板式梯段和梁式梯段两种类型。板式梯段分实心和空心两种；梁式梯段一般采用暗步，称为槽板式梯段，有实心、空心和折板形三种。

2. 预制平台板和平台梁

通常将平台板和平台梁组合在一起预制成一个构件，形成带梁的平台板，也可将平台梁和平台板分开预制。

3. 梯段的搁置

梯段在平台梁上的搁置构造做法一般有以下几种：

（1）上下行梯段同步时，采用埋步做法。平台梁可采用等截面的 L 形梁，为便于安装，L 形平台梁的翼缘顶面宜做成斜面。梯段上下两端各有一步与平台标高一致，即埋入平台内，如图 10-16（a）所示。

（2）上下行梯段同步时，也可采用不埋步做法。这种做法的平台梁应设计成变截面梁，如图 10-16（b）所示。

（3）上下行梯段错开一步的做法，如图 10-16（c）所示。

（4）上下行梯段错多步的做法。楼梯底层中间平台下做通道时，常将两个梯段做成不等跑的，这样，二层楼层平台处上下行梯段的踏步就有可能形成较多的错步。此时，踏步较少的梯段应做成曲折形，如图 10-16（d）所示。

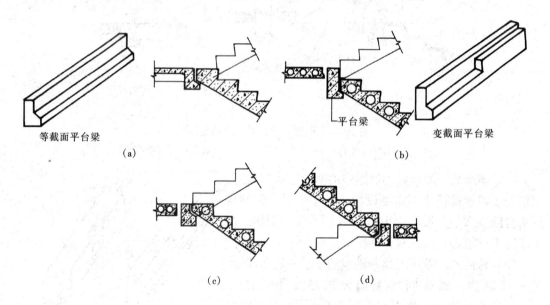

图 10-16　梯段在平台梁上的搁置构造

（a）上下行梯段同步（埋步做法）；（b）上下行梯段同步（不埋步做法）；

（c）上下行梯段错一步；（d）上下行梯段错多步

大型构件装配式楼梯

楼梯第一跑梯段的下端应设基础或基础梁，以支承梯段。

（三）大型构件装配式楼梯

这种装配式楼梯是将整个梯段和平台组合在一起预制成一个构件，有板式和梁式两种类型。

三、楼梯细部构造

（一）踏步表面处理

1. 踏步面层构造

踏步面层的构造做法与楼地面相同，可整体现抹，也可用块材铺贴。面层材料应根据建筑装修标准选择，标准较高时，可用大理石板或预制彩色水磨石板铺贴；一般标准时可做普通水磨石面层；标准较低时，可做水泥砂浆面层。缸砖面层一般用于较高标准的室外楼梯面层。

2. 踏步突缘构造

当踏步宽度取值较小时，前缘可挑出形成突缘，以增加踏步的实际使用宽度，踏步突缘的构造做法与踏步面层做法有关。整体现抹的地面，可直接抹成突缘，突缘宽度一般为20～40mm，如图10-17所示。

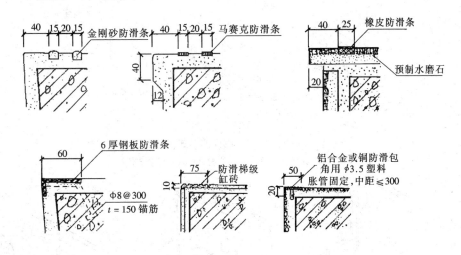

图 10-17　踏步面层、突缘和防滑构造

3. 踏面防滑处理

防滑处理的方法通常有两种：一种是设防滑条，可采用金刚砂、橡胶、塑料、马赛克和金属等材料，其位置应设在距踏步前缘40～50mm处，踏步两端接近栏杆或墙处可不设防滑条，防滑条长度一般按踏步长度每边减去150mm。另一种是设防滑包口，即用带槽的金属等材料将踏步前缘包住，既防滑又起保护作用。踏步面层、突缘和防滑构造见图10-17。

（二）栏杆和扶手构造

1. 栏杆的形式和材料

栏杆形式通常有空花栏杆、栏板式栏杆和组合式栏杆三种，如图10-18所示。栏杆一般采用金属材料制成，如圆钢、方钢、扁钢和钢管等。

栏板楼梯构造简单，效果简洁舒展。栏板材料可采用钢筋混凝土、木材、砖、钢丝网水泥板、胶合板、各种塑料贴面复合板、玻璃、玻璃钢、轻合金板材等。不同材料质感不同，各有特色，可因地制宜加以选择。栏杆构造如图10-19所示。

2. 扶手的材料和断面形式

扶手常用硬木、塑料和金属材料制作。硬木扶手和塑料扶手目前应用较广泛；金属扶手，如钢管扶手、铝合金扶手一般用于装修标准较高时。扶手断面形式很多，可根据扶手材

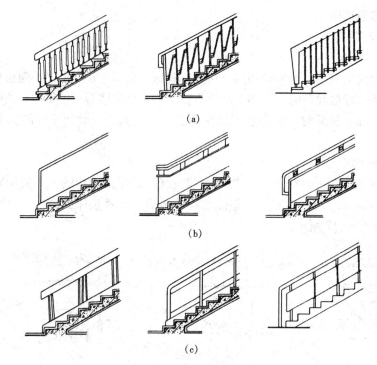

图 10-18　栏杆的形式

(a) 空花式栏杆；(b) 栏板式栏杆；(c) 组合式栏杆

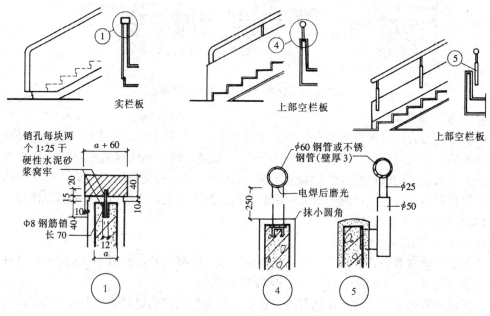

图 10-19　栏板构造

料、功能和外观需要选择。为便于手握抓牢，扶手顶面宽度宜为 60～80mm。图 10-20 所示为扶手断面形式、尺寸以及与栏杆的连接构造。

3. 栏杆和扶手的节点构造

(1) 栏杆与梯段的连接。基本的连接方法有三种：焊接法、锚固法和栓接法，其中焊接

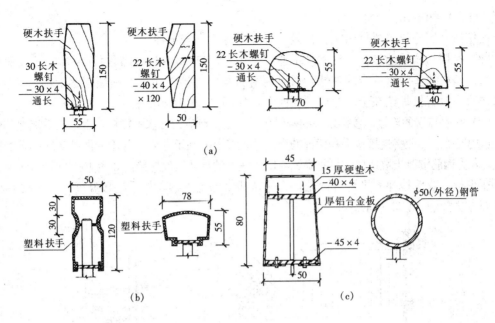

图 10-20　扶手断面形式和尺寸以及与栏杆的连接构造

(a) 硬木扶手；(b) 塑料扶手；(c) 金属扶手

法和锚固法应用较广泛。

焊接法是在梯段中预埋钢板或套管，将栏杆的立杆与预埋铁件焊接在一起，如图 10-21 所示。

锚固法是在梯段中预留孔洞，将端部制成开脚插入预留孔洞内，用水泥砂浆、细石混凝土或快凝水泥、环氧树脂等材料灌实。预留孔洞的深度一般不小于 60～75mm，距离梯段边

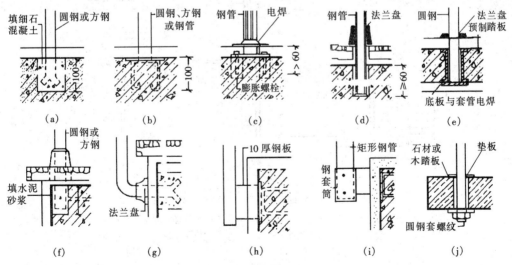

图 10-21　栏杆与梯段的连接构造

(a) 埋入预留孔洞；(b) 与预埋钢板焊接；(c) 立杆焊在底板上用膨胀螺栓锚固底板；
(d) 立杆套螺纹与预埋套管螺纹拧固；(e) 立杆插入套管电焊；(f) 侧面留凹口焊接；
(g) 立杆埋入踏板侧面预留孔内；(h) 立杆焊在踏板侧面钢板上；(i) 立杆插入钢套筒
内螺钉拧固；(j) 立杆穿过预留孔螺母拧固

缘不小于 50～70mm。

栓接法是用螺栓将栏杆固定在梯段上，固定方式有若干种。

（2）栏杆与扶手的连接。硬木扶手通常是用木螺钉将焊接在金属栏杆顶端的通长扁钢拧在一起；塑料扶手带有一定的弹性，通过预留的卡口直接卡在栏杆顶端焊接的通长扁钢上；金属扶手一般直接焊接在金属栏杆的顶面上，如图 10-20 所示。

（3）扶手与墙的连接。楼梯顶层的楼层平台临空一侧应设置水平栏杆扶手，扶手端部与墙应有可靠的连接。一般将连接扶手和栏杆的扁钢插入墙上的预留孔内，并用水泥砂浆或细石混凝土填实。若为钢筋混凝土墙或柱，可将扁钢与墙或柱上的预埋铁件焊接，如图 10-22 所示。

在平行式双跑楼梯的平台转弯处，为保持适宜的上下梯段扶手连接高度，其主要几种构造处理方法如图 10-23 所示。

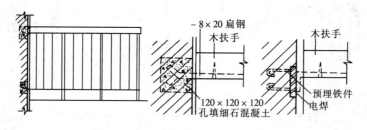

图 10-22　栏杆扶手的转弯处理

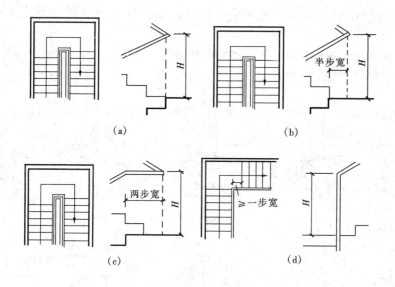

图 10-23　栏杆转弯保持扶手适宜高度的处理
（a）上行梯级后退一步栏杆与下行梯级平；（b）上行下行梯级取平栏杆伸出梯级半步；（c）下行梯级前推一步栏杆伸出梯级一步；（d）转角梯上行梯级前推一步

第五节　电梯和自动扶梯

在多层和高层建筑以及某些工厂、医院中，为了上下运行的方便、快速和实际需要，常设有电梯。电梯按用途可分为乘客电梯、载货电梯、专用电梯和观光电梯。电梯设备主要有轿厢、平衡重和起重设备等，如图 10-24 所示。

电梯间包括电梯井道、机房和地坑等。电梯井道是供电梯轿厢和平衡重运行的通道，电梯井道停靠底层以下也需留有空间，一般需设有不低于 1～4m 的地坑。电梯机房是安放电梯起重设备的空间。

一、电梯井道

1. 井道的防火和通风

电梯井道四周的井道壁应选用坚固耐火的材料，一般多为钢筋混凝土井壁，也可用砖砌井壁，但应采取加固措施。

井道壁在每层楼面处应开设电梯门洞，井道顶部、底部或中间应设排烟孔和通风孔，除此之外，井道壁上不应开设其他洞口。

2. 井道底坑

井道底坑是指电梯底层端站地面以下的部分。坑底一般采用混凝土垫层，并安装缓冲器，垫层厚度按缓冲器反力确定。坑底和坑壁应做防潮或防水处理。

3. 井道细部构造

电梯井道的细部构造主要有以下部分：

（1）电梯厅门门套构造。电梯厅门是电梯各层的出入口，一般采用双扇推拉门，安装在井道壁内侧。电梯厅门的洞口周围应做门套，装修标准较高时，可用大理石贴面，也可采用木门套或金属门套。标准较低时可用水泥砂浆抹面。门套上方应预留安装指示灯的孔洞位置，如图 10-25 所示。

（2）电梯厅门牛腿构造。电梯厅的牛脚

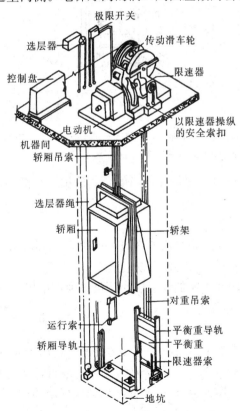

图 10-24 电梯的构成

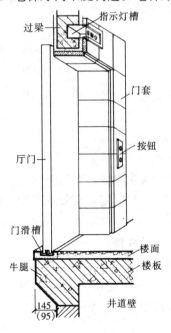

图 10-25 门套构造

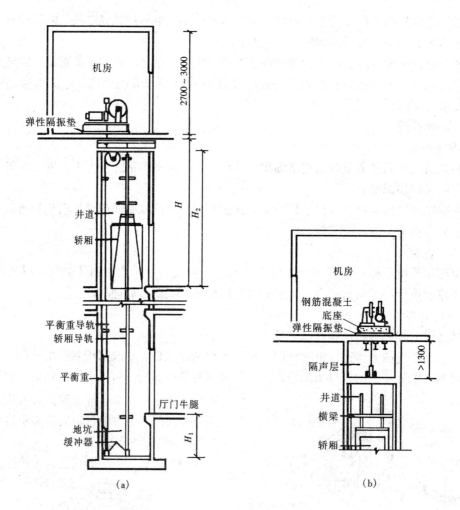

图 10-26　电梯机房隔振隔声处理
(a) 无隔声层（垂直电梯门剖面）；(b) 有隔声层（平行电梯门剖面）

采用钢筋混凝土牛腿，挑向井道壁内侧，牛腿上面用来安装推拉门的金属滑槽，如图 10-25 所示。

二、电梯机房

电梯机房通常设置在井道上部，机房平面应大于井道平面，净高一般为 2.2～2.8m。

机房的围护结构应保温隔热，室内应有良好的通风、防潮和防尘。

机房与井道之间应采取隔声和隔振措施，一般在机房的设备底座下设置弹性垫层，必要时增设隔声层，高度不小于 1500mm，如图 10-26 所示。

三、自动扶梯

自动扶梯是用电动机械牵动活动踏步和扶手带上下运行的垂直交通设施，适用于大量人流上、下的公共场所，如车站、商场等。一般自动扶梯均可正、逆两个方向运行，上行时，行人通过梳板步入运行的水平踏步上，扶手带与踏步逐渐转至 30°正常运行，如图 10-27 所示。

自动扶梯的布置形式有平行排列、交叉排列、连贯排列等方式。平面布置可单台设置或

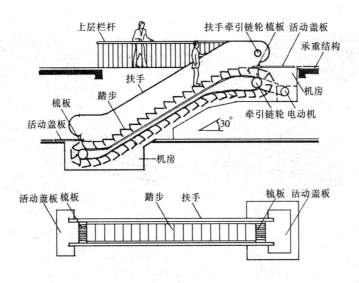

图 10-27　自动扶梯示意图

双台并列设置。自动扶梯的坡度较缓常用 30°，宽度一般为 600mm 或 1000mm，运行速度为
0.5m/s。自动扶梯是电动机械牵动梯级踏步，连扶手带上下运行。机房在楼板下面，该部
分楼板须制成活动的，楼层下做装饰外壳处理，底层做地坑。

第六节　室外台阶和坡道

建筑物的出入口处室内外地面标高不同，为便于交通联系常做成坡道或台阶。

一、室外台阶

1. 室外台阶的组成和布置

室外台阶由踏步和平台两部分组成。

室外台阶踏步的高宽比一般为 1：2～1：4。踏步宽
度不宜小于 300mm，常用 300～400mm。踏步高度不宜
大于 150mm。平台深度一般不小于 1000mm，平台面宜
比室内地面低 20～60mm，并向外找坡 1％～4％。台阶
的长度一般大于门的宽度，端部收头有多种形式。在人
流密集场所，当台阶高度超过 1mm 时，应设有护栏
设施。

室外台阶的布置形式主要有三种：三面踏步式、单
面踏步式、踏步坡道结合式，如图 10-28 所示。

2. 室外台阶构造

室外台阶按材料不同，有混凝土台阶、石台阶和钢
筋混凝土台阶等。混凝土台阶由面层、混凝土结构层、
垫层和基层组成，是目前应用较普遍的一种做法，如图 10-29 所示。

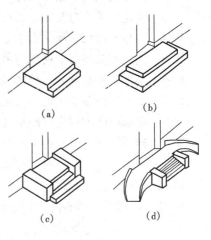

图 10-28　台阶布置形式

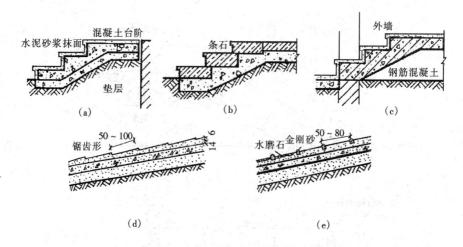

图 10-29　台阶、坡道构造类型

(a) 混凝土台阶；(b) 天然石台阶；(c) 钢筋混凝土室内台阶；
(d) 锯齿形混凝土坡道；(e) 带防滑条混凝土坡道

二、坡道

在建筑物的出入口处为便于车辆出入，常做成坡道。坡道的坡度范围一般在 1∶6～1∶12左右，室内坡道坡度不宜大于 1∶8，室外不宜大于 1∶10。供残疾人使用的坡道坡度不应大于 1∶12。

坡道材料一般选用抗冻性好和表面结实的材料，如混凝土、天然石材等，面层光洁或坡度较大时应做好表面防滑处理，如图 10-29 所示。

思　考　题

10-1　楼梯主要由哪些部分组成？常见的楼梯形式有哪些？

10-2　楼梯的坡度、踏步尺寸和梯段尺寸如何确定？

10-3　确定楼梯平台深度、栏杆扶手高度和楼梯净高时有何要求？

10-4　当楼梯底层中间平台下做通道而平台净高不满足要求时，常采取哪些办法解决？

10-5　现浇钢筋混凝土楼梯有哪几种结构形式？各有何特点？

10-6　小型构件装配式楼梯的预制踏步有哪几种断面形式和支承方式？

10-7　中型构件装配式楼梯的预制梯段和平台各有哪几种形式？

10-8　楼梯踏面如何进行防滑处理？

10-9　楼梯栏杆有哪几种形式？栏杆与梯段、扶手如何连接？

10-10　栏杆扶手在平行楼梯的转弯处如何处理？

10-11　室外台阶的组成、尺寸和构造做法各是什么？

10-12　电梯井道和机房的构造要点是什么？

第十一章

屋　顶

第一节　概　述

一、屋顶的功能和设计要求

屋顶是房屋最上层覆盖的外围护构件。它主要有两方面的作用：一是防御自然界的风、雨、雪、太阳辐射热和冬季低温等的影响，使屋顶覆盖下的空间有一个良好的使用环境，因此，屋顶在构造设计时应满足防水、保温、隔热、隔声、防火等要求；二是承受作用于屋顶上的风荷载、雪荷载和屋顶自重等，同时还起着对房屋上部的水平支撑作用，所以，要求屋顶在构造设计时，还应保证屋顶构件的强度、刚度和整体空间的稳定性。

二、屋顶的组成与形式

（一）屋顶的形式

屋顶的形式与建筑的使用功能、屋顶盖料、结构类型以及建筑造型要求等有关。由于这些因素不同，便形成了平屋顶、坡屋顶以及曲面屋顶、折板屋顶等多种形式，如图11-1所示。其中平屋顶和坡屋顶是目前应用最为广泛的形式。

1. 平屋顶

平屋顶通常是指屋面坡度不超过5％的屋顶，常用坡度为2％～3％。其主要优点是节约材料，构造简单，扩大建筑空间，屋顶上面可作为固定的活动场所，如做成露台、屋顶花园、屋顶养鱼池等。

2. 坡屋顶

坡屋顶一般由斜屋面组成，屋面坡度一般大于10％，在我国广大地区有着悠久的历史和传统，它造型丰富多彩，并能就地取材，被广泛应用。城市建筑中某些建筑为满足景观或建筑风格的要求也常采用坡屋顶。

3. 曲面屋顶

曲面屋顶是由各种薄壳结构、悬索结构以及网架结构等作为屋顶承重结构的屋顶，如双曲拱屋顶、扁壳屋顶、鞍形悬索屋顶等。这类结构受力合理，能充分发挥材料的力学性能，因而节约材料。但是，这类屋顶施工复杂，造价高，故常用于大跨度的大型公共建筑中。

（二）屋顶的组成

屋顶主要是由屋面、承重结构、保温隔热层和顶棚等部分组成，如图11-2所示。

屋顶面层暴露在大气中，直接承受自然界各种因素的长期作用。因此，屋面材料应具有良好的防水性能，同时也必须满足一定的强度要求。

屋顶的承重结构，承受屋面传来的各种荷载和屋顶自重，其形式一般有平面结构和空间

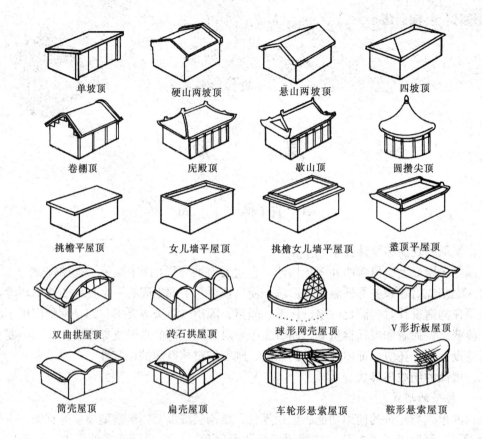

图 11-1 屋顶类型

结构。当建筑内部空间较小时，多采用平面结构，如屋架、梁板结构等。大型公共建筑（如体育馆、礼堂等）内部空间大，中间不允许设柱子支承屋顶，故常采用空间结构，如薄壳、网架、悬索、折板结构等。

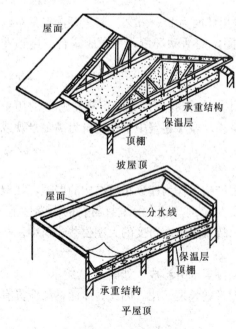

图 11-2 屋顶的组成

保温层是严寒和寒冷地区为防止冬季室内热量透过屋顶散失而设置的构造层。隔热层是炎热地区夏季隔绝太阳辐射热进入室内而设置的构造层。保温和隔热层应采用导热系数小的材料，其位置可设在顶棚与承重结构之间、承重结构与屋面防水层之间或屋面防水层上等。

顶棚是屋顶的底面。当承重结构采用梁板结构时，一般在梁、板的底面进行抹灰，形成直接抹灰顶棚。当承重结构采用屋架或室内顶棚要求较高（如不允许梁外露）时，可以从屋顶承重结构向下吊挂顶棚，形成吊顶棚。除此之外，也可以用格栅搁置在墙或柱上形成顶棚，与屋顶承重结构脱离。

三、屋顶的坡度

(一)屋顶坡度的表示方法

屋顶坡度的大小常用百分比表示，即以屋顶倾斜的垂直投影高度与其水平投影长度的百分比来表示，如 2%、5% 等，如图 11-3 所示。

(二)影响屋顶坡度的因素

屋顶坡度大小是由多方面因素决定的，它与屋面选用的材料、当地降雨量大小、屋顶结构形式、建筑造型要求以及经济条件等有关。

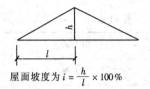

屋面坡度为 $i = \dfrac{h}{l} \times 100\%$

图 11-3 屋面坡度表示方法

1. 防水材料与坡度的关系

一般情况下，屋面覆盖材料面积越小，厚度越大，如瓦材，其拼接缝比较多，漏水的可能性就大，其坡度应大一些，以便迅速排除雨水，减少漏水的机会。反之，如果屋面覆盖材料的面积越大，如卷材，基本上是整体的防水层，拼缝少，故坡度可以小一些。不同的屋面防水材料应有各自的排水坡度范围，见表 11-1。

表 11-1　　　　　　　　　　　　屋 面 排 水 坡 度

屋面防水材料	屋面排水坡度（%）
卷材防水	2～5
平瓦	20～50
波形瓦	10～50
油毡瓦	≥20
压型钢板	10～35

2. 降雨量大小与坡度的关系

降雨量分为年降雨量和小时最大降雨量。降雨量大小对屋面防水有直接的影响，降雨量大，漏水的可能性大，屋面坡度应适当增加。我国气候多样，各地降雨量差异较大，南方地区年降雨量和每小时最大降雨量都高于北方地区，因此，即使采用同样的屋面防水材料，一般南方地区的屋面坡度都大于北方地区。

四、屋面防水的"导"与"堵"

屋面防水主要是依靠选用合理的屋面防水盖料和与之相适应的排水坡度，经过构造设计和精心的施工而达到的，"导"和"堵"是屋面防水既相互依赖又相互补充的。

导——按照屋面防水盖料的不同要求，设置合理的排水坡度，使得降于屋面的雨水，因势利导地排离屋面，以达到防水的目的。

堵——利用屋面防水盖料在上下左右的相互搭接，形成一个封闭的防水覆盖层，以达到防水的目的。

在屋面防水的构造设计中，"导"和"堵"总是相辅相成和相互关联的。由于各种防水盖料的特点和铺设的条件不同，处理方式也随之不同，如平瓦屋面和波形瓦屋面，瓦本身的密实性和瓦的搭接体现了"堵"的概念，而屋面的排水坡度体现了"导"的概念，一块一块面积不大的瓦，只依靠相互搭接，不可能防水，只有采取了合理的排水坡度，才达到屋面防水的目的，这种以"导"为主，以"堵"为辅的处理方式，是以"导"来补充"堵"的不足。而卷材防水屋面和刚性防水屋面等，是以大面积的覆盖来达到"堵"的要求，但是为了屋面雨水的迅速排除，还是需要有一定的排水坡度，也就是采取了以"堵"为主，以"导"为辅的处理方式。

五、屋面的防水等级

根据建筑物的类别、重要程度、使用功能要求，将屋面防水分为两个等级，见表11-2。

表 11-2   屋面防水等级和设防要求

防水等级	建筑类别	设防要求
Ⅰ级	重要建筑和高层建筑	二道防水设防
Ⅱ级	一般建筑	一道防水设防

第二节 平 屋 顶 构 造

一、排水设计

(一) 排水坡度的形成

为了迅速排除屋面雨水，保证水流畅通，首先是选择合适的屋面排水坡度，从排水角度考虑，要求排水坡度越大越好；但从结构、经济、施工以及上人活动等角度考虑，又要求坡度越小越好。一般常视屋面材料的表面粗糙程度和功能需要而定，常用坡度为 2%～3%，坡度的形成一般可通过两种方法来实现，即材料找坡和结构找坡。

1. 材料找坡

材料找坡亦称垫置坡度或填坡。是在水平搁置的屋面板上，采用价廉、质轻的材料，如炉渣加水泥或石灰等将屋面垫出坡度，上面再做防水层，如图 11-4 所示。垫置坡度不宜过大，一般为 2%，否则找坡层的平均厚度增加，使屋面荷载过大，从而导致屋顶造价增加。当屋面需做保温层时，也可不另设找坡层，利用保温材料本身做成不均匀厚度来形成一定的坡度。材料找坡可使室内获得水平的顶棚层，但增加了屋面自重。

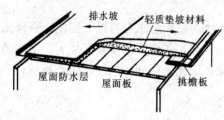

图 11-4 平屋顶垫置坡度

2. 结构找坡

结构找坡亦称搁置坡度或撑坡，它是将屋面板搁放在有一定倾斜度的梁或墙上，形成屋面的坡度。这种做法，顶棚是倾斜的，屋面板以上各种构造层厚度不发生变化，如图 11-5 所示。结构找坡不需另做找坡材料层，从而减少了屋顶荷载，施工简单，造价低，但顶棚是斜面，室内空间高度不相等，使用上不习惯，往往需设吊顶棚，所以，这种做法多用于较大的生产性建筑和有吊顶的公共建筑中。混凝土结构房宜采用结构找坡，坡度不应小于 3%。

(二) 排水方式的选择

平屋顶的排水坡度较小，要把屋面上的雨雪水尽快地排除，就要组织好屋顶的排水系统，选择合理的排水方式。

屋面的排水方式分为无组织排水和有组织排水两大类。

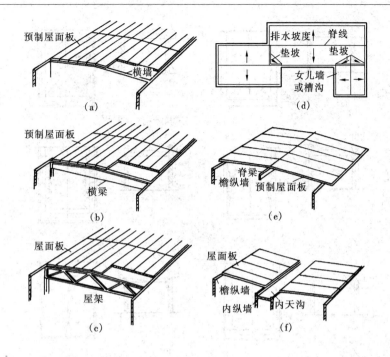

图 11-5　平屋顶搁置坡度

(a) 横墙搁屋面板；(b) 横梁搁屋面板；(c) 屋架搁屋面板；(d) 搁置
屋面的局部垫坡；(e) 纵梁纵墙搁置面板；(f) 内外纵墙搁置屋面板

1. 无组织排水

无组织排水又称自由落水，屋面伸出外墙，形成挑出的外檐，使屋面的雨水经外檐自由落下至地面，如图 11-6 (a) 所示。

无组织排水构造简单，造价较低，不易漏雨和堵塞，但当屋檐高度大的建筑或雨量大的地区采用无组织排水，落水时将沿檐口形成水帘，雨水四溅，危害墙身和环境，所以，无组织排水一般只适用于年降水量较小，房屋较矮以及次要的建筑中。

2. 有组织排水

当建筑物较高、年降水量较大或较为重要的建筑，应采用有组织排水方式。有组织排水是将屋面划分成若干排水区，按一定的排水坡度把屋面雨水有组织地排到檐沟或雨水口，通过雨水管排泄到散水或明沟中。

有组织排水又可分为外排水和内排水。一般情况下多用外排水方式，有檐沟外排水、女儿墙外排水、女儿墙檐沟外排水三种，如图 11-6 (b)、(c)、(d) 所示。但对于多跨房屋的中间跨、高层建筑、寒冷地区宜采用内排水，如图 11-6 (f)、(g)、(h) 所示。明装的水落管有损建筑立面，故一些重要的建筑物，水落管常采用暗装的方式，如图 11-6 (e) 所示。

(三) 屋面排水组织设计

屋面排水组织设计的主要任务是将屋面划分成若干排水区，分别将雨水引向雨水管，做到排水路线简捷、雨水口负荷均匀、排水顺畅、避免屋顶积水而引起渗漏。

1. 确定排水坡面的数目

一般情况下，平屋顶屋面宽度小于 12m 时，可采用单坡排水；宽度大于 12m 时，宜采用双坡排水，但临街建筑的临街面不宜设水落管时也可采用单坡排水。

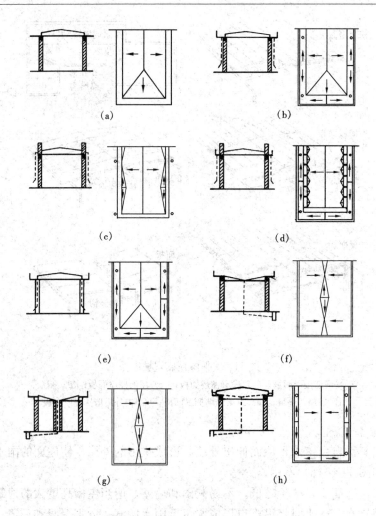

图 11-6 屋面排水方式

(a) 无组织排水；(b) 檐沟外排水；(c) 女儿墙外排水；(d) 檐沟女儿墙
外排水；(e) 外墙暗管排水；(f) 明管内排水；(g) 管道井暗管内排水；
(h) 吊顶水平暗管内排水

2. 划分排水区

划分排水区的目的是便于均匀布置落水管，一般在年降水量大于 900mm 的地区，每一直径为 100mm 的雨水管，可排集水面积 150m² 的雨水；年降水量小于 900mm 的地区，每一直径为 100mm 的雨水管可排集水面积 150～200m² 的雨水。

3. 天沟构造

天沟即屋面上的排水沟，位于檐口部位时又称檐沟。天沟的功能是汇集屋面雨水，使之迅速排离，故天沟应有适当的尺寸和合适的坡度，天沟的宽度不应小于 300mm，分水线处最小深度不应小于 100mm，天沟上口距分水线的距离不应小于 120mm，如图 11-7 所示。天沟纵向坡度应不小于 1%，沟底水落差不超过 200mm。

4. 水落管的设置

水落管的材料有铸铁、PVC 塑料、陶管、镀锌铁皮等，目前常用铸铁和 PVC 塑料

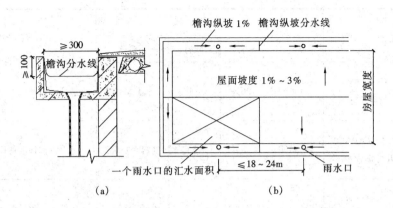

图 11-7　屋顶排水组织

(a) 挑檐沟断面；(b) 屋面平面图

管。水落管的直径不应小于 75mm，一般应大于 100mm，水落管距墙面不应小于 20mm，其排水口距散水坡的高度不应大于 200mm，水落管应用管箍与墙面固定，接头的承插长度不应小于 40mm。水落管的位置应在实墙处，其间距一般在 18m 以内，最大间距不宜超过 24m。

二、防水设计

(一) 卷材防水屋面

1. 卷材防水屋面的类型和适用范围

卷材防水屋面的卷材是以合成橡胶、树脂或高分子聚合物改性沥青等经不同工序加工而成的可卷曲的片状防水材料。卷材防水屋面是将防水卷材或片材用胶结料粘贴在屋面上，形成一个大面积的封闭防水覆盖层，又称柔性防水。这种防水层有一定的延伸性，有利于适应直接暴露在大气层的屋面和结构的温度变形。

目前防水卷材的品种有合成高分子防水卷材、高分子聚合物改性沥青防水卷材等，其性能见表 11-3。

表 11-3　　　　　　　　卷 材 分 类 及 性 能

材性分类		品　　　种	性　能　指　标				特　　　点
			强度	延伸	低温	不透水	
合成高分子卷材	硫化型	三元乙丙橡胶卷材	≥6MPa	≥400%	−30℃	≥0.3MPa ≥30min	强度高，延伸大，耐低温，耐老化
		氯化乙烯橡胶共混卷材	≥6MPa	≥400%	−30℃	≥0.3MPa ≥30min	强度高，延伸大，耐低温，耐老化
	树脂型	聚氯乙烯卷材	≥10MPa	≥200%	−20℃	≥0.3MPa ≥30min	强度高，延伸大，耐低温，耐老化
		自粘高分子卷材	≥6MPa	≥400%	−40℃	≥0.3MPa ≥30min	延伸大，耐低温好，施工简便

续表

材性分类	品　种	性　能　指　标				特　点
		强度	延伸	低温	不透水	
聚合物改性沥青卷材	SBS改性沥青卷材	≥450N	≥30%	−18℃	高温≥90℃	适合高温和低温地区，耐老化
	APP（APAO）改性沥青卷材	≥450N	≥30%	−5℃	高温≥110℃	适合高温地区使用
	改性沥青自粘卷材	≥450N	≥500%	−20℃	高温≥85℃	延伸大，耐低温，施工简便

2. 卷材防水屋面的构造层次和做法

卷材防水屋面的基本构造层次根据建筑的功能要求分为保温的和不保温的，上人的和不上人的（即屋顶上有无使用要求）。本节只介绍不保温的做法，有保温层的做法将在本章后面介绍，不保温的柔性防水屋面的构造层次有结构层、找坡层、找平层、结合层、防水层和保护层，如图11-8所示。

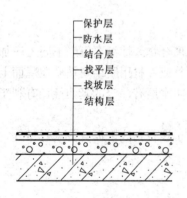

图11-8　卷材防水屋面构造层次

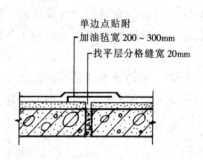

图11-9　找平层分格缝做法

（1）结构层。柔性防水屋面的结构层主要作用是承担屋顶全部荷载，通常为预制的或现浇的钢筋混凝土屋面板。当为预制式钢筋混凝土板时，应采用强度等级不小于C20的细石混凝土灌缝，当板缝宽度大于40mm时，缝内应设置构造钢筋。

（2）找坡层。找坡层只有材料找坡时才有，结构找坡时不设此层，找坡材料应选用轻质材料，通常是在结构层上铺1:（6~8）的水泥焦渣或水泥膨胀蛭石等。

（3）找平层。防水卷材应铺设在平整、干燥的平面上，因此，应在结构层上做找平层。找平层可选用水泥砂浆、细石混凝土，厚度和技术要求见表11-4。找平层宜设分格缝，缝宽宜为5~20mm，并嵌填密封材料。分格缝应留在板端缝处，其纵横缝的间距不宜大于6m，分格缝构造如图11-9所示。

（4）结合层。结合层的作用是使防水层与基层易于黏结。结合层所用材料应根据卷材防水层材料的不同来选择。如今卷材品种繁多，材性各异，应选用与铺贴的卷材相匹配的基层处理剂，使之黏结良好，不发生腐蚀等侵害。

表 11-4 找平层厚度和技术要求

类 别	适用的基层	厚度（mm）	技术要求
水泥砂浆	整体现浇混凝土板	15～20	1：2.5 水泥砂浆
	整体材料保温层	20～25	
细石混凝土	装配式混凝土板	30～35	C20 混凝土，宜加钢筋网片
	板状材料保温层		C20 混凝土

（5）防水层。

1）防水卷材的类型。

①沥青防水卷材是以原纸、纤维织物、纤维毡等胎体材料浸涂沥青，表面撒布粉状、粒状或片状材料制成可卷曲的片状防水材料，如玻纤布胎沥青防水卷材、铝箔面沥青防水材料、麻布胎沥青防水卷材等。

②高聚物改性沥青防水卷材是以合成高分子聚合物改性沥青为涂盖层，纤维织物或纤维毡为胎体、粉状、粒状、片状或薄膜材料为覆面材料制成的可卷曲的片状防水材料，如 SBS 弹性卷材、APP 塑性卷材等。

③合成高分子防水卷材是以合成橡胶、合成树脂或它们两者的共混体为基料，加入适量的化学助剂和填充料等，经不同工序加工而成可卷曲的片状防水材料，或把上述材料与合同纤维等复合形成两层或两层以上可卷曲的片状防水材料，如三元乙丙丁基橡胶防水卷材、氯化物乙烯防水卷材、聚氯乙烯防水卷材等。

2）防水卷材的铺贴。

由防水卷材和相应的卷材黏结剂分层黏结而成，层数或厚度由防水等级确定，具有单独防水能力的一个防水层次称为一道防水设防。

卷材铺设前基层必须干净、干燥，并涂刷与卷材配套使用的基层处理剂（结合层），以保护防水层与基层黏结牢固。

卷材的铺贴方法有：冷粘法、热熔法、焊接法、热粘法、自粘法等。卷材一般分层铺设，一般有垂直屋脊和平行屋脊两种做法。当屋面坡度小于 3％时，卷材平行于屋脊，由檐口向屋脊方向一层层地铺设；坡度大于 15％或受振动时，卷材宜垂直于屋脊，由屋脊向檐口方向铺贴；坡度在 3％～15％时，卷材可平行于屋脊方向也可垂直于屋脊方向铺贴。如图 11-10 所示。铺贴卷材应采用搭接方法，其搭接宽度依据卷材种类和铺贴方法确定，见表 11-5。

表 11-5　　　　　　　　　　　　**卷 材 搭 接 宽 度**　　　　　　　　　　　　mm

卷 材 类 别		搭 接 宽 度
合成高分子防水卷材	胶黏剂	80
	胶黏带	50
	单缝焊	60，有效焊接宽度不小于 25
	双缝焊	80，有效焊接宽度 10×2＋空腔宽
高聚物改型沥青防水卷材	胶黏剂	100
	自粘	80

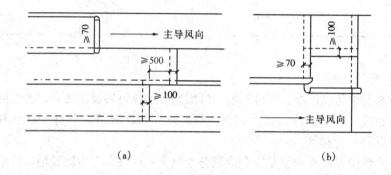

图 11-10　卷材铺贴方向与搭接尺寸
(a) 卷材平行屋脊铺贴；(b) 卷材垂直屋脊铺贴

　　卷材搭接缝用与卷材配套的专用黏结剂粘接，接缝处用密封材料封严，图 11-11 所示为三元乙丙橡胶卷材接缝构造。

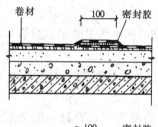

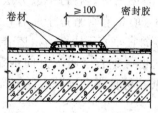

图 11-11　卷材接缝构造

　　(6) 保护层。保护层的作用是保护卷材防水层，因为防水层不但要起到防水的作用，而且还要抵御大自然的雨水冲刷、紫外线、臭氧、酸雨的损害，温差变化的影响以及使用时外力的损坏，这些都会对防水层造成损害，缩短防水层的使用寿命，使防水层提前老化或失去防水能力，保护层的构造做法应根据屋面的利用情况而定。

　　上人屋面的保护层起着双重作用，既是卷材的保护层，又是地面面层，要求平整耐磨。其构造做法有两种：一种是在防水层上浇筑 30～40mm 厚的细石混凝土面层，每 2m 左右留一分格缝，缝内用沥青胶嵌满；另一种是用 20mm 厚的水泥砂浆或干砂层铺设预制混凝土板或大阶砖、水泥花砖、缸砖等。

　　不上人屋面的保护层也有两种构造做法：一是绿豆砂保

护层,其做法是在最上面的沥青类卷材上涂沥青胶后,满粘一层 3～6mm 粒径的粗砂,俗称绿豆砂,砂子色浅,能够反射太阳辐射热,降低屋顶表面的温度,价格较低,并能防止对油毡碰撞引起的破坏,但其自重大,增加了屋顶的荷载;二是铝银粉涂料保护层,它是由铝银粉、清漆、熟桐油和汽油调配而成,将它直接涂刷在油毡表面,形成一层银白色类似金属面的光滑薄膜,不仅可降低屋顶表面温度 15℃以上,还有利于排水,且厚度较薄,自重较小,综合造价也不高,目前正逐步推广应用。

　　另外,还有架空保护层,用砖或砌块砌筑砖墩,上面用砂浆铺设预制混凝土板,板上勾缝或抹面。这种保护层效果好,但自重大,造价高,目前很少采用。

　　图 11-12 所示是卷材防水屋面的构造做法。

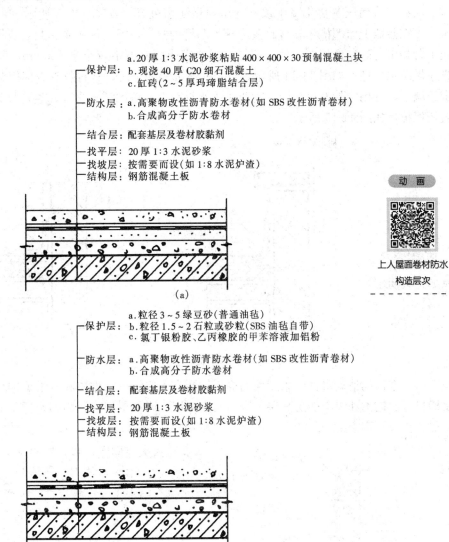

图 11-12　卷材防水屋面构造

(a) 上人屋面做法;(b) 不上人屋面做法

3. 卷材防水屋面的细部构造

（1）泛水构造。凡屋面防水层与垂直于屋面的凸出物交接处的防水处理称为泛水，如女儿墙、山墙、烟囱、变形缝等部位，均需做泛水处理，以免出现接缝处漏水。

具体做法：

1）屋面的卷材防水层继续铺至垂直面上，形成卷材泛水，泛水高度不得小于 250mm。泛水处防水层下应加设附加层，附加层在平面和立面的宽度均不应小于 250mm。

2）屋面与垂直面交接处应将卷材下的砂浆找平层抹成直径不小于 150mm 的圆弧形或 45°斜面，上刷卷材黏结剂使卷材铺贴牢实，以免卷材架空或折断。

3）做好泛水上口的卷材收头固定，防止卷材在垂直墙面上下滑。当女儿墙较低时，卷材收头可直接铺压在女儿墙压顶下，压顶做防水处理，如图 11-13 所示。当女儿墙是砖墙时，可在砖墙上留凹槽，卷材收头应压入凹槽内并用压条钉压固定密封，再用纤维防水砂浆或聚合物水泥砂浆保护密封处，凹槽距屋面完成面高度不应小于 250mm，凹槽上部的墙体亦应做防水处理，如图 11-14 所示。当女儿墙为混凝土时，卷材收头直接用金属压条钉压固定于墙上，并用密封材料封固，为防止雨水沿高女儿墙的泛水渗入，卷材收头上部应做金属盖板保护，如图 11-15 所示。

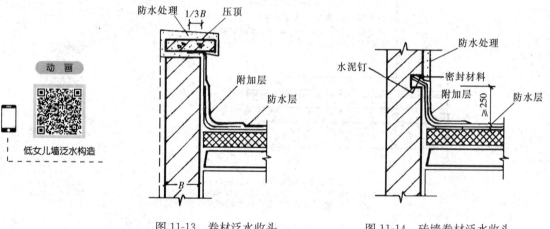

图 11-13　卷材泛水收头　　　　　图 11-14　砖墙卷材泛水收头

（2）檐口构造。柔性防水屋面的檐口构造有无组织排水檐口和有组织排水挑檐沟及女儿墙檐口等。檐沟和天沟的防水层下应增设附加层，附加层伸入屋面的宽度不应小于 250mm，卷材收头应固定密封，如图 11-16 所示。无组织排水檐口 800mm 范围内卷材应采取满黏法，卷材收头应固定密封，如图11-17 所示。

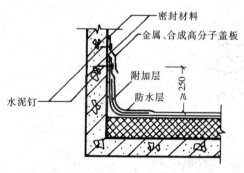

图 11-15　混凝土墙卷材泛水收头

（3）雨水口构造。雨水口是用来将屋面雨水排至雨水管而在檐口处或檐沟内开设的洞口。构造上要求排水通畅，不易堵塞和渗漏。雨水口通常为定型产品，分为直管式和弯管式两类，直管式适用于中间天沟、挑檐沟和女儿墙内排水天沟，弯管式适用于女儿墙外排水天沟。在雨水口的构造做法中，为防止雨水口周边漏水，应在其周围加铺一层卷材，并应贴入雨水口内

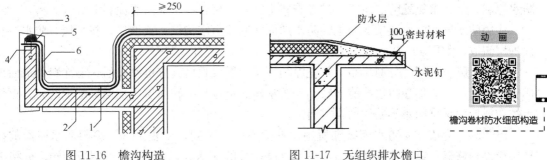

图 11-16　檐沟构造　　　　　　　　图 11-17　无组织排水檐口
1—防水层；2—附加层；3—密封材料；
4—水泥钉；5—金属压条；6—保护层

壁，如图 11-18 所示。直管式雨水口上面用定型铸铁罩或铅丝球盖住，用油膏嵌缝。弯管式
雨水口内侧安装铸铁箅子以防杂物流入造成堵塞。

（二）涂膜防水屋面

1. 涂膜防水的适用范围

涂膜防水屋面又称涂料防水屋面，是指用可塑性和黏结力较强的高分子防水涂料，直接
涂刷在屋面基层上形成一层不透水的薄膜层以达到防水目的的一种屋面做法。

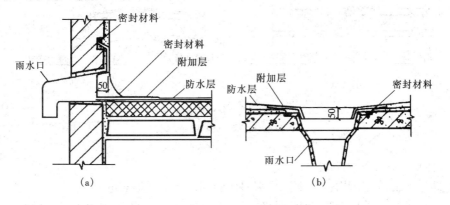

（a）　　　　　　　　　　　　　（b）

图 11-18　雨水口构造
（a）弯管雨水落口；（b）直管式雨水口

2. 涂膜防水的涂刷要求

防水涂料按其组成材料可分为聚合物水泥防水涂料、高聚物改性沥青防水涂料、合成高分子
防水涂料。

高聚物改性沥青防水涂料是以沥青为基料，用合
成高分子聚合物进行改性，配制而成的水乳型、溶剂
型或热熔型防水涂料。常用的品种有氯丁橡胶改性沥
青涂料、丁基橡胶改性沥青涂料、丁苯橡胶改性沥青
涂料、SBS 改性沥青涂料和 APP 改性沥青涂料等。

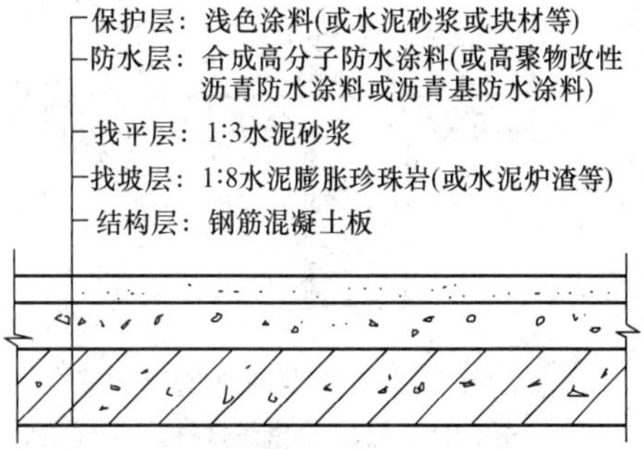

合成高分子防水涂料是以合成橡胶或合成树脂为
主要成膜物质配制而成的水乳型防水涂料，常用的
品种有丙烯酸防水涂料、EVA 防水涂料、聚氨酯

保护层：浅色涂料(或水泥砂浆或块材等)
防水层：合成高分子防水涂料(或高聚物改性
　　　　沥青防水涂料或沥青基防水涂料)
找平层：1:3水泥砂浆
找坡层：1:8水泥膨胀珍珠岩(或水泥炉渣等)
结构层：钢筋混凝土板

图 11-19　涂膜防水屋面的构造层次和做法

防水涂料、沥青聚氨酯防水涂料、硅橡胶防水涂料、聚合物水泥防水涂料等。

涂膜防水屋面的构造层次与柔性防水屋面相同，由结构层、找坡层、找平层、防水层和保护层组成，如图 11-19 所示。

防水涂膜应分层、分遍涂布，等先涂的涂层干燥成膜后，方可涂布后一遍涂料。最后形成一道防水层。为加强防水性能（特别是防水薄弱部位）可在涂层中加铺聚酯无纺布、化纤无纺布或玻璃纤维网布等胎体增强材料。

涂膜的厚度依屋面防水等级和所用涂料的不同而不同，见表 11-6。涂膜防水屋面的找平层应设分格缝，缝宽宜为 20mm，并应留设在板的支承处，其间距不宜大于 6m，分格缝应嵌填密封材料，如图 11-20 所示。

表 11-6 每道涂膜防水层的最小厚度 mm

屋面防水等级	合成高分子防水涂膜	聚合物水泥防水涂膜	高聚物改性沥青防水涂膜
Ⅰ	1.5	1.5	不应小于 2.0
Ⅱ	2.0	2.0	不应小于 3.0

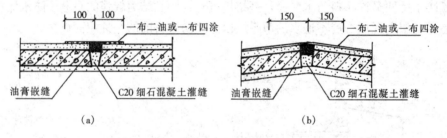

图 11-20 分格缝构造
（a）屋面分格缝；（b）屋脊分格缝

3. 涂膜防水屋面细部构造

涂膜防水屋面的细部构造与柔性防水屋面的细部构造做法类同。

（1）檐口处。檐口处涂膜防水材料的收头应用防水涂料多遍涂刷或用密封材料封严实，位于天沟、檐沟与屋面交接处的防水附加层宜空铺，空铺的宽度宜为 200～300mm。如图 11-21、图 11-22 所示。

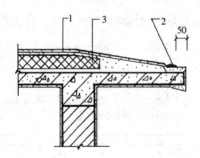

图 11-21 涂膜防水檐口构造
1—涂膜防水层；2—密封材料；3—保温层

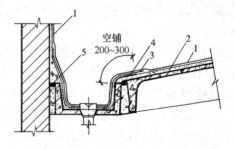

图 11-22 涂膜防水天沟、檐沟构造
1—涂膜防水层；2—找平层；3—有胎体增强
材料的附加层；4—空铺附加层；5—密封材料

（2）女儿墙处。位于女儿墙泛水处的涂膜防水层应直接涂刷至女儿墙的压顶下，收头处理也应用防水涂料涂刷多遍并封严，同样女儿墙的压顶本身也要做好防水处理，如图 11-23 所示。

三、平屋顶的保温与隔热

屋顶属于建筑的围护结构，不但有遮风避雨的功能，还应有保温与隔热的功能。

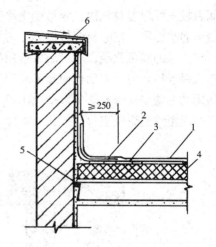

图 11-23　泛水构造

1—涂膜防水层；2—有胎体增强材料的附加层；3—找平层；4—保温层；5—密封材料；6—防水处理

（一）平屋顶的保温

屋面保温材料一般多选用空隙多、表观密度和导热系数小的材料。保温材料有散料（炉渣、矿渣、膨胀蛭石、膨胀珍珠岩等）、整体类（水泥炉渣、水泥膨胀蛭石、水泥膨胀珍珠岩及沥青膨胀蛭石和沥青膨胀珍珠岩等）和板块类（加气混凝土、泡沫混凝土、膨胀蛭石、水泥膨胀珍珠岩、泡沫塑料等块材或板材）。保温材料的选择应根据建筑物的使用性质、构造方案、材料来源经济指标等因素综合考虑来确定。

根据保温层在屋顶中的具体位置有正铺法和倒铺法两种。

正铺法是将保温层设在结构层之上、防水层之下而形成封闭式保温层的一种屋面做法，当采用正铺法做屋面保温层时，宜做找平层。倒铺法是将保温层设置在防水层之上，形成敞露式保温层的一种屋面做法，当采用倒铺屋面保温时，宜做保护层，保护层可采用混凝土等板材、水泥砂浆或卵石。卵石保护层与保温层之间应铺设纤维织物，板状保护层可干铺，也可用水泥砂浆铺砌，构造做法如图 11-24 所示。

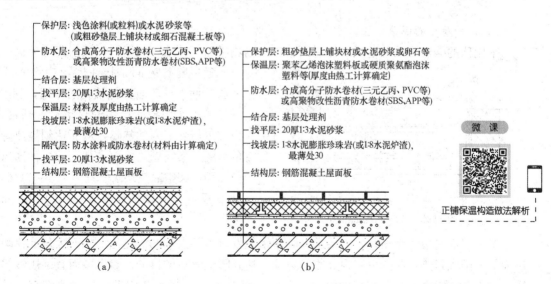

图 11-24　平屋顶的保温构造

（a）正铺法保温卷材屋面；（b）倒铺法保温卷材屋面

在冬季由于室内外温差较大，室内水蒸气将随热气流上升向屋顶内部渗透，聚集在吸湿能力较强的保温材料内，容易产生冷凝水，使保温材料受潮，从而降低保温效果。同时，冷凝水遇热膨胀，使卷材起鼓损坏，为了避免上述现象，必须在保温层下设置一道防止室内水蒸气渗透的隔蒸汽层。隔气层可选用防水卷材或防水涂料。隔气层一方面阻止了外界水蒸气渗入保温层，另一方面也使施工时残存在保温材料和找平层内水气无法散发出去，解决这个问题的办法是在保温层中设排气出口，排气出口应埋设排气管，排气管应设置在结构层上，穿过保温层的管壁应打排气孔，如图 11-25 所示。

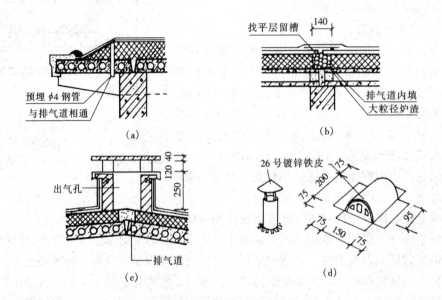

图 11-25　卷材屋面排气构造
(a) 排水管；(b) 排气道；(c) 排气孔；(d) 通风帽

（二）平屋顶的隔热

平屋顶的隔热可采用通风隔热屋面、蓄水隔热屋面、种植隔热屋面和反射降温屋面。

通风隔热屋面是指在屋顶中设置通风间层，使上层起着遮挡阳光的作用，利用风压和热压作用把间层中的热空气不断带走，以减少传到室内的热量，从而达到隔热降温的目的。架空隔热屋面是常用的一种通风隔热屋面，架空隔热层高度宜为 100~300mm，架空板与女儿墙的距离不宜小于 250mm，如图11-26所示。

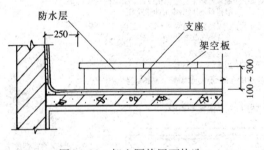

图 11-26　架空隔热屋面构造

蓄水屋面是指在屋顶蓄积一层水，利用水蒸发时需要大量的汽化热，从而大量消耗晒到屋面的太阳辐射热，以减少屋顶吸收的热能，达到降温隔热的目的。蓄水屋面宜采用整体现浇混凝土，其溢水口的上部高度应距分仓墙顶面 100mm，过水孔应设在分仓墙底部，排水管应与水落管连通，如图 11-27 所示。

种植隔热屋面是在屋顶上种植植物，利用植被的蒸腾和光合作用，吸收太阳辐射热，从而达到降温隔热的目的，种植屋面的构造可根据不同的种植介质确定，与刚性防水屋面基本

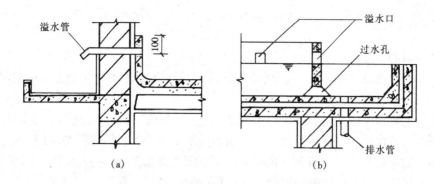

图 11-27　蓄水屋面构造
（a）溢水口构造；（b）排水管、过水孔构造

相同，如图 11-28 所示。

　　反射降温隔热是屋面受到太阳辐射后，一
部分辐射热量为屋面材料所吸收，另一部分被
反射出去，反射的辐射热与入射热量之比称为
屋面材料的反射率（用百分数表示）。这一比值
的大小取决于屋面表面材料的颜色和粗糙程度，
色浅而光滑的表面比色深而粗糙的表面具有更
大的反射率。在设计中，应恰当地利用材料的
这一特性，例如采用浅颜色的砾石铺面，或在

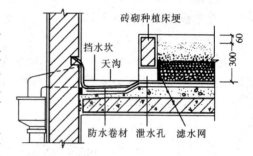

图 11-28　种植隔热屋面构造

屋面上涂刷一层白色涂料，对隔热降温均可起到显著作用。

第三节　坡 屋 顶 构 造

一、坡屋顶的特点及形式

　　坡屋顶多采用瓦材防水，而瓦材块小，接缝多，易渗漏，故坡屋顶的坡度一般大于
10°，通常取 30°左右。由于坡度大，故排水快，防水功能好，但屋顶构造高度大，不仅消耗
材料较多，其所受风荷载、地震作用也相应增加，尤其当建筑体型复杂时，其交叉错落处屋
顶结构更难处理。

　　坡屋顶根据坡面组织的不同，主要有单坡顶、双坡顶及四坡顶等。

　　1. 单坡顶

　　当房屋进深不大时，可选用单坡顶。

　　2. 双坡顶

　　当房屋进深较大时，可选用双坡顶，由于双坡顶中檐口和山墙处理的不同又可分为：

　　（1）悬山屋顶，即山墙挑檐的双坡屋顶，挑檐可保护墙身，有利于排水，并有一定的遮
阳作用，常用于南方多雨地区。

　　（2）硬山屋顶，即山墙不出檐的双坡屋顶，北方少雨地区采用较广。

　　3. 四坡顶

　　四坡顶亦叫四落水屋顶，古代宫殿庙宇中的四坡顶称为庑殿顶，四面挑檐利于保护

墙身。四坡顶两面形成两个小山尖,古代称歇山,山尖处可设百叶窗,有利于屋顶通风。

二、坡屋顶的组成

坡屋顶一般由承重结构和屋面面层两部分所组成,必要时还有保温层、隔热层及顶棚等,如图 11-2 所示。

承重结构主要承受屋面荷载并把它传到墙或柱上,一般有椽子、檩条、屋架或大梁等;屋面是屋顶的上覆盖层,直接承受风、雪、雨和太阳辐射等大自然气候的作用。它包括屋面盖料和基层,如挂瓦条、屋面板等;顶棚是屋顶下面的遮盖部分,可使室内上部平整,起反射光线和装饰作用;保温或隔热层可设在屋面层或顶棚处,视具体情况而定。

三、坡屋顶的承重结构系统

坡屋顶与平屋顶相比坡度较大,故它的承重结构的顶面是斜面。承重结构系统可分为墙承重、屋架承重和梁架承重等。

1. 墙承重（硬山搁檩）

山墙常指房屋的外横墙,通常利用各种砖砌成尖顶形状的墙体直接搁置檩条以承担屋顶重量,这种承重方式称山墙承重,又称硬山搁檩。一般适合于多数相同开间并列的房屋,如宿舍、办公楼等,如图 11-29 所示。

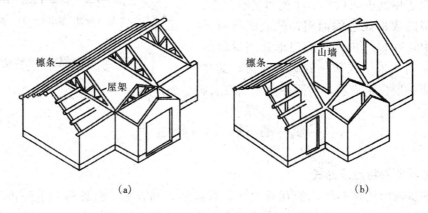

(a)   (b)

图 11-29　山墙支承檩条

(a) 山墙支檩；(b) 檩条搁置

2. 屋架承重

屋架承重是指利用建筑物的外纵墙或柱来支承屋架,在屋架上搁置檩条来承受屋面重量的一种结构方式。

屋架可根据排水坡度和空间要求,组成三角形、梯形、矩形、多边形屋架。屋架中各杆件受力较合理,因而杆件截面较小,且能获得较大跨度和空间。木制屋架跨度可达 18m,钢筋混凝土屋架跨度可达 24m,钢屋架跨度可达 36m 以上,如利用内纵墙承重,还可将屋架制成三支点或四支点,以减小跨度节约用材。这种承重方式多用于要求有较大空间的建筑,如食堂、教学楼等。

当房屋屋顶为平台转角,纵横交接,四面坡和歇山屋顶时,可制成异型屋架。

3. 梁架承重

梁架承重是我国传统的结构形式,它由柱和梁组成排架,檩条置于梁间承受屋面荷载并将各排架联系成为一完整骨架。内外墙体均填充在骨架之间，仅起分隔和围护作用，不承受荷载。目前，这种承重方式在工业建筑中的钢排架结构厂房中采用较多。

四、坡屋顶的屋面构造

屋面分为基层和屋面盖料。

坡屋顶的屋面盖料种类较多，我国目前采用的有弧形瓦（或称小青瓦）、平瓦、油毡瓦、西式陶瓦、英红瓦、波形瓦、金属瓦、彩色压型钢板等。

（一）平瓦屋面的构造

1. 屋面基层

屋面基层按组成方式可分为有檩和无檩体系两种。

无檩体系是将屋面基层即各类钢筋混凝土板直接搁在山墙、屋架或屋面梁上；有檩体系的基层有檩条、椽条、屋面板、顺水条、挂瓦条等组成。

为铺设屋面材料，应首先在其下面做好基层。

（1）檩条。檩条支承于横墙或屋架上，其断面及间距根据构造需要由结构计算确定。木檩条可用圆木或方木制成，以圆木较为经济，长度不宜超过 4m。用于木屋架时可利用三角木支托；用于硬山搁檩时，支承处应用混凝土垫块或经防腐处理（涂焦油）的木块，以防潮、防腐和分布压力。为了节约木材，也可采用预制钢筋混凝土檩条或轻钢檩条。采用预制钢筋混凝土檩条时，各地都有产品规格可查，常见的有矩形、L 形和 T 形等截面。为了在檩条上钉屋面板常在顶面设置木条，木条断面呈梯形，尺寸约 40～50mm 对开。

（2）椽条。当檩条间距较大，不宜在上面直接铺设屋面板时，可垂直于檩条方向架立椽条，椽条一般用木制，间距一般为 360～400mm，截面为 50mm×50mm 左右。

（3）屋面板。当檩距小于 800mm 时，可在檩条上直接铺钉屋面板，檩距大于 800mm 时，应先在檩条上架椽条，然后在椽条上铺钉屋面板。

2. 屋面铺设

平瓦，即黏土瓦又称机平瓦，是根据防水和排水需要用黏土模压制成凹凸楞纹后焙烧而成的瓦片，一般尺寸为 380～420mm 长，240mm 左右宽，50mm 厚（净厚约为 20mm）。瓦装有挂钩，可以挂在挂瓦条上，如图 11-30（a）、（b）所示，防止下滑，有的中间有突出物穿有小孔，风大的地区可以用铅丝扎在挂瓦条上，或者用水泥砂浆卧瓦，如图 11-30（c）所

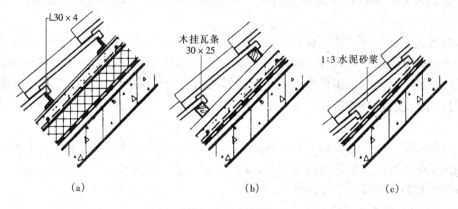

图 11-30　瓦的固定

（a）钢挂瓦条；（b）木挂瓦条；（c）水泥砂浆卧瓦

示。其他如水泥瓦、硅酸盐瓦，均属此类平瓦，但形状与尺寸稍有变化。

平瓦屋面根据使用要求和用材不同，一般分为木望板平瓦屋面、冷摊瓦屋面、钢筋混凝土挂瓦板平瓦屋面、钢筋混凝土板基层平瓦屋面等四种。

（1）冷摊瓦屋面。在椽条上钉挂瓦条后直接挂瓦，如图 11-31（a）所示。挂瓦条尺寸视椽条间距而定，间距 400mm 时，挂瓦条可用 20mm×25mm 立放，如间距再大则挂瓦条尺寸要适当加大。冷摊瓦屋面构造简单、经济，但往往雨雪容易漂入，屋顶的保温效果差，故应用较少。

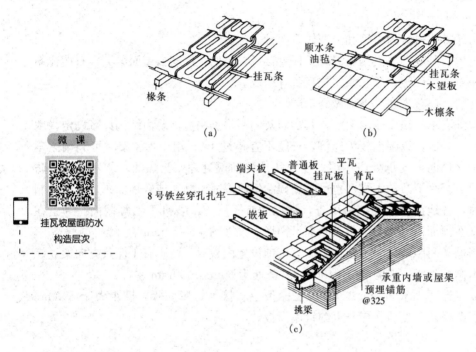

图 11-31　平瓦坡屋顶
（a）冷摊瓦屋面；（b）木望板平瓦屋面；（c）钢筋混凝土挂瓦板平瓦屋面

（2）木望板平瓦屋面。在木望板上平行于屋脊方向干铺一层油毡，在油毡上顺着屋面水流方向钉顺水条，然后在顺水条上面平行于屋脊方向钉挂瓦条并挂瓦，如图 11-31（b）所示。

（3）挂瓦板平瓦屋面。挂瓦板是把檩条、屋面板，挂瓦条几个功能结合为一体的预制钢筋混凝土构件。基本形式有双 T、单 T 和 F 形三种，如图 11-31（c）所示。屋面板直接挂在挂瓦板的肋间，板肋根部预留泄水孔，以便排除由瓦面渗漏下的雨水。板缝一般用 1∶3 水泥砂浆嵌填。这种屋顶构造简单，省工省料，造价经济，但易渗水，多用于标准要求不高的建筑中。

（4）钢筋混凝土板平瓦屋面。有两种方式，一种是在钢筋混凝土板上的找平层上铺油毡一层，用压毡条钉在嵌入板缝内的木楔上，再钉挂瓦条挂瓦，如图 11-30 所示；还有一种是在屋面板上粉刷防水水泥砂浆并贴平瓦。

3. 平瓦屋面细部构造

檐口构造与屋面排水方式、屋顶承重结构、屋面基层、屋面出挑长度大小有关。现以钢筋混凝土板瓦屋面为例，介绍檐口构造。

檐口按位置分有纵墙檐口和山墙檐口。

（1）纵墙檐口。在纵墙檐口中，根据排水的要求可做成有组织排水和自由落水两种，如图 11-32 所示。

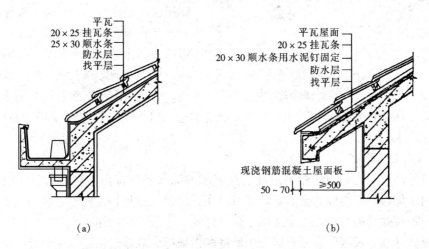

（a）   （b）

图 11-32 檐口构造

（a）有组织排水檐口；（b）无组织排水檐口

（2）山墙檐口。在山墙檐口中分为山墙挑檐和山墙封檐。

山墙挑檐也称悬山，可用钢筋混凝土板出挑，如图 11-33（a）所示。平瓦在山墙檐边隔块锯成半块瓦，用 1：2.5 水泥砂浆抹成高 80～100mm、宽 100～120mm 左右的封边，称"封山压边"或瓦出线。

山墙封檐做法，一种是屋面和山墙平齐，用水泥砂浆抹封檐；另一种是山墙高出屋面，在山墙与屋面交接处用细石混凝土或混合砂浆掺麻刀做泛水，如图 11-33（b）所示。

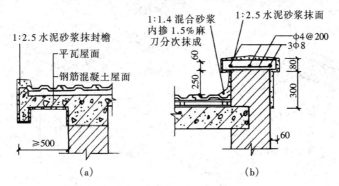

（a）   （b）

图 11-33 山墙

（a）悬山；（b）出山

（二）彩色压型钢板屋面

彩色压型钢板屋面简称彩板屋面，由于其自重轻强度高且施工安装方便，色彩绚丽，质感好，艺术效果佳，被广泛用于大跨度建筑中。

按彩板的功能构造分为单层彩板和保温夹心彩板。

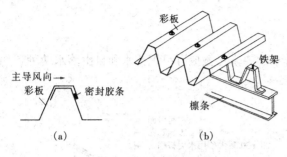

图 11-34　单层彩色压型钢板
(a) 搭接缝；(b) 彩板与檩条的连接

1. 单彩板屋面

单彩板可分为波形板、梯形板、带肋梯形板。纵横向带肋梯形板强度和刚度好，目前使用较广泛。由于单彩板很薄，作屋面时必须在室内一侧另设保温层。

单彩板直接支承于檩条上，采用各种螺钉、螺栓等紧固件固定，如图 11-34 所示。檩条一般为槽钢、工字钢或轻钢檩条，檩条间距视屋面板型号而定，一般为 1.5~3.0m。为避免连接螺钉腐蚀必须用不锈钢制造，钉帽均要用带橡胶垫的不锈钢垫圈，防止钉孔处渗水。

2. 保温夹心板屋面

采用自熄性聚苯乙烯泡沫塑料或硬质聚氨酯泡沫塑料作保温芯材，彩色涂层钢板作表层，通过加压加热固化制成的夹心板，具有防寒、保温、自重轻、防水、装饰、承力等多种功能，是一种高效结构材料，主要适用于公共建筑、工业厂房的屋面。

（1）板缝处理。板缝分为屋脊缝、顺坡缝和横坡缝。顺坡连接缝及屋脊缝以构造防水为主，材料防水为辅；横坡连接缝采用顺水搭接，防水材料密封，上下两块板均应搭在檩条支座上，屋面坡度小于 1/10 时，上下板的搭接长度为 300mm；屋面坡度大于等于 1/10 时，上下板的搭接长度为 200mm。夹心板与配件及夹心板之间，全部采用铝拉铆钉连接，铆钉在插入铆孔之前应预涂密封胶，拉铆后的钉头用密封胶封死。

（2）檩条布置。一般情况下，应使每块板至少有三个支承檩条，以保证屋面板不发生翘曲。在斜交屋脊线处，必须设置斜向檩条，以保证夹心板的斜端头有支承，如图 11-35 所示。

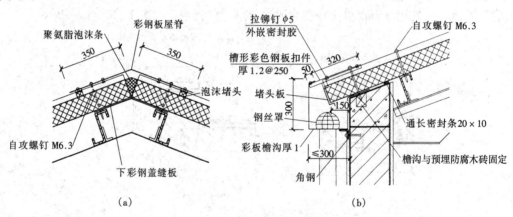

图 11-35　檩条、檐沟构造
(a) 屋脊；(b) 檐沟

五、坡屋顶的保温和隔热

（一）坡屋顶的保温

坡屋顶的保温层一般布置在瓦材与檩条之间或吊顶棚上面，如图 11-36 所示。保温材料可根据工程具体要求选用松散材料、块体材料或板状材料。在一般的小青瓦屋面中，采用基层上满铺一层黏土稻草泥作为保温层，小青瓦片黏结在该层上。在平瓦屋面中，可将保温层填充在檩条之间；在设有吊顶的坡屋顶中，常常将保温层铺设在顶棚上面，可起到保温和隔热双重作用。

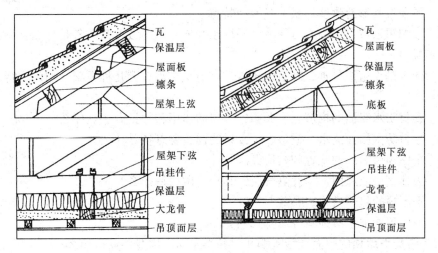

图 11-36　坡屋保温层位置

（二）坡屋顶的隔热

炎热地区将坡屋顶做成双层，由檐口处进风，屋脊处排风，利用空气流动带走一部分热量，以降低瓦底面的温度，如图 11-37 所示。

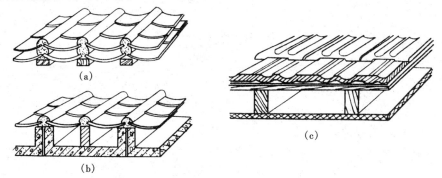

图 11-37　坡屋顶隔热屋面

（a）双层瓦通风屋顶；（b）槽形板大瓦通风屋顶；（c）椽子或檩下钉纤维板通风屋顶

另外，可在山墙上、屋顶的坡面、檐口以及屋脊等处设通风口，如图 11-38 所示。

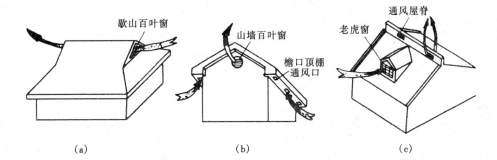

图 11-38　坡屋顶通风口

思 考 题

11-1　屋顶按外形有哪些形式？各有何特点？

11-2　影响屋顶坡度的因素有哪些？平屋顶和坡屋顶的坡度范围各是什么？屋顶坡度的形成方法有哪些？

11-3　什么是无组织排水、有组织排水？有组织排水有哪几种类型？如何进行屋面排水组织设计？

11-4　卷材防水屋面的构造层有哪些？各层的作用和常见做法是什么？

11-5　卷材防水屋面泛水、檐口、雨水口的构造要点各是什么？

11-6　平屋顶保温层的位置和构造做法是什么？

11-7　为什么保温屋面常需设隔气层？其构造做法是什么？

11-8　平屋顶的隔热措施有哪些？

11-9　坡屋顶的承重结构系统有哪几种？

11-10　常见坡屋顶的屋面类型有哪些？各类屋面的构造要点是什么？

11-11　坡屋顶的保温和隔热措施主要有哪些？

门 和 窗

第一节 概 述

门和窗是房屋建筑中的两个围护部件。门的主要功能是供交通出入、分隔联系建筑空间，有时也兼起通风和采光作用。窗的主要功能是采光、通风、观察和递物。在不同使用条件要求下，门窗还应具有保温、隔热、隔声、防水、防火、防尘及防盗等功能。此外，门窗的大小、比例尺度、位置、数量、材料、造型、排列组合方式对建筑物的造型和装修效果都有很大的影响。因此，对门窗总的要求应是：坚固耐用，开启方便，关闭紧密，便于擦洗、符合模数、功能合理，便于维修等。实际工程中，门窗的制作生产已具有标准化、规格化和商品化的特点，各地都有标准图供设计者选用。

一、门窗的类型

(一)按开启方式分类

1. 门

门按其开启方式的不同，常见的有以下几种，如图12-1所示：

(1)平开门。将门扇用铰链固定在门樘侧边，可水平开启的门，有单扇、双扇，外开、内开之分。平开门构造简单，制作、安装和维修均较方便，在一般建筑中使用最为广泛。

(2)弹簧门。弹簧门的形式同平开门，区别在于侧边用弹簧铰链或下边用地弹簧代替普通铰链，开启后能自动关闭。单向弹簧门常用于有自关要求的房间，如卫生间的门、纱门等。双向弹簧门多用于人流出入频繁或有自动关闭要求的公共场所，如公共建筑门厅的门等。双向弹簧门扇上一般要安装玻璃，供出入的人相互观察，以免碰撞。

(3)推拉门。门扇沿上下设置的轨道左右滑行，有单扇和双扇两种，推拉门占用面积小，受力合理，不易变形，但构造复杂。

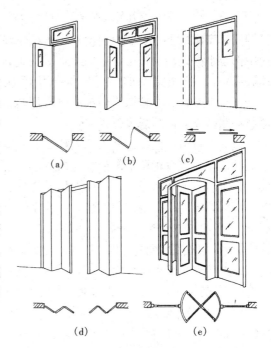

图 12-1 门的开启方式
(a) 平开门；(b) 弹簧门；(c) 推拉门；
(d) 折叠门；(e) 转门

（4）折叠门。门扇可拼合，折叠推移到洞口的一侧或两侧，少占房间的使用面积。简单的折叠门，可以只在侧边安装铰链，复杂的还要在门的上边或下边装导轨及转动五金配件。

（5）转门。转门是三扇或四扇用同一竖轴组合成夹角相等、在弧形门套内水平旋转的门，对防止内外空气对流有一定的作用。它可以作为人员进出频繁，且有采暖或空调设备的公共建筑的外门。在转门的两旁还应设平开门或弹簧门，以作为不需要空气调节的季节或大量人流疏散之用。转门构造复杂，造价较高，一般情况下不宜采用。

此外，还有上翻门、升降门、卷帘门等形式，一般适用于门洞口较大，有特殊要求的房间，如车库的门等。

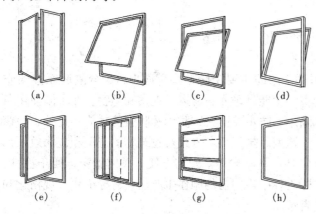

图 12-2　窗的开启方式

(a) 平开窗；(b) 上悬窗；(c) 中悬窗；(d) 下悬窗；
(e) 立转窗；(f) 水平推拉窗；(g) 垂直推拉窗；(h) 固定窗

2. 窗

依据开启方式的不同，常见的窗有以下几种，如图 12-2 所示：

（1）平开窗。平开窗是将窗扇用铰链固定在窗樘侧边，可水平开启的窗，有外开、内开之分。平开窗构造简单、制作、安装和维修均较方便，在一般建筑中使用广泛。

（2）悬窗。悬窗按旋转轴的位置不同，分为上悬窗、中悬窗和下悬窗三种。上悬窗铰链安装在窗扇的上边，一般向外开，防雨好，多采用作外门和窗上的亮子；下悬窗铰链安在窗扇的下边，一般向内开，通风较好，不防雨，不能用作外窗；中悬窗是在窗扇两边中部装水平转轴，开启时窗扇绕水平轴旋转，开启时窗扇上部向内，下部向外，对挡雨、通风有利，并且开启易于机械化，故常用作大空间建筑的高侧窗。

（3）立转窗。立转窗为窗扇可以沿竖轴转动的窗，竖轴可设在窗扇中心，也可以略偏于窗扇一侧，立转窗的通风效果好。

（4）推拉窗。推拉窗分水平推拉和垂直推拉两种。水平推拉窗需要在窗扇上下设轨槽，垂直推拉窗要有滑轮及平衡措施。推拉窗开启时不占据室内外空间，窗扇和玻璃的尺寸可以较大，但它不能全部开启，通风效果受到影响。推拉窗对铝合金窗和塑料窗比较适用。

（5）固定窗。固定窗为不能开启的窗，仅作采光，玻璃尺寸可以较大。

（二）按门窗的材料分类

依生产门窗用的材料不同，常见的门窗有木门窗、钢门窗、铝合金门窗及塑钢门窗等类型。

二、门窗的组成及尺度

（一）门窗的构造组成

1. 门的构造组成

一般门的构造主要由门樘和门扇两部分组成。门樘又称门框，由上框、中横框和边框等组成，多扇门还有中竖框。门扇由上冒头、中冒头、下冒头和边梃等组成。为了通风采光，可在门的上部设亮子，有固定、平开及上、中、下悬等形式，其构造同窗扇。门框与墙间的缝隙常用木条盖缝，称门头线，俗称贴脸，如图 12-3 所示。门上还有五金零件，常见的有铰链、门锁、插销、拉手、停门器、风钩等。

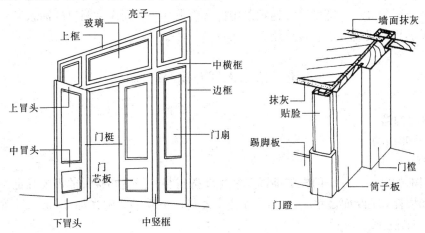

图 12-3 门的组成

2. 窗的构造组成

窗主要由窗樘和窗扇两部分组成。窗樘又称窗框，一般由上框、下框、中横框、中竖框及边框等组成。窗扇由上冒头、中冒头（窗芯）、下冒头及边梃组成。依镶嵌材料的不同，有玻璃窗扇、纱窗扇和百叶窗扇等。窗扇与窗框用五金零件连接，常用的五金零件有铰链、风钩、插销、拉手及导轨、滑轮等。窗框与墙的连接处，为满足不同的要求，有时加贴脸、窗台板、窗帘盒等，如图 12-4 所示。

（二）门窗的尺度

1. 门的尺度

门的尺度须根据交通运输和安全疏散要求设计。一般民用建筑门的高度不宜小于 2100mm；如门设有亮子时，亮子高度一般为 300~600mm，门洞高度为门扇高加亮子高，再加门框及门框与墙间的缝隙尺寸，即门洞高度一般为 2400~3000mm。公共建筑大门高度可视需要适当提高。宽度：单扇门为 700~1000mm，辅助房间如浴厕、储藏室的门为 700~800mm，双扇门为 1200~1800mm；宽度在 2100mm 以上时，则多做成三扇、四扇门或双扇带固定扇的门。

2. 窗的尺度

窗的尺度主要取决于房间的采光通风、构造做法和建筑造型等要求，并要符合现行《建筑模数协调标准》（GB/T 50002—2013）的规定。为使窗坚固耐久，一般平开木窗的窗扇高度为 800~1200mm，宽度 400~600mm，上下悬窗的窗扇高度为 300~600mm，中悬窗窗扇高度不宜大于 1200mm，

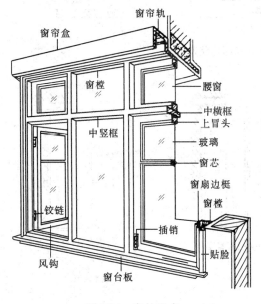

图 12-4 窗的组成

宽度不宜大于 1000mm；推拉窗高宽均不宜大于 1500mm。对一般民用建筑用窗，各地均有通用图，各类窗的高度与宽度尺寸通常采用扩大模数 3M 数列作为洞口的标志尺寸，需要时只要按所需类型及尺度大小直接选用。

第二节 木门窗构造

一、木门构造

（一）平开门构造

1. 门框

（1）门框的断面尺寸。门框的断面尺寸主要按材料的强度和接榫的需要确定，还要考虑制作时抛光损耗，毛断面尺寸应比净断面尺寸大些，一般单面刨光加 3mm，双面刨光则加 5mm 计算，如图 12-5 所示。

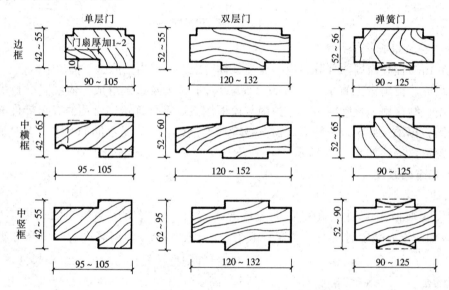

图 12-5 平开门门框的断面形状及尺寸

（2）门框的安装。门框的安装方式有立口和塞口两种，如图 12-6 所示。

施工时先将门框立好，后砌墙，称为立口。为加强门框与墙的联系，在门框上下档各伸出约半砖长的木段（俗称羊角或走头），同时在边框外侧每 500～700mm 设一木拉砖（俗称木鞠）或铁脚砌入墙身。立口的优点是门框与墙体结合紧密、牢固；缺点是施工中安门和砌墙相互影响，若施工组织不当，影响施工进度。

塞口则是在砌墙时先留出洞口，以

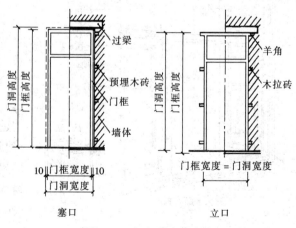

图 12-6 门框的安装方式

后再安装门框，为便于安装，预留洞口应比门框外缘尺寸多出 20～30mm。塞口法施工方便，但框与墙间的缝隙较大，为加强门框与墙的联系，砌墙时需在洞口两侧每 500～700mm 砌入一块半砖大小的防腐木砖；安装时应用长钉将门框固定于砌墙时预埋的木砖上，为了方便也可用铁脚或膨胀螺栓将门框直接固定到墙上，每边的固定点不少于 3 个，其间距不应大于 1.2m。工厂化生产的成品门，其安装多采用塞口法施工。

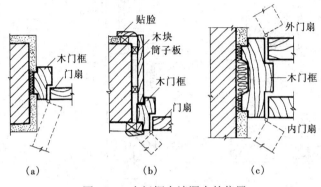

图 12-7　木门框在墙洞中的位置
(a) 居中；(b) 内平；(c) 背槽及填缝处理

(3) 门框与墙的关系。门框在墙洞中的位置有门框内平、门框居中和门框外平三种情况。一般情况下内平或外平的门框多做在开门方向一边，与抹灰面平齐，使门的开启角度较大。对较大尺寸的门，为牢固地安装，多居中设置，如图 12-7 (a)、(b) 所示。框与墙间的缝隙应填塞密实，以满足防风、挡雨、保温、隔声等要求。门框靠墙一边应开防止因受潮而变形的背槽，并做防潮处理，门框外侧的内外角做灰口，缝内填弹性密封材料，如图 12-7 (c) 所示。

2. 门扇

按门扇的构造不同，民用建筑中常见的门有镶板门、夹板门等形式。

(1) 夹板门。夹板门门扇由骨架和面板组成，骨架通常用 (32～35) mm×(33～60) mm 的木料做框子，内部用 (10～25) mm×(33～60) mm 的小木料做成格形纵横肋条，肋距视木料尺寸而定，一般为 200～400mm，装锁处需另外附加锁木，如图 12-8 所示。为了使夹板内的湿气易于排出，减少面板变形，骨架内的空气应贯通，并在上部设小通气孔。面板可用胶合板、硬质纤维板或塑料板等，用胶结材料双面胶结在骨架上。另外，门的四周可用 15～20mm 厚的木条镶边，以取得整齐美观的效果，如图 12-9 所示。

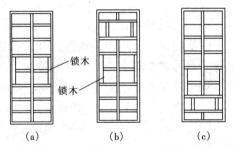

图 12-8　夹板门骨架
(a) 门扇骨架；(b) 带玻璃窗骨架；
(c) 带百叶骨架

根据功能的需要，夹板门上也可以局部加玻璃或百叶，一般在装玻璃或百叶处，做一个木框，用压条镶嵌。

夹板门由于骨架和面板共同受力，所以用料少，自重轻，外形简洁美观，常用于建筑物的内门，若用于外门，面板应做防水处理，并提高面板与骨架的胶结质量。

(2) 镶板门。镶板门门扇是由骨架和门芯板组成。骨架一般由上冒头、下冒头及边梃组成，有时中间还有一道或几道横冒头或一条竖向中梃，镶板门门扇骨架的厚度一般为 40～45mm。门芯板一般用 10～15mm 厚的木板拼装成整块、镶入边梃和冒头中，门芯板也可采用胶合板、硬质纤维板及塑料板等，如图 12-10 所示。有时门芯板可部分或全部采用玻璃，则称为半玻璃（镶板）门或全玻璃（镶板）门。构造上与镶板门基本相同的还有纱门、百叶门等。

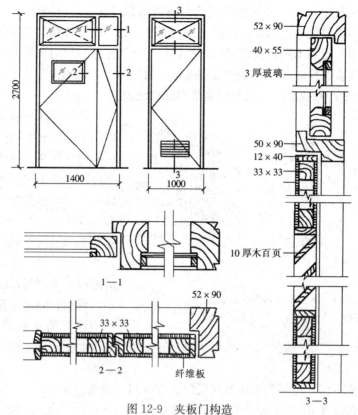

图 12-9　夹板门构造

（二）弹簧门构造

弹簧门是指利用弹簧铰链，开启后能自动关闭的门。弹簧铰链有单面弹簧、双面弹簧和地弹簧等形式。单面弹簧门多为单扇，与普通平开门基本相同，只是铰链不同，常用于需要温度调节及气味遮挡的房间如厨房、厕所。双向弹簧门通常都为双扇门，适用于公共建筑的过厅、走廊及人流较多的房间的门。为避免人流出入碰撞，一般门上需装设玻璃。

弹簧门中特别是双面弹簧门进出繁忙，须用硬木，其用料尺寸常比一般镶板门稍大一些。门扇厚度为 42～50mm，上冒头及边框宽度为 100～120mm，下冒头宽为 200～300mm，中冒头看需要而定，为了避免两扇门的碰撞又不使有过大缝隙，通常上下冒头做平缝，边框做弧形断面，其弧面半径约为门厚的 1～1.2 倍左右，如图 12-11 所示。

二、平开木窗构造

（一）窗框

1．窗框的断面形状与尺寸

窗框的断面形状与门框类似。窗框的断面尺寸主要按材料的强度和接榫的需要确定，一般多为经验尺寸，如图 12-12 所示。中横框若加披水，其宽度还需增加 20mm 左右。

2．窗框的安装

窗框的安装与门框相同，分立口和塞口两种施工方法。

3．窗框与墙的关系

窗框在墙洞中的位置同门框一样，有窗框内平、窗框居中和窗框外平三种情况，窗框的墙缝处理与门框相似。

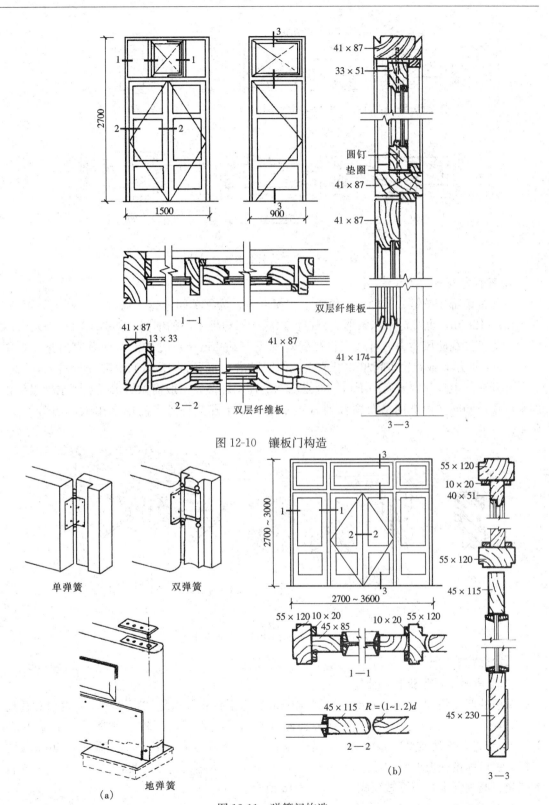

图 12-10 镶板门构造

图 12-11 弹簧门构造
(a) 弹簧形式；(b) 弹簧门构造

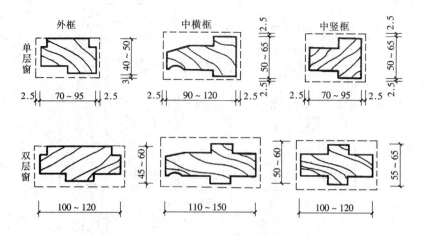

图 12-12　窗框的断面形状及尺寸

4. 窗框与窗扇的关系

一般窗扇都用铰链、转轴或滑轨固定在窗框上，为了关闭紧密，通常在窗框上做铲口，深约 10～12mm，也可钉小木条形成铲口，以减少对窗框木料的削弱，如图 12-13（a）、（b）所示。为了提高防风能力，可适当提高铲口深度（约 15mm）或在铲口处镶密封条，如图 12-13（e）所示，或在窗框留槽，开成空腔的回风槽，如图 12-13（c）、（d）所示。

外开窗的上口和内开窗的下口，都是防水的薄弱环节，一般需做披水板及滴水槽以防止雨水内渗，同时在窗框内槽及窗盘处做积水槽及排水孔，将渗入的雨水排除，如图 12-14 所示。

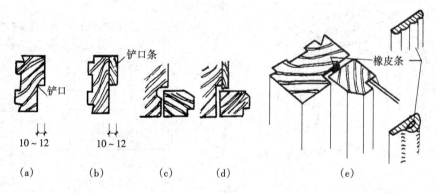

图 12-13　窗框与窗扇间铲口处理方式

（二）窗扇

1. 窗扇的断面形状和尺寸

窗扇的厚度约为 35～42mm，一般为 40mm；上下冒头及边梃的宽度视木料材质和窗扇大小而定，一般为 50～60mm；下冒头加做滴水槽或披水板，可较上冒头适当加宽 10～25mm；窗芯的宽度约 27～40mm。为镶嵌玻璃，在冒头、边梃和窗芯上，做 8～12mm 宽的铲口，铲口深度视玻璃厚度而定，一般为 12～15mm，不超过窗扇厚度的 1/3，为减少木料的挡光和美观要求，尚可做线脚，如图 12-15 所示。

2. 玻璃的选择与镶装

玻璃厚薄的选用与窗扇分格的大小有关，窗的分格大小与使用要求有关，一般常用窗玻

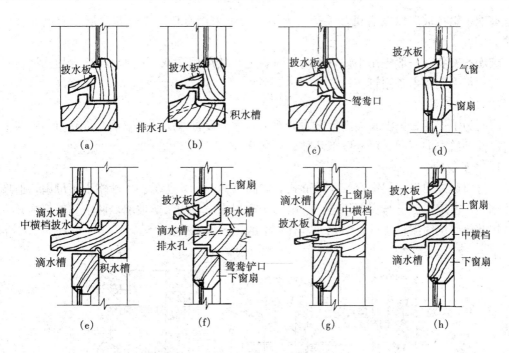

图 12-14 窗的披水构造

（a）内开窗扇加披水板；（b）内开窗加披水及排水槽；（c）内开窗做鸳鸯口并加披水板；（d）内开小气窗加披水板；（e）外开窗中横档做披水；（f）外开窗上窗扇做披水板中横档做积水槽排水孔；（g）外开窗中横档加披水板；（h）内开窗上窗扇做披水、横档做滴水槽

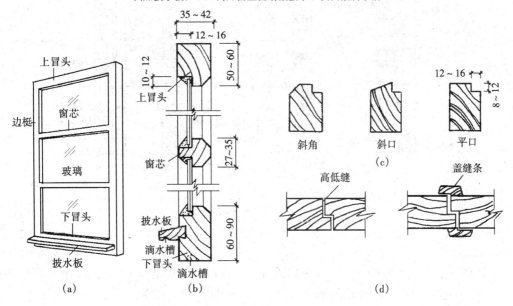

图 12-15 窗扇的构造处理

（a）窗扇立面；（b）窗扇剖面；（c）线角示例；（d）盖缝处理

璃的厚度为 3mm。如考虑较大面积可采用 5mm 或 6mm 厚的玻璃，为了隔声保温等需要可采用双层中空玻璃。需遮挡或模糊视线的，可选用磨砂玻璃或压花玻璃；为了安全还可采用

夹丝玻璃、钢化玻璃以及有机玻璃等；为了防晒可采用有色、吸热和涂层、变色等种类的玻璃。

玻璃的安装，一般先用小铁钉固定在窗扇上，然后用油灰（桐油石灰）镶嵌成斜角形，必要时也可采用小木条镶钉。

（三）双层窗

房间为了保温、恒温及隔声等方面的要求，常需设置双层窗，双层窗依其窗扇和窗框的构造以及开启方向不同，可分以下几种。

1. 子母扇窗

子母扇窗是单框双层窗扇的一种形式，如图 12-16（a）所示。子扇略小于母扇，但玻璃尺寸相同，窗扇以铰链与窗框相连，子扇与母扇相连，为便于擦玻璃，两扇一般都内开。这种窗较其他双层窗省料，透光面积大，有一定的密闭保温效果。

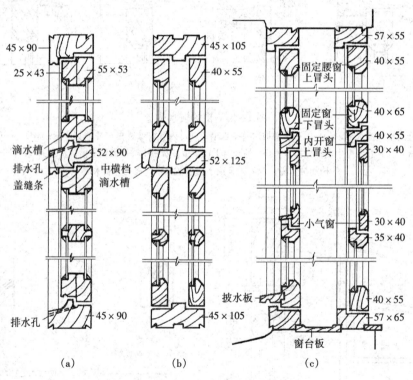

图 12-16　双层窗断面形式

(a) 内开子母窗扇；(b) 内外开窗扇；(c) 双层内开窗

2. 内外开窗

它是在一个窗框上内外双裁口，一扇外开，一扇内开，也是单框双层窗扇的一种，如图 12-16（b）所示。这种窗内外扇的形式、尺寸基本相同，构造简单。

3. 分框双层窗

这种窗的窗扇可以内外开，但为了便于擦玻璃，内外扇通常都内开。寒冷地区的墙体较厚，宜采用这种双层窗，内外窗扇净距一般在 100mm 左右，不宜过大，以免形成空气对流，影响保温，如图 12-16（c）所示。

由于寒冷地区的通风要求不如炎热地区高，较大面积的窗子可设置一些固定扇，既能满足通风要求，又能利用固定扇而省去一些中横框或中竖框。另外，在冬季为了通风换气，又不致散热过多，常在窗扇上加小气窗。

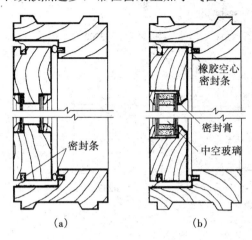

图 12-17 双层玻璃窗和中空玻璃窗
(a) 双层玻璃窗；(b) 中空密封玻璃窗

4. 双层玻璃窗和中空玻璃窗

双层玻璃窗即在一个窗扇上安装两层玻璃。增加玻璃的层数主要是利用玻璃间的空气间层来提高保温和隔声能力。其间层宜控制在 10～15mm 之间，一般不宜封闭，在窗扇的上下冒头须做透气孔，如图 12-17 (a) 所示。

中空玻璃是由两层或三层平板玻璃四周用夹条粘接密封而成，中间抽换干燥空气或惰性气体，并在边缘夹干燥剂，以保证在低温下不产生凝聚水。中空玻璃所用平板玻璃的厚度一般为 3～5mm，其间层多为 5～15mm，如图 12-17(b) 所示。它是保温窗的发展方向之一，但生产工艺复杂，成本较高。

第三节 金属和塑钢门窗构造

随着现代建筑技术的不断发展，建筑对门窗的要求也越来越高。木门窗已远远不能适应大面积、高质量的保温、隔声、隔热、防火、防尘、防盗等要求，金属门窗和塑钢门窗因其轻质高强、节约木材、耐腐蚀及密闭性能好、外观美、长期维修费用低等优点，已得到了广泛的应用。金属门窗主要包括普通钢门窗、涂色镀锌钢板门窗和铝合金门窗。

一、普通钢门窗

钢门窗具有透光系数大，质地坚固、耐久、防火、防水、风雪不易侵入，外观整洁、美观等特点。但钢门窗的气密性较差，并且由于钢材的导热系数大，钢门窗的热损耗也较多。因而钢门窗只能用在一般的建筑物，而很少用于较高级的建筑物上。

（一）钢门窗料

钢门窗通常分为实腹和空腹两类。

1. 实腹钢门窗

实腹钢门窗料主要采用热轧门窗框和少量的冷轧或热轧型钢，框料高度分 25、32、40mm 三类，如图 12-18 (a) 所示。

2. 空腹钢门窗

空腹钢门窗料是用低碳钢经冷轧、焊接而成的异形管状薄壁钢材，壁厚 1.2～1.5mm，如图 12-18 (b) 所示，当前在我国分京式和沪式两种类型。

空腹钢门窗料壁薄，重量轻，节约钢材，但不耐锈蚀。一般在成型后，内外表面需作防锈处理，以提高防锈蚀的能力。

（二）钢门窗的基本单元

为了使用上的灵活性及组合和制作运输的方便，通常由工厂将钢门窗制作成标准化的基

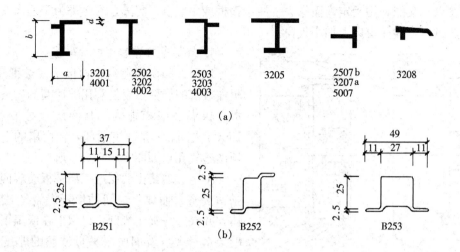

图 12-18　钢门窗料

（a）实腹钢门窗料；（b）空腹钢门窗料

本门窗单元，大面积钢门窗可用基本门窗单元进行组合。表 12-1 是实腹式钢门窗基本单元。

表 12-1　　　　　　　　　　　　　　　　**实腹式钢门窗基本单元**

高（mm） ＼ 宽（mm）	600	900 1200	1500 1800
平开窗	600		
	900 1200 1500		
	1500 1800 2100		
高（mm） ＼ 宽（mm）	900	1200	1500 1800
门	2100 2400		

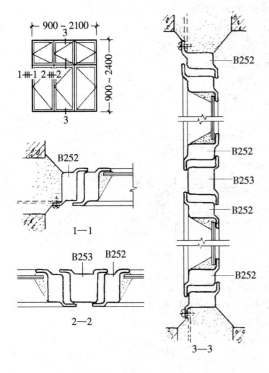

图 12-19 空腹式钢窗构造实例

（三）钢门窗构造

钢门窗的安装采用塞口法，如图 12-19 和图 12-20 所示。钢门窗框与墙的连接是通过框四周固定的铁脚与预埋铁件焊接或埋入预留洞口的方法来固定，铁脚每隔 500～700mm 一个，铁脚与预埋铁件焊接应牢固可靠，铁脚埋入预留洞口内，需用 1：2 水泥砂浆（或细石混凝土）填塞严实，如图 12-21 所示。

大面积钢门窗可用基本门窗单元进行组合。组合时，须插入 T 形钢、管钢、角钢或槽钢等支承、联系构件，这些支承构件须与墙、柱、梁牢固连接，然后各门窗基本单元再和它们用螺栓拧紧，缝隙用油灰嵌实，如图 12-22 所示。

钢门窗玻璃的安装方法，一般先用油灰打底，然后用弹簧夹子或钢皮夹子将玻璃嵌固在钢门窗上，然后再用油灰封闭。

二、涂色镀锌钢板门窗

涂色镀锌钢板门窗，是用涂色镀锌钢板制作的一种彩色金属门窗。由于门窗重量轻、强度高，又有防尘、隔声、保温、耐腐蚀、优异的与基材粘接能力等性能，且色彩鲜艳，使用过程中不需保养，国外已广泛使用。

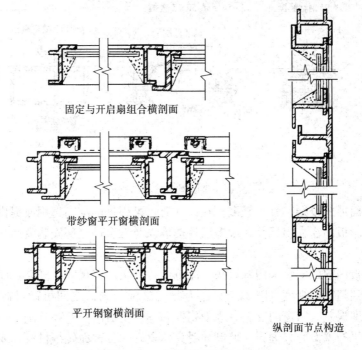

固定与开启扇组合横剖面

带纱窗平开窗横剖面

平开钢窗横剖面

纵剖面节点构造

图 12-20 实腹式钢窗构造实例

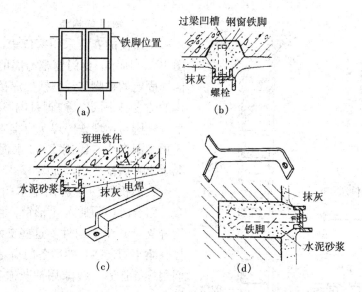

图 12-21 钢窗铁脚安装节点构造

(a) 钢窗铁脚位置；(b) 过梁凹槽内安铁脚；(c) 过梁预埋铁件电焊铁脚；

(d) 砖墙留（凿）洞，水泥砂浆安铁脚

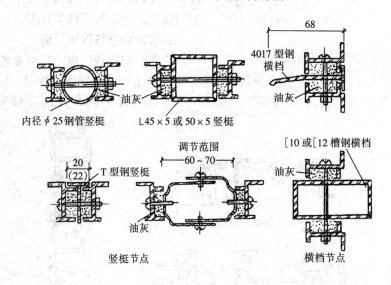

图 12-22 钢门窗组合节点构造

彩板门窗断面形式复杂、种类繁多。在设计时，可根据标准图选用或提供立面组合方式委托工厂加工。彩板门窗在出厂前，大多已将玻璃以及五金件全部安装就绪，在施工现场仅需进行成品安装。

涂色镀锌钢板门窗的安装采用塞口法。涂色镀锌钢板门窗尺寸精度高，而墙体洞口尺寸精度低，较难达到门窗的精度（图 12-23）。为此门窗框与洞口之间可设过渡门窗框，称为副框，以调整精度误差。门窗的安装分为带副框和不带副框两种安装方法。带副框涂色镀锌钢板门窗，适用于外墙面为大理石、玻璃马赛克、瓷砖、各种面砖等材料，或门窗与内墙面需要平齐的建筑。先装副框后装门窗。不带副框涂色镀锌钢板门窗，适用于室外为一般粉刷的建筑，门窗与墙体直接连接，但洞口粉刷成型尺寸必须准确。

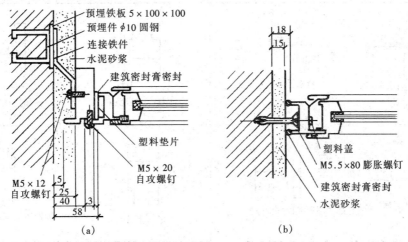

图 12-23　涂色镀锌钢板门窗安装节点图

（a）带副框涂色镀锌钢板门窗节点；（b）不带副框涂色镀锌钢板门窗节点

三、铝合金门窗

铝合金门窗轻质高强，具有良好的气密性和水密性，隔声、隔热、耐腐蚀性能都较普通钢、木门窗有显著的提高，对有隔声、隔热、防尘等特殊要求的建筑以及多风砂、多暴雨、多腐蚀性气体环境地区的建筑尤为适用。铝合金门窗系由经过表面加工的铝合金型材在工厂或工地加工而成。铝合金通过表面处理，提高耐蚀性并获得某种颜色，不同的处理方法，可以获得不同的颜色。主要有：浅茶、青铜、黑；浇黄、金黄、褐；银白、银灰；灰白、深灰；还有橙黄、琥珀色、灰褐；黄绿、蓝绿、橄榄绿；粉红、红褐以及紫色、木纹色。铝合金门窗不需要涂漆、不褪色、不需要经常维修保护，还可以通过表面着色和涂膜处理获得多种不同色彩和花纹，具有良好的装饰效果，从而在世界范围内得到了广泛的应用。

常用各种铝合金门窗都用不同断面型号的铝合金型材和配套零件及密封件加工制成。在制作加工时应根据门窗的尺度、用途、开启方式和环境条件选择不同形式和系列的铝合金型材及配件精密加工，并经过严格的检验，达到规定的性能指标后才能安装使用。在铝合金门窗的强度、气密性、水密性、隔声性、防水性等诸项标准中，对型材影响最大的是强度标准，我国幅员辽阔，自然环境差异很大，应根据各地的基本风载和建筑物的体型、高度、开启方式及使用要求制定相应的标准进行设计与加工。目前，我国各大城市，铝合金门窗的加工和使用已较普及，各地铝合金门窗加工厂都有系列标准产品供选用，需特殊制作时一般也只需提供立面图纸和使用要求，委托加工即可。

1. 铝合金门窗分类

常用铝合金门窗按开启方式有推拉门窗、平开门窗、固定门窗、滑撑窗、悬挂窗、百叶窗、弹簧门、卷帘门等等。按截面高度分 38 系列、55 系列、60 系列、70 系列、100 系列等。表 12-2 为常用铝合金门窗断面形式举例。

铝合金门窗设计通常采用定型产品，选用时应根据不同地区、不同气候、不同环境、不同建筑物的不同使用要求，选用不同的门窗框系列。

表 12-2　　　　　　　　　　　　　　　铝合金门窗断面形式

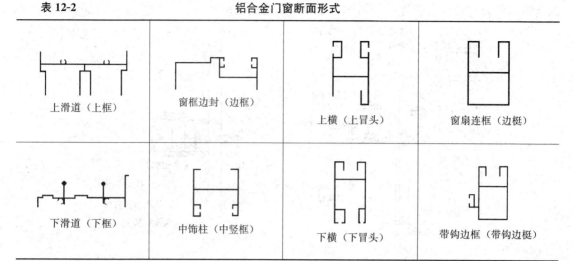

| 上滑道（上框） | 窗框边封（边框） | 上横（上冒头） | 窗扇连框（边梃） |
| 下滑道（下框） | 中饰柱（中竖框） | 下横（下冒头） | 带钩边框（带钩边梃） |

注　括号内为相当于木窗名称。

2. 铝合金门窗框的安装

铝合金门窗框的安装也应采用塞口法，窗框外侧与洞口应弹性连接牢固，一般用螺钉固定着钢质锚固件，安装时与墙柱中的预埋钢件焊接或铆固。门窗框与墙体等的连接固定点，每边不得少于两点，且间距不得大于 0.7m。门窗框与洞口四周缝隙，一般采用软质保温材料填塞，如矿棉毡条、泡沫塑料条等，分层填实，外表留 5～8mm 深的槽口用密封膏密封，如图 12-24 所示。这种做法主要是为了防止门、窗框四周形成冷热交换区产生结露，影响防寒、防风的正常功能和墙体的寿命以及建筑物的隔声、保温等功能。同时，避免了门窗框直接与混凝土、水泥砂浆接触，消除了碱对门、窗框的腐蚀，图 12-25 为 70 系列推拉窗示意。

铝合金门窗玻璃视玻璃面积大小和抗风等强度要求及隔声、遮光、热工等要求可选用 3～

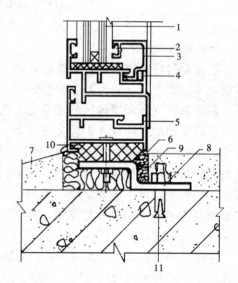

图 12-24　铝合金门窗安装节点
1—玻璃；2—橡胶条；3—压条；4—内扇；5—外框；
6—密封膏；7—砂浆；8—地脚；9—软填料；
10—塑料垫；11—膨胀螺栓

8mm 厚度的平板玻璃、镀膜玻璃、钢化玻璃或中空玻璃。玻璃的安装要求各边加弹性垫块，不允许玻璃侧边直接与铝合金门窗接触。玻璃安上后，要用橡胶密封条或密封胶将四周压牢或填满。

四、塑钢门窗

塑钢门窗是以聚氯乙烯、改性硬质聚氯乙烯或其他树脂为主要原料，经挤压机挤出成型为各种断面的中空异型材，经切割后，在其内腔衬以型钢加强筋，用热熔焊接机焊接成型。

塑钢门窗线条清晰、挺拔、造型美观，表面光洁细腻，不但具有良好的装饰性，而且有良好的防火、阻燃、耐候性、密封性好，抗老化、防腐、防潮、隔热（导热系数低于金属门

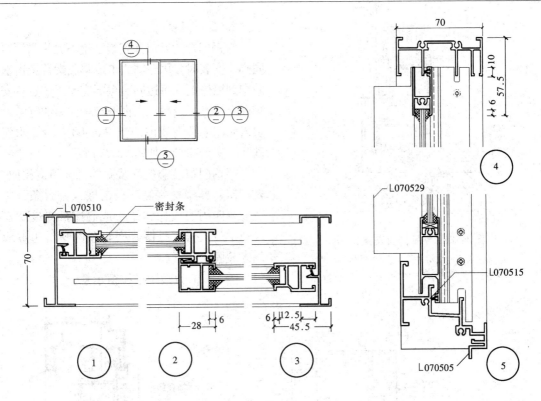

图 12-25　70 系列推拉窗

窗 7～11 倍）、隔声、耐低温（－30～50℃的环境下不变色，不降低原有性能）、抗风压能力强、色泽优美等特性，以及由于其生产过程省能耗、少污染而被公认为节能型产品。

1. 塑钢门窗分类

常用塑钢门窗按开启方式有推拉门窗、平开门窗、固定门窗等等，塑钢门窗按其型材的截面高度分 45 系列、53 系列、60 系列、85 系列等，表 12-3 为常用塑钢门窗断面形式举例。

表 12-3　　　　　　　　　　　塑钢门窗断面形式

框料	扇料	卡条
框料	纱扇料	卡条

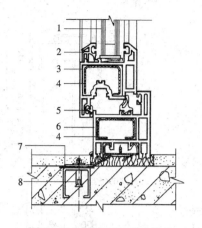

图 12-26　塑钢门窗安装节点

1—玻璃；2—玻璃压条；3—内扇；4—内
钢衬；5—密封条；6—外框；7—地脚；
8—膨胀螺栓

2. 塑钢门窗的安装

塑钢门窗为塞口法安装，绝不允许与洞口同砌。安装时，用金属铁卡或膨胀螺钉把窗框固定到墙体上，每边固定点不应少于三点，安装固定检查无误后，在窗框与墙体间的缝隙处填入防寒毛毡卷或泡沫塑料，再用 1：2 水泥砂浆填实，抹平，如图 12-26 所示。

塑钢门窗玻璃的安装同铝合金门窗相似，先在窗扇异型材一侧凹槽内嵌入密封条，并在玻璃四周安放橡塑垫块或底座，待玻璃安装到位后，再将已镶好密封条的塑料压玻璃条嵌装固定压紧。

图 12-27 为塑钢推拉窗示意。

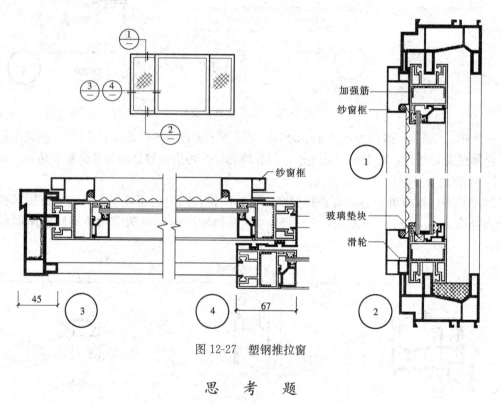

图 12-27　塑钢推拉窗

思　考　题

12-1　门和窗按开启方式、材料各如何分类？

12-2　门和窗主要由哪些部分组成？

12-3　木门窗框的安装位置和方法有哪些？

12-4　夹板门和镶板门的构造要点是什么？

12-5　钢门窗有哪几种类型？钢门窗的构造特点是什么？

12-6　铝合金门窗和塑钢门窗的特点和构造要点各是什么？

第十三章

变　形　缝

建筑物在温度变化、地基不均匀沉降和地震等外界因素作用下，结构内部产生附加应力和变形，常会导致开裂甚至破坏。为此，在设计和施工时，通常对可能产生裂缝的部位设置竖缝，将建筑物分成若干独立部分，使各部分能自由变形。这种在建筑物中预留的构造缝叫变形缝。

变形缝可分为伸缩缝、沉降缝和防震缝三种。

第一节　伸　缩　缝

一、伸缩缝的设置

建筑物因温度和湿度等外界因素的变化，使结构内部产生附加应力和胀缩变形，当建筑物长度超过一定限度时，会因变形过大而产生裂缝甚至破坏。因此，常在较长的建筑物的适当部位预留缝隙，将其分离成独立的区段，使各区段有伸缩的余地。这种主要考虑温度变化而预留的构造缝叫伸缩缝，又称温度缝。

动　画

伸缩缝

伸缩缝的最大间距，即建筑物的容许连续长度，应根据建筑材料、结构形式、施工方式等因素确定。在《砌体结构设计规范》(GB 50003—2011)和《混凝土结构设计规范》(GB 50010—2010)中，分别对砌体房屋和钢筋混凝土结构伸缩缝的最大间距做了规定，见表13-1、表13-2。

表13-1　　　　　　　　　　　砌体房屋伸缩缝的最大间距　　　　　　　　　　　m

屋盖或楼盖类别		间距
整体式或装配整体式钢筋混凝土结构	有保温层或隔热层的屋盖、楼盖	50
	无保温层或隔热层的屋盖	40
装配式无檩体系钢筋混凝土结构	有保温层或隔热层的屋盖、楼盖	60
	无保温层或隔热层的屋盖	50
装配式有檩体系钢筋混凝土结构	有保温层或隔热层的屋盖	75
	无保温层或隔热层的屋盖	60
瓦材屋盖、木屋盖或楼盖、轻钢屋盖		100

注　1. 对烧结普通砖、多孔砖、配筋砌块砌体房屋取表中数值；对石砌体、蒸压灰砂砖、蒸压粉煤灰砖和混凝土砌块房屋取表中数值乘以0.8的系数。当有实践经验并采取有效措施时，可不遵守本表规定。

2. 在钢筋混凝土屋面上挂瓦的屋盖应按钢筋混凝土屋盖采用。

3. 按本表设置的墙体伸缩缝，一般不能同时防止由于钢筋混凝土屋盖的温度变形和砌体干缩变形引起的墙体局部裂缝。

4. 层高大于5m的烧结普通砖、多孔砖、配筋砌块砌体结构单层房屋，其伸缩缝间距可按表中数值乘以1.33。

5. 温差较大且变化频繁地区和严寒地区不采暖的房屋及构筑物墙体的伸缩缝的最大间距，应按表中数值予以适当减小。

6. 墙体的伸缩缝应与结构的其他变形缝相重合，在进行立面处理时，必须保证缝隙的伸缩作用。

表 13-2 钢筋混凝土结构伸缩缝的最大间距 m

结 构 类 别		室内或土中	露 天
排架结构	装配式	100	70
框架结构	装配式	75	50
	现浇式	55	35
剪力墙结构	装配式	65	40
	现浇式	45	30
挡土墙、地下室墙壁等类结构	装配式	40	30
	现浇式	30	20

注 1. 装配整体式结构房屋的伸缩缝间距宜按表中现浇式的数值取用。

  2. 框架—剪力墙结构或框架—核心筒结构房屋的伸缩缝间距可根据结构的具体布置情况取表中框架结构与剪力墙结构之间的数值。

  3. 当屋面无保温或隔热措施时,框架结构、剪力墙结构的伸缩缝间距宜按表中露天栏的数值取用。

  4. 现浇挑檐、雨罩等外露结构的伸缩缝间距不宜大于 12m。

伸缩缝应自基础以上将建筑物的墙体、楼地层、屋顶等构件全部断开。基础由于埋在地面以下,受温度变化的影响较小,不必断开。基础不断开,不会影响缝两侧的其他构件沿水平方向自由变形。伸缩缝的宽度一般为 20~30mm。

二、伸缩缝构造

(一)墙体伸缩缝

墙体伸缩缝的形式根据墙的布置及墙厚不同,可做成平缝、错口缝和企口缝等,如图 13-1 所示。

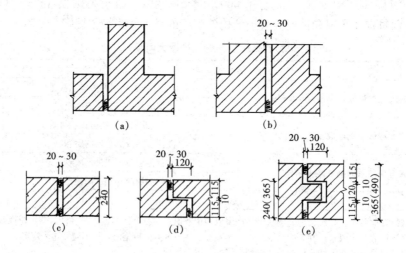

图 13-1 砖墙伸缩缝形式
(a)、(b)、(c) 平缝;(d) 错口缝;(e) 企口缝

外墙上的伸缩缝,为防止风雨侵入室内,并保证缝两侧的构件在水平方向能自由伸缩,应采用防水且不易被挤出的弹性材料填塞缝隙,常用的材料有泡沫塑料、沥青麻丝、橡胶条

等。外墙外侧缝口可钉金属或塑料盖缝片，如图 13-2 所示。外墙内侧缝口应结合室内装修做好盖缝处理，可采用金属、塑料等盖缝片，也可采用木质盖缝板或盖缝条。为保证自由伸缩，只能将木质盖缝板的一端固定在缝边墙上，如图 13-3 所示。

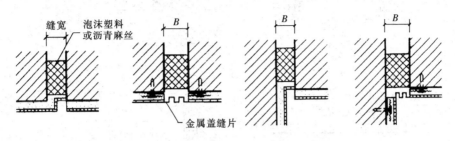

图 13-2　外墙伸缩缝构造

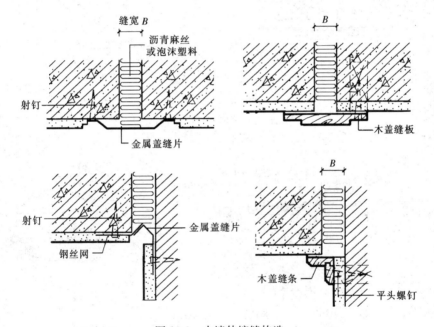

图 13-3　内墙伸缩缝构造

（二）楼地层伸缩缝

楼地层伸缩缝的位置和宽度应与墙体伸缩缝一致。在构造上，要求面层、结构层等在缝处全部脱开，对于沥青类材料的整体面层和铺在砂、沥青胶结合层上的块材面层，可只在混凝土层或楼板结构层中设置伸缩缝。

为了室内美观及防止灰尘下落，伸缩缝内常用泡沫塑料、沥青麻丝等弹性防水材料填缝，并用金属调节片封缝，上铺活动盖板、橡胶条等，或填缝后直接用弹性嵌缝材料嵌缝。顶棚处应做盖缝处理，其构造要求和做法同内墙缝处，楼地层伸缩缝如图 13-4 所示。

（三）屋顶伸缩缝

屋顶伸缩缝的位置和宽度应与墙体、楼地层伸缩缝一致。在构造上应着重做好缝处的防

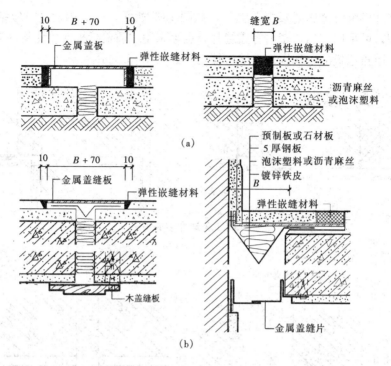

图 13-4　楼地层伸缩缝构造

(a) 地面伸缩缝；(b) 楼板层伸缩缝

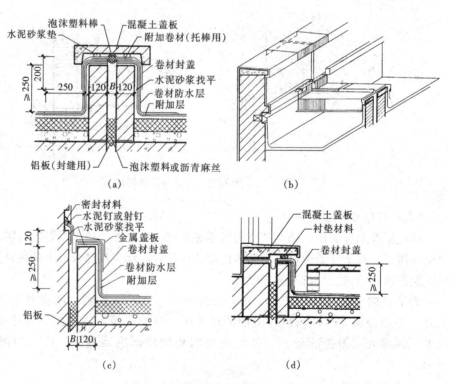

图 13-5　卷材防水屋面伸缩缝构造

(a) 等高屋面伸缩缝；(b) 伸缩缝透视图；(c) 高低屋面伸缩缝；(d) 屋面出入口处伸缩缝

水处理。

卷材防水屋面伸缩缝常见的有等高屋面伸缩缝和高低屋面伸缩缝两种。为防止缝处渗水，可在缝两侧或一侧加砌厚度不小于120mm的护墙，然后将防水层进行泛水构造处理，再按伸缩缝构造要求进行填缝和盖缝。通常缝内填充泡沫塑料或沥青麻丝，用金属调节片封缝，上部填放衬垫材料，并用卷材封盖，顶部用镀锌铁皮、铝板或预制钢筋混凝土板等盖缝，如图13-5所示。

刚性防水屋面伸缩缝的构造要求和做法与卷材防水屋面基本相同，具体构造如图13-6所示。

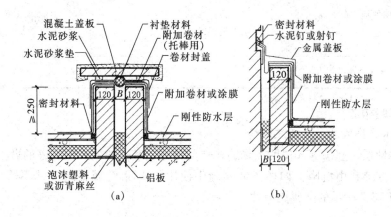

图13-6　刚性防水屋面伸缩缝构造
(a) 等高屋面伸缩缝；(b) 高低屋面伸缩缝

第二节 沉 降 缝

一、沉降缝的设置

为了避免建筑物由于地基不均匀沉降，使结构内部产生附加应力，以致发生错动开裂，通常在建筑物可能出现裂缝的部位设置贯通的垂直缝隙，将其划分成若干个可以自由沉降的独立部分，这种贯通的垂直缝称为沉降缝。当建筑物符合下列条件之一时，通常应考虑设置沉降缝：

(1) 建筑物建造在不同土质且性质差别较大的地基上；

(2) 建筑物相邻部分的高度、荷载或结构形式差别较大；

(3) 建筑物相邻部分的基础埋深和宽度等相差悬殊；

(4) 新建建筑物与原有建筑物相毗连；

(5) 建筑物平面形状复杂且连接部位较薄弱。

沉降缝与伸缩缝的主要区别在于沉降缝是将建筑物从基础到屋顶全部贯通，即基础必须断开，从而保证缝两侧构件在垂直方向能自由沉降。

沉降缝的宽度根据地基性质、建筑物的高度或层数确定，见表13-3。

由于沉降缝的宽度和缝所设范围同时能满足伸缩缝的要求，所以可两缝合并设置，沉降缝兼起伸缩缝的作用，但伸缩缝不能代替沉降缝。

表 13-3 | | 沉 降 缝 的 宽 度

地 基 情 况	建筑物高度（H）或层数	沉降缝宽度（mm）
一般地基	$H<5m$ $H=5\sim10m$ $H=10\sim15m$	30 50 70
软弱地基	二～三层 四～五层 五层以上	$50\sim80$ $80\sim120$ $\geqslant120$
湿陷性黄土地基		$\geqslant50$

二、沉降缝构造

（一）墙体、楼地层、屋顶沉降缝

墙体、楼地层、屋顶等部位的沉降缝构造与伸缩缝基本相同，但盖缝的做法必须保证缝两侧在垂直方向能自由沉降。如墙体伸缩缝中使用的 V 形金属盖缝片就不适用于沉降缝，需要换成如图 13-7 所示的金属调节片。

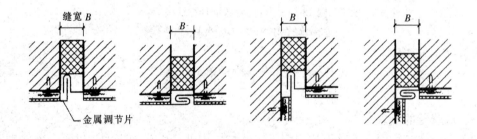

图 13-7　外墙沉降缝构造

（二）基础沉降缝

在砖混结构中，基础沉降缝的构造方案通常有双墙式、悬挑式和交叉式三种，如图13-8所示。

（1）双墙基础方案。这种方案能在沉降缝两侧设承重墙及墙下条形基础，这样，可以保证每个独立沉降单元都有纵横墙封闭连接，使建筑物的整体性好，但当两承重墙间距较小时，将使基础偏心受力。

（2）悬挑式方案。为使沉降缝两侧的基础能自由沉降又互不影响，通常将沉降缝一侧的墙和基础按正常设置，另一侧的纵墙下可局部设挑梁基础。若需另设横墙，可在挑梁端部设基础梁，将横墙支承其上，横墙尽量用轻质墙。

（3）交叉式方案。当沉降缝两侧均需设承重墙，而两墙间距又小时，为避免基础偏心受力，可设置两排交错布置的独立基础，其上各设一道基础梁来支承墙体。

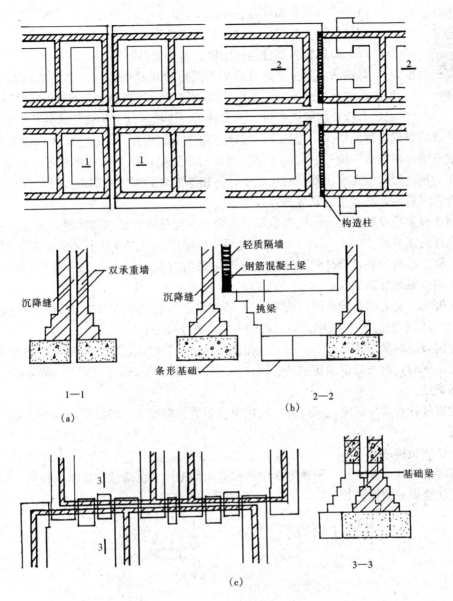

图 13-8 砖墙基础沉降缝

(a) 双墙基础方案；(b) 悬挑式方案；(c) 交叉式方案

第三节 防 震 缝

一、防震缝的设置

在地震区，若因建筑设计要求，建筑物采用较复杂的体型或各部分结构刚度、高度等相差较大时，为避免建筑物各部分在地震时相互挤压、拉伸造成变形和破坏，宜在变形敏感部位设置竖缝，将建筑物分成若干体型简单规则、结构刚度和质量分布均匀的独立单元。这种考虑地震影响而设置的缝隙称为防震缝。

对多层砌体房屋有下列情况之一时宜设置防震缝：

动画

抗震缝

（1）建筑物立面高差在 6m 以上；

（2）建筑物有错层，且楼板高差较大；

（3）建筑物各部分结构刚度、质量截然不同。

对钢筋混凝土房屋宜调整平面形状和结构布置，避免结构不规则，不设防震缝。当建筑物平面形状复杂而又无法调整其平面形状和结构布置使之成为较规则的结构时，宜设置防震缝将其划分为较简单的几个结构单元。

防震缝应将建筑物的墙体、楼地层、屋顶等构件全部断开，且在缝两侧均应设置墙体或柱，形成双墙、双柱或一墙一柱，使各部分结构封闭连接，提高其整体刚度。一般情况下，基础可不设防震缝，但在平面复杂的建筑中，各相连部分的刚度差别很大时，以及防震缝与沉降缝合并设置时，基础也应设缝分开。

防震缝应根据设防烈度、结构类型和建筑物的高度等留有足够的宽度。在多层砌体建筑中，防震缝的宽度取 70～100mm。在钢筋混凝土房屋中，防震缝最小宽度应符合下列要求：

（1）框架结构房屋，当高度不超过 15m 时可采用 100mm；超过 15m 时，6 度、7 度、8 度和 9 度相应每增加高度 5m、4m、3m 和 2m，宜加宽 20mm。

（2）框架—剪力墙结构房屋可按第（1）项规定数值的 70％采用，剪力墙结构房屋可按第（1）项规定数值的 50％采用，但二者均不宜小于 100mm。

（3）防震缝两侧结构类型不同时，应按需要较宽防震缝的结构类型确定；防震缝两侧的房屋高度不同时，应按较低的房屋高度确定；当相邻结构的基础存在较大沉降差时，宜增大防震缝的宽度。

在地震区凡设置伸缩缝或沉降缝，均应符合防震缝的要求，防震缝应同伸缩缝、沉降缝结合布置。

二、防震缝构造

防震缝在墙体、楼地层、屋顶等部位的构造与伸缩缝、沉降缝构造基本相同，只是宽度较大，应注意做好盖缝防护处理，如图 13-9 所示。

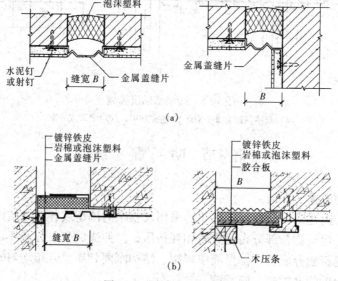

图 13-9 墙身防震缝构造

（a）外墙防震缝；（b）内墙防震缝

思 考 题

13-1　何谓变形缝？变形缝有哪几种？它们之间有何不同之处？

13-2　分别在什么情况下设伸缩缝、沉降缝和防震缝？

13-3　伸缩缝、沉降缝和防震缝的设缝范围和宽度各是什么？

13-4　墙体、楼地层和屋顶变形缝的构造要点是什么？

第十四章

建筑节能技术与设计

近年来，建筑节能已成为世界建筑界共同关注的课题。随着我国国民经济和科学技术的飞速发展，国家对环境保护、节约能源、改善居住条件等问题愈加重视，因此在建筑设计的过程中，要求建筑师在进行建筑艺术创作的同时，有机的结合各项新技术措施，创造良好的人居环境，让建筑本身更节能、绿色、环保。

第一节　我国建筑节能的基本概况

一、节能建筑与建筑节能的含义

节能建筑是探讨以满足建筑热环境和保护人居环境为目的，通过建筑设计手段及改善建筑围护结构的热工性能，充分利用非常规能源，使建筑达到可持续发展的应用研究科学。随着经济生活水平的提高，人们对居住质量（建筑功能合理、建筑设备齐全、室内外环境条件舒适等）越来越重视，因此在建筑设计中，要自始至终的贯彻生态理念，实现建筑的可持续发展。

建筑节能是指在建筑中合理使用或有效利用能源，积极主动的通过采取技术上可行、经济上合理及环境和社会可以承受的措施、提高能源使用效率、加强用能管理，从而减少从能源生产到消费各个环节中的损失和浪费，更加有效、合理地利用能源。

对于我国南方地区的夏季空调用电量大、北方地区的采暖耗能高，普遍存在建筑单位面积能耗大、效率低、围护结构的保温隔热性能不理想等问题。因此，随着我国建设资源节约型、环境友好型社会和节能减排工作的不断深入，建筑节能的重要性和紧迫性还将日益凸显。

二、建筑节能的政策要求

我国的建筑节能工作始于 20 世纪 80 年代。建设部于 1986 年制定了第一部旨在推动建筑节能工作的行业法规《民用建筑节能设计标准（采暖居住建筑部分）》（JGJ 26—1986），节能率要求 30％，该标准于 1995 年进行了修订，即《民用建筑节能设计标准（采暖居住建筑部分）》（JGJ 26—1995），节能率要求 50％。1998 年开始实施的《中华人民共和国节约能源法》规定：建筑物的设计与建造应当依照有关法律、行政法规的规定，采用节能型建筑结构、材料、器具和产品，提高保温隔热性能，减少采暖、制冷、照明的能耗。

2005 年 7 月 1 日实施的《公共建筑节能标准》，适用于新建、扩建和改建的公共建筑的节能设计，通过改善建筑围护结构保温、隔热性能，提高供暖、通风和空调系统的能效比，采取增进照明设备效率等措施，在保证相同的室内热环境舒适参数条件下，与二十世纪八十年代初设计建成的公共建筑相比，全年供暖、通风、空调和照明的总能耗可减少50％。

2006年1月1日起实施的《民用建筑节能管理规定》指出，鼓励民用建筑节能的科学研究和技术开发，推广应用节能型的建筑、结构、材料、用能设备和附属设施及相应的施工工艺、应用技术和管理技术，促进可再生能源的开发利用。新建民用建筑应当严格执行建筑节能标准要求，民用建筑工程扩建和改建时，应当对原建筑进行节能改造。

2007年6月3日国务院印发《节能减排综合性工作方案》，并发出通知必须充分认识节能减排工作的重要性和紧迫性，狠抓节能减排责任落实和执法监管，建立强有力的节能减排责任落实和执法监管，建立强有力的节能减排领导协调机制。

2007年10月26日，建设部、财政部发布《国家机关办公建筑和大型公共建筑节能监管体系建设实施方案》，决定从能耗监测、能耗统计、能源审计等方面对大型公建用能进行审查和定额管理。

2008年，国家新修订和出台了《中华人民共和国节约能源法》《公共机构节能条例》和《民用建筑节能条例》等一系列节能法规和条例，把建筑节能作为节能减排的重要抓手。

2013年1月1日，国务院办公厅以国办发〔2013〕1号转发国家发展改革委、住房城乡建设部制订的《绿色建筑行动方案》，要求城镇新建建筑严格落实强制性节能标准，"十二五"期间，完成新建绿色建筑10亿㎡，到2015年末，20％的城镇新建建筑达到绿色建筑标准要求；"十二五"期间完成北方采暖地区既有居住建筑供热计量和节能改造4亿㎡以上，夏热冬冷地区既有居住建筑节能改造5000万㎡，公共建筑和公共机构办公建筑节能改造1.2亿㎡，实施农村危房改造节能示范40万套。到2020年末，基本完成北方采暖地区有改造价值的城镇居住建筑节能改造。

三、可持续发展与可再生能源的应用

（一）可持续发展

目前，城市化倾向正快速不平衡地发展着，社会的严重失调使城市机制面临威胁，城市毁坏了自然资源，带来了污染及噪声，不卫生状态已达到难以容忍的程度。地球上约有10亿以上的人口居住条件恶劣，因此，在1992年，巴西里约热内卢的"世界首脑会议"上，关于"21世纪行动议程"中，有2/3的内容是关于可持续发展的建议，要在城市及地区中心实施，其目的是创造可持续发展的社会，对建筑而言，狭义地来讲，要创造可持续的建筑，广义地就是创造一个可持续发展的人居环境。

（二）可再生能源的应用

节能建筑设计中，在提高建筑围护结构的热工性能的同时，应充分利用可再生能源，尽量少地消耗常规能源，而用可再生能源代替常规能源的消耗如：太阳能、地热能、沼气能、风能等。

1. 太阳能

太阳能应用是节能建筑设计的主要手段。太阳能是取之不尽、用之不竭的"无价"能源，不会造成居住环境的大气污染，且储量极其巨大，以功率计算为173万亿kW，大气层外太阳辐射能高达$1353W/m^2$（太阳常数），但是穿过大气层后大大衰减，能流密度较小，以致于人们在利用"无价"的太阳能时需付出很大的努力。

　　我国地域辽阔，年日照时间大于 2000 小时的地区约占全国面积的 2/3，属于利用太阳能较有利的区域。

　　2. 地热能

　　地热能应用是在节能建筑中刚刚引起人们重视的一种技术措施。从地面向下达到一定深度以后（约 15～30m），地温不再受太阳辐射的影响，常年保持不变，这一深度范围称为常温层。在建筑设计中所应用的地热能就是利用了地深层这种常温效应。

　　目前，建筑的地热能应用主要是利用地下恒温的特点，即通过一定设计手段和附加空间，冬季将地下热量引入所需空间进行采暖，夏季利用地下冷量实现室内致凉，达到建筑冬暖夏凉的目的，但尚有许多技术问题有待解决，如地下室空气品质问题、地下能源的储存及散失问题等。

　　3. 沼气能

　　沼气能是农村普遍应用的节能方法。沼气能就是将人畜的排泄物储存在一定装置中，通过系列机制发酵产生沼气来引火煮食，达到节约煤炭、减少污染的目的。沼气能作为太阳能应用的补充，有效地解决了人聚地域内排泄物的处理和再应用问题，极好地形成建筑可持续发展的过程，符合保护人类生态环境的目的。在我国的广大农村，沼气技术已相当成熟，广大用户已积累了丰富的经验。

　　4. 风能

　　风能的应用是有待进一步研究的建筑节能领域。过去风能主要被用来发电或产生机械功来代替人的劳动。如何将风能转换成热能并被用于建筑采暖致凉，是一项崭新的研究课题。现在可以借助自动化智能系统、高新的技术设备，尤其在高层建筑方兴未艾的今天，实现高层建筑节能的风资源应用是可能和有前途的，风能利用是建筑节能的一个方向。

第二节　太阳能建筑设计

一、太阳能建筑的原理

　　在建筑中进行太阳能热利用的基本原理是通过集热器吸收太阳光热，将太阳能转换成热能（或机械能），利用热能加热空气进行采暖或通风（利用热能产生热水和利用热能或机械能进行空调制冷不在本文讨论范围之内）。

　　因为太阳能具有分散性、间断性、不稳定性，利用效率相对低些，所以设计时应当从地区太阳能资源的实际出发，因地制宜地把太阳能技术应用到建筑中去，寻求和发展适合不同地域的太阳能应用技术，使太阳能更充分地发挥作用。

二、太阳能与建筑一体化设计策略

　　太阳能系统与建筑的结合需做到同步设计、同步施工，至少有四个方面的要求：在外观上，合理摆放光伏电池板和太阳集热器，无论是在屋顶还是在立面墙上，应实现两者的协调与统一；在结构上，要妥善解决光伏电池板和太阳集热器的安装问题，确保建筑物的承重、防水等功能不受影响，还要充分考虑光伏电池板和太阳集热器抵御强风、暴雪、冰雹等的能力；在管路布置上，要建筑物中都要事先留出所有管路的通口，合理布置太阳能循环管路以及冷热水供应管路，尽量减小在管路上的电量和热量的损失；在系统运行上，要求系统可靠、稳定、安全，易于安装、检修、维护，合理解决太阳能与辅助能源的匹配以及与公共电网的并网问题，尽可能实现系统的智能化全自动控制。

太阳能集热板、光电板与建筑结合有如下几种形式（图 14-1）：

（1）采用普通太阳电池组件或集热器，安装在倾斜屋顶原来的建筑材料之上［图 14-1（a）］。

（2）采用特殊的太阳电池组件或集热器，作为建筑材料安装在斜屋顶上［图 14-1（b）］。

（3）采用普通太阳电池组件或集热器，安装在平屋顶原来的建筑材料之上［图 14-1（c）］。

（4）采用特殊的太阳电池组件或集热器，作为建筑材料安装在平屋顶上［图 14-1（d）］。

（5）采用普通或特殊的太阳电池组件或集热器，作为幕墙安装在南立面上［图 14-1（e）］。

（6）采用特殊的太阳电池组件或集热器，作为建筑幕墙镶嵌在南立面上［图 14-1（f）］。

（7）采用特殊的太阳电池组件或集热器，作为天窗材料安装在屋顶上［图 14-1（g）］。

（8）采用普通或特殊的太阳电池组件或集热器，作为遮阳板安装在建筑上［图 14-1（h）］。

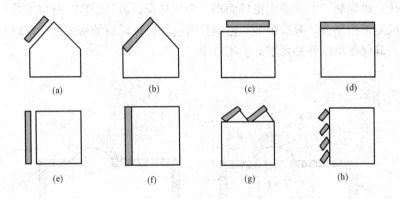

图 14-1　太阳能集热板、光电板与建筑的结合形式

三、太阳能采暖技术设计

太阳能采暖技术总体可分为两大类：被动式和主动式。在条件允许的情况下，应优先选用被动式太阳能技术，被动式技术包括多种形式，在设计和使用时往往不同形式相结合，以求合理与最优化。而主动式太阳能技术的采用则作为利用太阳能的补充部分。

（一）被动式太阳能采暖

被动式采暖设计是通过建筑朝向和周围环境的合理分布、内部空间和外部形体的巧妙处理，以及建筑材料和结构构造的恰当选择，使其在冬季能集取、保持、储存、分布太阳热能，从而解决建筑物的采暖问题。该设计的基本思想是控制阳光和空气在恰当的时间进入建筑并储存和分配热空气。其设计原则是要有有效的绝热外壳，有足够大的集热表面，室内布置尽可能多的储热体，以及主次房间的平面位置合理。

被动式设计应用范围广、造价低，可以在增加少许或几乎不增加投资的情况下完成，在中小型建筑或住宅中最为常见。

1. 直接受益式（图14-2～图14-4）

房间本身是一个集热储热体，白天太阳光透过南向玻璃窗进入室内，地面和墙体吸收热量；夜晚被吸收的热量释放出来，维持室温。这是冬季采暖的全过程。

直接受益式是应用最广的一种方式，构造简单，易于安装和日常维护；与建筑功能配合紧密，便于建筑立面的处理；室温上升快，但是室内温度波动较大。

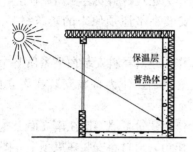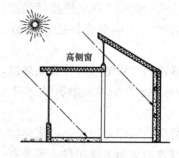

图14-2 直接受益式的基本形式　　图14-3 利用高侧窗直接受益式

采用该形式需要注意以下几点：建筑朝向在南偏东、偏西30°以内，有利于冬季集热和避免夏季过热；根据热工要求确定窗口面积、玻璃种类、玻璃层数、开窗方式、窗框材料和构造；合理确定窗格划分，减少窗框、窗扇自身遮挡，保证窗的密闭性；最好与保温帘、遮阳板相结合，确保冬季夜晚和夏季的使用效果。

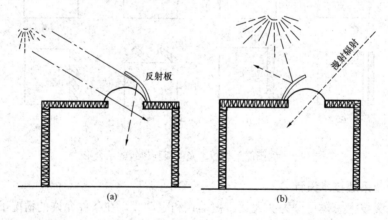

图14-4 利用天窗直接受益式
(a) 冬季利用反射板增强光照；(b) 夏季反射板遮挡直射，漫射光采光

2. 集热蓄热墙式

该方式属于间接受益太阳能采暖系统，向阳侧设置带玻璃罩的储热墙体，墙体可选择砖、混凝土、石料、土、水等储热性能好的材料。墙体吸收太阳辐射后向室内辐射热量，同时加热墙内表面空气，通过对流使室内升温（图14-5）。如果墙体上下开有通风口，玻璃与墙体之间加热的空气可以和室内冷空气形成对流循环，促使室温上升如图14-6所示。该形式与直接受益式相结合，既可充分利用南墙集热，又可与建筑结构相结合，并且室内昼夜温度波动较小。墙体外表面涂成深色、墙体与玻璃之间的夹层安装波形钢板，可以提高系统集热效率。

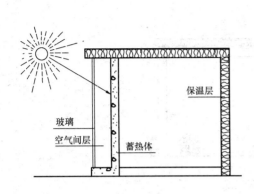

图 14-5　集热蓄热墙的基本形式

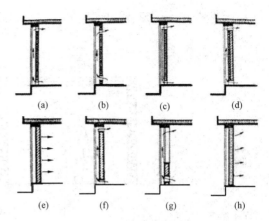

图 14-6　集热蓄热墙的多种形式
(a) 固定式；(b) 开启式；(c) 附加装置式；
(d) 附加蓄热墙式；(e) 闷晒式；(f) 通风式；
(g) 槛墙集热窗式；(h) 水墙式

3. 附加阳光间式

在向阳侧设透光玻璃构成阳光间接受日光照射，是直接受益式和集热蓄热式的组合。阳光间可结合南廊、入口门厅、休息厅、封闭阳台等设置，可作为生活、休闲空间或种植植物（图 14-7）。

该形式具有集热面积大、升温快的特点，与相邻内侧房间组织方式多样，中间可设砖石墙、落地门窗或带槛墙的门窗。中午阳光间内升温较快，应通过门窗或通风窗合理组织气流，将热空气及时导入、出室内（图 14-8）。另外，只有解决好冬季夜晚保温和夏季遮阳、通风散热，才能减少因阳光间自身缺点带来的热工方面的不利影响。

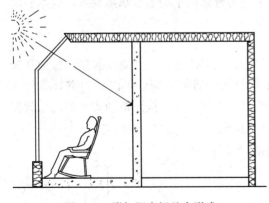

图 14-7　附加阳光间基本形式

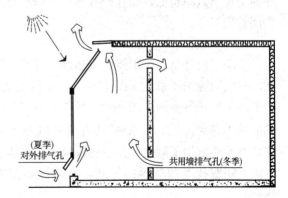

图 14-8　开设内外通风窗有效改善冬夏季工况
（通风口可以用门窗代替）

4. 屋顶池式

屋顶放置有吸热和储热功能的储水塑料袋或相变材料，其上设可开闭的盖板，冬夏兼顾，都能工作。冬季白天打开盖板，水袋吸热，夜晚盖上盖板，水袋释放的热量以辐射和对流的形式传到室内（图 14-9、图 14-10）。夏季工况与冬季相反。

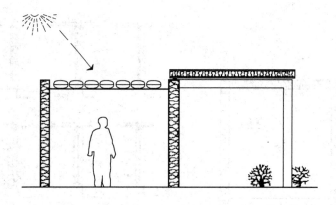

图 14-9　冬季白天工况

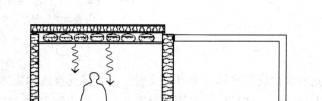

图 14-10　冬季夜间工况

该形式适合冬季不太寒冷且纬度低的地区。因为纬度高的地区冬季太阳高度角太低，水平面上集热效率也低，而且严寒地区冬季水易冻结。另外系统中的盖板热阻要大，储水容器密闭性要好。

（二）主动式太阳能采暖

主动式设计是以太阳能的集热器、管道、散热器、风机或泵，以及储热装置等组成强制循环的太阳能采暖系统（图 14-11）。按照集热器与集热介质的不同，可以分为空气集热式和液体集热式等多种系统形式。其中是空气集热式以空气作媒介，按照被动式太阳能采暖技术的基本思路，增加了需要动力的风机和引导气流的风管，有的还增加了储热部分，所以将其归结为主动式设计手法。随着技术和材料的发展，目前该类型出现了多种形式。

1. 传统形式

在建筑的向阳面设置太阳能空气集热器，用风机将空气通过碎石储热层送入建筑物内，并与辅助热源配合，如图 14-12 所示。由于空气的比热小，从集热器内表面传给空气的传热系数低，所以需要大面积的集热器，故该形式热效率较低。

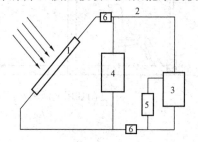

图 14-11　主动式太阳能采暖系统图
1—太阳能集热器；2—供热管道；
3—散热设备；4—储热器；
5—辅助热源；6—风机或泵

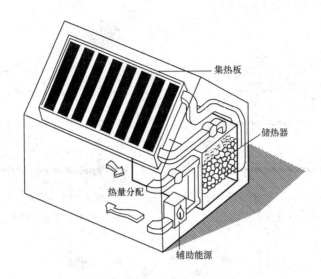

图 14-12　空气集热器传统形式

2. 集热屋面式

把集热器放在坡屋面、用混凝土地板作为蓄热体的系统，例如日本的 OM 阳光体系住宅（图 14-13）。冬季，室外空气被屋檐下的通气槽引入，通过安装在屋顶上的玻璃集热板加热，上升到屋顶最高处，通过通气管和空气处理器进入垂直风道转入地下室，加热室内厚水泥地板，同时热空气从地板通风口流入室内（图 14-14）。

图 14-13　OM 阳光住宅技术体系

图 14-14　屋顶预热新风并加热室内空气

该系统也可在加热室外新鲜空气的同时加热室内冷空气（图 14-15），但是需要在室内上空设风机和风口，把空气吸入并送到屋面集热板下。夏季夜晚系统运行与冬季白天相同，但送入室内的是凉空气，起到降温作用。夏季白天集聚的热空气能够加热生活热水（图 14-16、图 14-17）。相对于被动式系统而言，主动式系统较为复杂，造价较高，多应用于大型公共建筑。

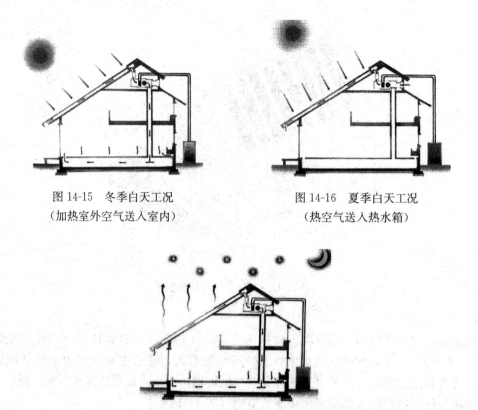

图 14-15　冬季白天工况　　　　　　　　　图 14-16　夏季白天工况
（加热室外空气送入室内）　　　　　　　　（热空气送入热水箱）

图 14-17　夏季夜晚工况（室外凉空气送入室内）

第三节　建 筑 节 能 技 术

建筑节能技术包括建筑围护结构节能、新能源利用、良好环保技术、供热采暖的计量控制、新型空调技术等，以上技术措施都能起到降低建筑能耗的作用。

一、建筑围护结构节能技术

建筑的围护结构主要指的是外墙、外门窗、屋顶等，它们的设计对建筑耗能、环境性能、室内空气质量与用户所处的视觉和热舒适环境有很大的影响。

由于早期建筑建设标准和资金投入的限制，几乎没有考虑通过增强围护结构性能的设计来降低能耗以达到节能效果，所以建筑整体的节能性比较差。围护结构各部位传热耗热量所占比例如图 14-18 所示。在传热热损失中，外墙最大，其次是外窗。

（一）墙体节能技术

墙体作为建筑物的围护结构，除了基本的承重和分隔作用以外，在保证室内热稳定性上同样也发挥重要的作用。

提高外墙的热工性能，在不同的地区宜采用不同的方式。在严寒和寒冷地区，由于其冬季室内外温差大，主要以增强外墙的保温性能为主；而在夏热地区，则主要进行外墙隔热处理。

提高外墙保温性能的措施主要有以下几种做法：第一，通过增加外墙厚度，使传热过程

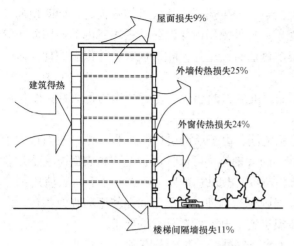

建筑得热

屋面损失9%

外墙传热损失25%

外窗传热损失24%

楼梯间隔墙损失11%

图 14-18　外围护结构热损失示意图

延缓，达到保温目的。第二，选用孔隙率高、密度小的材料做外墙，如加气混凝土、发泡混凝土等自保温砌块等（图 14-19）。第三，采用多种材料的组合墙体，单设保温层与承重墙体形成复合构造系统，以解决外墙的保温和承重双重问题。

当采用单设保温层的复合墙体时，保温层的位置，对结构及房间的使用质量，结构造价、施工，维持费用等各方面都有很大影响。对于建筑师来说，应正确选择保温层的位置。

保温层设在外墙的室内侧，叫内保温（图 14-20）；设在室外侧，称为外保温（图 14-21）；有时还将保温层设置于同一外墙的内、外侧墙片之间，称为夹芯保温（图 14-22）。

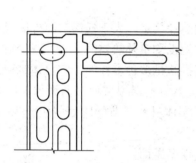

图 14-19　多孔砖自保温构造示例

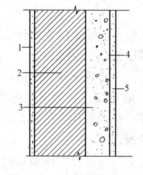

图 14-20　内保温构造示例

1—外粉刷；2—砖砌体；3—保温层；

4—隔汽层；5—内粉刷

动　画

节能外墙外保温构造

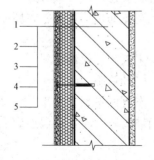

图 14-21　外保温层构造示例

1—钢筋混凝土墙；2—胶黏剂＋机械锚固件；

3—膨胀聚苯板保温层；4—抹面胶浆＋热

镀锌钢丝网；5—面砖黏结砂浆＋面砖

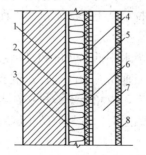

图 14-22　夹心保温构造示例

1—砖砌体；2—黏结剂；3—聚氨酯泡沫塑料；

4—木纤维板；5—塑料薄膜；6—铝箔纸板；

7—空气间层；8—胶合板涂油漆

过去，墙体多用内保温，屋顶则多用外保温。但采用内保温方式的缺点很明显，如内保温的做法会使内隔墙和楼板处的保温层出现断点、产生热桥，加大墙体热损失，同时使局部墙体内表面温度降低，有时可能出现结露现象；另外采用内保温还会占用室内的使用面积等问题。近年来，墙体采用外保温和夹芯保温的做法日渐增加。相对说来，外保温的优点多一些，主要有：

（1）使墙的主要部分受到保护，大大降低温度应力的起伏，提高结构的耐久性；结构所受温差作用大幅度下降，温度变形减小。

（2）外保温有利于保持结构及房间的热稳定性。由于承重层材料的热容量一般都远大于保温层，所以，当供热不均匀时，承重层蓄存的大量热量可保证围护结构内表面温度不致急剧下降，同理，承重层在夏季，也能起到调节室内温度的作用。但是，对于间歇使用的房间，如影剧院、体育馆、人工气候室等内保温则更为合理。这类房间在使用前临时供热，内保温能够防止承重层吸收大量热量，满足室温迅速上升到所需标准的要求。

（3）外保温对防止或减少保温层内部产生水蒸气凝结，是十分有利的。

（4）外保温使热桥处的热损失减少，并能防止热桥内表面局部结露。

（5）对于旧房的节能改造，外保温处理的效果最好。首先，在基本不影响住户生活的情况下即可进行施工，其次，采用外保温不会占用室内的使用面积。

（二）屋面节能技术

屋顶作为建筑物外围护结构所造成的室内外温差传热耗热量，大于任何一面外墙或地面的耗热量，因此，提高建筑屋面的保温隔热能力，有效地抵御室外热空气传递，减少空调能耗，也是改善室内热环境的一个有效途径。屋面的节能措施是多种多样的，它与建筑屋顶的构造形式和保温隔热材料性质有关。节能屋面通常有实体材料保温屋面、通风保温隔热屋面、植被屋面和蓄水屋面等。在大量性民用建筑当中，实体材料层节能屋面应用较为广泛，以下将进行该种类型屋面的概述。

实体材料保温屋面又可分为一般保温屋面和倒置式保温屋面。

1. 一般保温屋面

实体材料保温屋面通常分为平屋顶和坡屋顶两种形式，由于平屋顶构造形式简单，所以是最为常用的一种屋面形式。为了提高屋面的保温性能，设计上应遵照以下设计原则：

（1）保温层设在结构层之上，防水层之下而形成封闭式保温屋面构造，通常在屋面铺设保温层前宜做找平层。

（2）保温层宜选用吸水率低、密度和导热系数小，并有一定强度的保温材料。

（3）保温层厚度应根据所在地区现行建筑节能设计标准，经计算确定。

（4）保温层的含水率，应相当于该材料在当地自然风干状态下的平衡含水率。

（5）纤维材料做保温层时，应采取防止压缩的措施；屋面坡度较大时，保温层应采取防滑措施。

（6）封闭式保温层或保温层干燥有困难的卷材屋面，宜采取排气构造措施。

2. 倒置式保温屋面

所谓倒置式屋面就是将传统屋面构造中保温隔热层与防水层"颠倒"，将保温隔热层设在防水层上面，故有"倒置"之称（图14-23）。由于倒置式屋面为外保温隔热形式，外保温材料层的热阻作用对室外综合温度波首先进行了衰减，使其后产生在屋面重实材料上的内部温度分布低于传统保温热屋顶内部温度分布，屋面所蓄有的热量始终低于传统屋面保温隔热方式，向室内散热也小，因此，是一种保温隔热效果更好的节能屋面构造形式。

倒置式屋面主要特点如下：

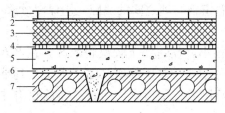

图 14-23 倒置式屋面

1—屋面板；2—水泥砂浆找平层；3—聚苯板
保温材料；4—卷材防水层；5—水泥砂浆找平
层；6—炉渣找坡；7—钢筋混凝土屋面板

（1）可以有效延长防水层使用年限。"倒置式屋面"将保温层设在防水层之上，大大减弱了防水层受大气、温差及太阳光紫外线照射的影响，使防水层不易老化，因而能长期保持其柔软性、延伸性等性能，可有效延长使用年限。

（2）保护防水层免受外界损伤。由于保温材料组成不同厚度的缓冲层，使卷材防水层不易在施工中受外界机械损伤。同时又能衰减各种外界对屋面冲击产生的噪声。

（3）如果将保温材料做成放坡（一般不小于 3％），雨水可以自然排走。因此进入屋面体系的水和水蒸气不会在防水层上冻结，也不会长久凝聚在屋面内部，而能通过多孔材料蒸发掉。同时也避免了传统屋面防水层下面水汽凝结、蒸发、造成防水层鼓泡而被破坏的质量通病。

（4）施工简便，利于维修。倒置式屋面省去了传统屋面中的隔汽层及保温层上的找平层，施工简单，造价经济。易于维修。

综上所述，倒置式屋面具有良好的防水、保温隔热功能，特别是对防水层起到保护、延缓老化、延长使用年限，同时还具有施工简便、速度快、耐久性好，可在冬季或雨季施工等优点。

（三）门窗节能技术

1. 窗户的节能设计

玻璃窗不仅传热量大，而且由于其热阻远小于其他围护结构，造成冬季窗户表面温度过低，对靠近窗口的人体进行冷辐射，形成"辐射吹风感"，严重地影响室内热环境的舒适。就建筑设计而言，窗户的保温设计主要从以下几方面考虑：

（1）控制窗墙面积比。窗户（包括阳台门上部）既有引进太阳辐射热的有利方面，又有因传热损失和冷风渗透损失都比较大的不利方面。就其总效果而言，窗户仍是保温能力最低的构件，通过窗户的热损失比例较大，因此我国建筑热工设计规范中，对开窗面积作了相应的规定。按我国设计规范要求，控制窗户的面积的指标是窗墙面积比。

（2）提高气密性，减少冷风渗透。除少数空调建筑设置固定密闭窗外，一般窗户均有缝隙。特别是材质不佳，加工和安装质量不高时，缝隙更大。为加强窗户生产的质量管理，我国的有关标准规定，在窗两侧空气压差为 10Pa 的条件下，单位时间内每米缝长的空气渗透量 q_1 的允许标准为：低层和多层建筑中应不大于 4.0m³/(m·h)；中、高层建筑中应不大于 2.5m³/(m·h)。

如果窗本身的气密性达不到上述要求，则应采取密封措施，但在提高气密性的同时，不能盲目认为气密性程度越高越好，因过分气密对人的健康不利，同时也会妨碍室内空气中的水汽向室外的渗透和扩散，从而使房间湿度增高。

（3）提高窗户的保温能力。

1）改善窗框保温性能。过去绝大部分窗框是木制的，保温性能比较好。但由于种种原因，金属窗框越来越多。由于这些窗框传热系数很大，故其热损失在窗总热损失中所占比例较大，应采取保温措施。如将薄壁实腹型材改为空心型材，内部形成封闭空气层，提高保温能力；开发塑料构件，已获得良好保温效果；各种材料窗框与墙之间的缝隙，用保温砂浆、泡沫塑料等填充密封。

2）改善窗玻璃部分的保温能力。单层窗的热阻很小，仅适用于较温暖地区。在严寒及寒冷地区，应采用双层甚至三层窗，这不仅是室内正常气候条件所必需，也是节约能源的重要措施。此种双层窗或三层窗，是指窗口有两层或三层窗扇，而每一窗扇仅有单层玻璃。

此外，近年来国内外使用单层窗扇上安装双层玻璃，中间形成良好密封空气层的新型窗户的建筑日益增多。为了与传统的"双层窗"相区别，我们称这种窗为"双玻璃窗"。双玻璃窗的空气间层厚度以 2～3cm 为最好，此时传热系数较小。当厚度小于 1cm 时，传热系数迅速变得很大；大于 3cm 时，则造价提高，而保温能力并不能提高很多。

为提高窗的保温能力，在有的建筑中，也有用空心玻璃砖代替普通平板玻璃的。最后还应指出，当采用普通双层窗时，内层应尽可能做得严密一些，而外层的窗扇与窗框之间，则不宜过分严密。这是因为冬季水蒸气总是通过缝隙，由室内向室外扩散的。如果内层不严而外层严，则水蒸气进入双层窗之间的空气层后，就会排不出去，从而在外层窗玻璃内表面上，大量结露结霜，其后果是严重降低天然采光效果。这种实例，在哈尔滨、乌鲁木齐等地是很多的。

3）合理选择窗户类型。窗户保温性能低的原因，主要是缝隙空气渗透和玻璃、窗框和窗樘等的热阻太小。表 14-1 是目前我国大量性建筑中常用的各类窗户的传热系数 K 值。

由表可见，单层窗的 K 值在 $4.7～6.4W/(m^2 \cdot K)$ 范围，约为 1 砖墙 K 值的 2～3 倍，也就是其单位面积的传热损失约为 1 砖墙的 2～3 倍。即便是单框双玻窗、双层窗，其传热系数也远远大于普通实心 1 砖墙的传热系数。窗的传热系数直接关系到建筑能耗的大小，为此，建筑节能设计标准中对各地区的窗户传热系数均做了规定，设计中可参照该标准合理地选择窗户类型。

2. 外门的节能设计

外门包括户门（不采暖楼梯间）、单元门（采暖楼梯间）、阳台门下部以及与室外空气直接接触的其他各式各样的门。门的热阻一般比窗户的热阻大，而比外墙和屋顶的热阻小，因而也是建筑外围护结构保温的薄弱环节，表 14-1 是几种常见门的传热阻和传热系数。

表 14-1   几种常见门的传热阻和传热系数

序号	名 称	传热阻[$(m^2 \cdot K)/W$]	传热系数[$W/(m^2 \cdot K)$]	备 注
1	木夹板门	0.37	2.7	双面三夹板
2	金属阳台门	0.156	6.4	
3	铝合金玻璃门	0.164～0.156	6.1～6.4	3～7mm 厚玻璃
4	不锈钢玻璃门	0.161～0.150	6.2～6.5	5～11mm 厚玻璃

序号	名　称	传热阻[(m² · K)/W]	传热系数[W/(m² · K)]	备　注
5	保温门	0.59	1.70	内夹 30mm 厚轻质保温材料
6	加强保温门	0.77	1.30	内夹 40mm 厚轻质保温材料

从表 14-1 看出，不同种类门的传热系数值相差很大，铝合金门的传热系数要比保温门大 2.5 倍，在建筑设计中，应当尽可能选择保温性能好的保温门。

外门的另一个重要特征是空气渗透耗热量特别大。与窗户不同的是，门的开启频率要高得多，这使得门缝的空气渗透程度要比窗户缝大很多，特别是容易变形的木制门和钢制门。因此，在门的选择上应尽量选用经过处理的可易变形的木制门或塑料门。

二、新能源利用技术

太阳能利用技术是指通过转换装置将太阳能源转换成热能、电能，并全方位地解决建筑内热水、采暖和照明用能的技术。例如，通过转换装置把太阳辐射能转换成热能利用的属于太阳能热利用技术，再利用热能进行发电的称为太阳能热发电技术；通过转换装置把太阳辐射能转换成电能利用的属于太阳能光发电技术，又称太阳能光伏技术（图 14-24）。

在太阳能照射和地心热产生的大地热流的综合作用下，地壳近表层数百米内恒温带中的土壤、砂石和地下水里蕴藏着丰富的低温地热能。热泵是一种把热量从低温端送向高温端的专用设备，热泵有空气源热泵、土壤源热泵（图 14-25）、水源热泵。

图 14-24　光伏发电屋面

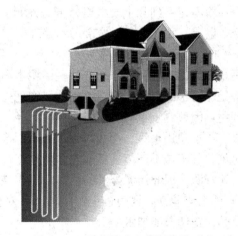

图 14-25　地埋管式土壤源热泵示意

三、环境与环保技术

1. 立体绿化技术

立体绿化是选择攀援植物及其他植物栽植并依附或者铺贴于各种构筑物及其他空间结构上的绿化方式。立体绿化对建筑节能的作用更直接，主要表现在夏季，通过植物冠盖、叶片的这样作用减少建筑物对太阳辐射热的吸收，通过蒸腾作用吸收建筑物围护结构的热量，释放水蒸气，改善建筑物外表的热湿环境，降低建筑空调负荷，实现节能；冬季，绿化主要起屏蔽作用，减小风压对建筑物的作用，从而降低供热负荷，达到节能目的。对建筑实施立体绿化，具有不占用宝贵的地表面积，却能大大提高城市的绿地率的优点（图 14-26）。

2. 垃圾处理技术

城市垃圾成分复杂，并受经济发展水平、能源结构、自然条件及传统习惯等因素的影响，很难有统一的处理模式。对城市垃圾的处理一般是随国情而异，不管采用哪种处理方式，但最终都是以无害化、资源化、减量化为处理目标。我国城市垃圾处理起步较晚，目前我国多数城市垃圾不太适宜焚烧用于发电，而填埋又受土地资源限制，采用经济高效与纳米碳酸钙联产技术的处理城市垃圾是值得推广应用的有效方法。其直接利用热能作为微生物农药与纳米碳酸钙生产的热源与冷源（通过吸收式制冷系统转换）。考虑到能源平衡问题，将剩余的热能用于制冰，生产有保鲜杀菌功能的"超级冰"，可广泛用于鱼肉保鲜业的卫生用冰。从而实现垃圾高价值利用

图 14-26 立体绿化实例

与完全无害化处理，不但减轻城市市政负担，还为社会创造财富，这种方法可实现垃圾的"减量、再用、循环"的无害化处理。

3. 城市污水处理与回用技术

我国属世界 12 个贫水国家之一，人均水资源占有量仅 2400m³，尤其北方地区人均水资源占有量仅 200～400m³，水资源的紧缺状况在一定程度上限制了工农业生产和城市的发展，许多城市不得不到几十公里以外开辟水源，其投资在 1000 元/m³ 以上，制水成本高达 1.0 元/m³ 以上。相比之下，城市污水处理厂二级处理的尾水，是一种稳定的水资源，其投资约 200～300 元/m³，制水成本在 0.30 元/m³ 左右。我国的天津、大连、太原、青岛、泰安等地污水回用的工程实践，充分证明了城市污水回用的经济性。

处理污水的方法有物理处理法、物理化学法、生物处理法等。处理完后的再生水还可进行利用，因地制宜根据需要确定利用途径，如农业用水、市政园林用水、生活杂用水、城市二级河道景观用水等。而城市污水处理厂产生的大量污泥也应妥善处理和处置，避免产生二次污染，危害城市环境。目前较多的是将污泥填埋，这不但需要大量的土地，而且废弃了大量污泥资源。因此污泥处置的最终出路应该是作为农业肥料——充分利用污泥中富含的 N，P，K 等营养物质，既可避免污染，又可创造经济效益。

四、空调节能技术

空调节能技术主要着重点在：一是节能元件与节能技术的应用；二是改善空调设计，优化结构参数；三是运行中的节能控制，即变容量控制技术。

1. 储能技术

储能技术又包括显热蓄能技术、潜热蓄能技术、蓄冷空调技术、蓄热空调技术。

2. 热回收技术

如何充分利用排风的能量，对新风进行预冷或预热，从而减小新风负荷，是暖通空调节能的重要途径。此外有的建筑物内区需要全年供冷，而制冷机的冷凝热通过冷却塔排放到大气中，如何利用冷凝热以提高能源的利用效率也是需要注意的问题，暖通空调中的热回收技术就是在这样的背景下产生和发展的。热回收技术包括热管技术和冷凝热回收技术。

3. 变频技术

变频空调采用变频调速技术控制压缩机和风机运转，轻载时自动以低频维持，不需开停控制，可以省电 20%～70%。变频空调通过压缩机转速的变化，可以实现制冷量随室外温度的上升而上升、下降而下降，这样就实现了制冷量与房间热负荷的自动匹配，改善了舒适性，也节省了电力。

五、供暖系统技术

供暖系统节能技术要考虑的因素有：平衡供暖、热量按户计量收费及室温控制调节、管道保温等。由于供暖管道保温不良，输送中热能散失过多，造成很大的浪费。现在的许多工程已采用预制保温管，即内管为钢管，外套聚乙烯或玻璃钢管，中间用泡沫聚氨酯保温，不设管沟，直埋地下，管道热损失小，施工维修方便。

思 考 题

14-1 建筑节能的意义是什么？

14-2 在建筑设计中，可再生能源代替常规能源的技术主要有哪些？

14-3 太阳能与建筑一体化设计中，集热板、光电板与建筑的结合形式有哪几种？

14-4 何谓被动式太阳能技术？

14-5 提高外墙保温性能的措施有哪几种？

14-6 提高外窗的节能措施主要有哪些？

14-7 何谓倒置式保温屋面，其特点是什么？

第二篇

工 业 建 筑

第十五章

工业建筑设计概论

第一节　工业建筑的特点和分类

工业建筑是人们进行生产活动所需要的各种房屋，这些生产房屋通常称为厂房。

工业建筑设计要按照坚固适用、技术先进、经济合理的原则，根据生产工艺的要求，来确定工业建筑的平面、剖面、立面和建筑体型，并进行细部设计，以保证功能良好的工作环境。

一、工业建筑的特点

工业建筑和民用建筑一样，具有建筑的共同性质，在设计原则、建筑技术、建筑材料等方面有许多相同之处。但是因为工业建筑为生产服务的使用要求和民用建筑为生活服务的使用要求有很大差别，所以工业建筑又具有自己的特点。

（1）生产工艺流程决定着厂房的建筑空间形式、平面布置和形状。生产工艺流程是厂房平面布置和形式的主要依据之一。生产工艺流程直接影响各生产工段的布置和相互关系，如在重型机械、冶金这类厂房中，有大量的原材料、半成品、成品运入运出，不仅运输量大，而且体积和重量也大，这就要求兴建以水平交通运输为主的平面厂房。而电子工业，产品小，重量轻，适合于多层厂房的建筑形式。

（2）生产设备的要求决定着厂房的空间尺度。厂房内各种生产设备和起重运输设备的设置，直接影响到厂房的大小、布置及结构形式的选择。由于生产的要求，往往需要配备大中型的生产设备，设备之间生产联系或运行上的需要，使得厂房要具有较大的柱网尺寸及高大畅通的内部空间。

（3）厂房荷载决定着采用大型承重骨架。根据工业建筑的生产特征，楼面和屋面承受的荷载较大，直接影响建筑平面布置、结构和构造等方面。因此，单层厂房经常采用装配式的大型承重构件组成，多层厂房则采用钢筋混凝土骨架结构或钢结构。

（4）生产产品的需要影响着厂房的构造。由于对生产产品的特殊要求使厂房结构和构造比较复杂。

二、工业建筑的分类

由于生产工艺的多样化和复杂化，工业建筑的种类繁多，为了便于掌握工业建筑的设计规律，通常按用途、内部生产状况和层数进行分类。

（一）按厂房的用途分

（1）主要生产厂房，是用于直接进行主要产品加工及装配的厂房，如机械制造厂中的铸造车间、机械加工车间和装配车间等。

（2）辅助生产厂房，是为主要生产厂房服务的厂房，如机械制造厂中的工具车间、机修车间等。

（3）动力用厂房，是为全厂生产提供能源和动力的厂房，如发电站、锅炉房、变电站、煤气发生站、氧气站、压缩空气站等。

（4）储藏类建筑，指用于储存各种原材料、半成品、成品的仓库。

（5）运输类建筑，指用于存放、检修各种运输工具的建筑，如汽车库、电瓶车库等。

（二）按厂房内部生产状况分

（1）热加工车间，指在生产过程中散发大量热量、烟尘等有害物质的车间，如炼钢、轧钢、铸造车间、锻压车间等。

（2）冷加工车间，指在正常的温、湿度条件下进行生产的车间，如机械加工车间、装配车间等。

（3）恒温恒湿车间，指在温、湿度波动很小的范围内进行生产的车间，这类车间室内除装有空调设备外，厂房也要采取相应的措施，以减少室外气象对室内温、湿度的影响。

（4）洁净车间，指产品的生产对室内空气的洁净程度要求很高的车间，这类车间除对室内空气进行净化处理，将空气中的含尘量控制在允许的范围内以外，厂房围护结构应保证严密，以免大气灰尘的侵入，以保证产品质量。

（5）有侵蚀性介质作用的车间，指在生产过程中受到酸、碱、盐等侵蚀性介质的作用，对厂房耐久性有影响的车间。

（三）按厂房层数分

（1）单层厂房。如图 15-1 所示只有一层的厂房，单层厂房广泛应用于各种工业企业，占工业建筑总量的 75% 左右。它对具有大型生产设备、振动设备、地沟、地坑或重型起重运输设备的生产有较大的适应性，如冶金、机械制造等工业部门。

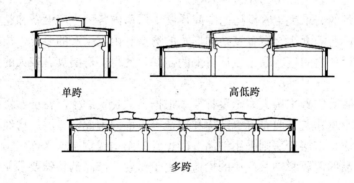

单跨   高低跨

多跨

图 15-1 单层工业厂房

（2）多层厂房。如图 15-2 所示，指两层及两层以上的厂房，适用于需要垂直方向组织生产及工艺流程的生产企业和设备及产品较轻且运输量不大的车间，多用于轻工业、食品、电子、精密仪器仪表等工业部门。

（3）混合层数厂房。如图 15-3 所示，指既有单层跨也有多层跨的厂房，多用于化工工业和电力工业等工业部门。

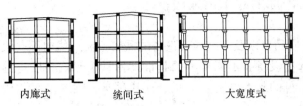

内廊式　　　统间式　　　　大宽度式

图 15-2　多层工业厂房

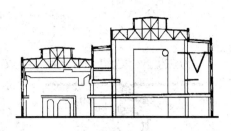

图 15-3　混合层数厂房

第二节　工业建筑的设计要求

工业建筑设计时应该正确处理好厂房的平面、立面与剖面之间的关系；恰当的选择建筑材料，合理确定承重结构、围护结构和构造做法；设计中要协调工艺、土建、设备、施工、安装等各工种，共同完成厂房的修建工作。设计时应遵循"坚固、适用、经济合理、技术先进"的设计原则。

一、满足生产工艺的要求

生产工艺是工业建筑设计的主要依据，这是设计工作的基本因素。生产工艺对建筑提出的要求就是该建筑使用功能上的要求。因此，建筑设计在建筑面积、平面形状、柱距、跨度、剖面形式、厂房高度，以及结构方案和构造措施等方面，必须满足生产工艺的要求。同时，建筑设计还要满足厂房所需的机器设备的安装、操作、运转、检修等方面的要求。

二、满足建筑技术的要求

工业建筑的坚固性及耐久性应符合建筑的使用年限。由于厂房静荷载和活荷载比较大，建筑设计应为结构设计的经济合理性创造条件，使结构设计满足坚固和耐久的要求。

工业建筑设计应严格遵守国家颁布的有关技术规范与规程。如遵守《厂房建筑模数协调标准》（GB/T 50006—2010）、《建筑模数协调标准》（GB/T 50002—2013）的规定，合理选择厂房建筑参数，提高厂房建筑工业化水平。

三、满足建筑经济效益的要求

工业建筑设计中要注意提高建筑的经济和社会的综合效益。在经济方面，既要注意节约建筑用地，降低建筑造价，又要利于降低经常性维修和管理费用。

在不影响厂房的坚固、耐久、生产操作、使用要求和施工速度的前提下，应尽量降低材料的消耗，从而降低建筑造价；应尽量减少结构面积、提高使用面积，在满足生产要求的前提下，设法缩小建筑面积，充分利用建筑空间。

四、创造有利健康的生产工作环境

工业厂房应该具有良好的生产工作环境，这样才能有利于工人的健康，提高劳动生产率及工作效率。设计时要保证采光、通风条件，合乎卫生要求。

五、满足建筑美观的要求

工业建筑在适用、安全、经济的前提下，把建筑美与环境美列为设计的重要内容，美化室内外环境，创造良好的工作条件。

第三节　厂房内部的起重运输设备

为在生产过程中运送原料、半成品或成品，以及安装检修设备的需要，在厂房内部一般

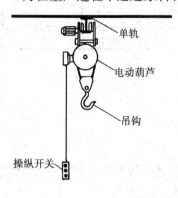

图 15-4　单轨悬挂式吊车

需设置起重设备。不同类型的起重设备直接影响到厂房的设计。常见的起重设备有单轨悬挂式吊车、梁式吊车和桥式吊车等。

一、单轨悬挂式吊车

如图 15-4 所示，在厂房的屋架下弦悬挂单轨，吊车装在单轨上，吊车按单轨线路运行起吊重物。单轨悬挂式吊车按操纵方法有手动及电动两种，吊车由运行部分和起升部分组成，可布置成直线或曲线。轨道转弯半径不小于 2.5m，起重量不大于 5t。它操纵方便，布置灵活。由于单轨悬挂式吊车安装在屋架下弦，由此对屋盖结构的刚度要求较高。

二、梁式吊车

如图 15-5 所示，梁式吊车由起重行车和支承行车的横梁组成。包括悬挂式和支承式两种类型，悬挂式是在屋架承重结构下悬挂梁式钢轨，钢轨平行布置，在两行钢轨上设有可滑行的单梁，如图 15-5（a）所示；支承式是在排架柱上设牛腿，牛腿上安装吊车梁和钢轨，钢轨上设有可滑行的单梁，在单梁上安装滑行的滑轮组，这样在纵横两个方式均可起重，如图 15-5（b）所示。梁式吊车适用于小型起重量的车间，起重量一般不超过 5t。

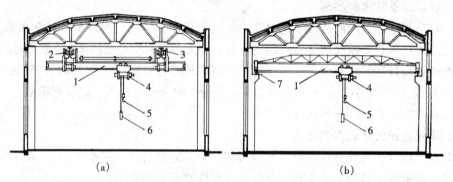

(a)　　　　　　　　　　　　　(b)

图 15-5　梁式吊车

（a）悬挂梁式吊车；（b）支承在梁上的梁式吊车

1—钢梁；2—运行装置；3—轨道；4—提升装置；5—吊钩；6—操纵开关；7—吊车梁

三、桥式吊车

如图 15-6 所示，桥式吊车是由桥架和起重行车（或称小车）组成。桥架上铺有起重行车运行的轨道（沿厂房横向运行），桥架两端借助车轮可在吊车轨道上运行（沿厂房纵向），吊车轨道铺设在柱子支承的吊车梁上。桥式吊车的司机室一般设在吊车端部，有的也可设在中部或做成可移动的。

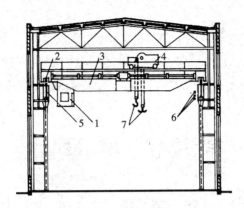

图 15-6　桥式吊车

1—吊车司机室；2—吊车轮；3—桥架；
4—起重小车；5—吊车梁；6—电线；7—吊钩

　　桥式吊车的起重量可由 5t 到数百吨，它在工业建筑中应用很广，适用于大跨度的厂房。吊车一般有专职人员在吊车的司机室操纵，厂房内需设供司机上下的钢梯。

思　考　题

15-1　工业建筑的特点和设计要求是什么？

15-2　工业建筑按用途、生产状况和层数如何分类？

单层厂房设计

第一节 概 述

一、厂房的组成

厂房的组成是指单层厂房内部生产车间的组成，是由生产性质、生产规模和工艺流程所决定的，它一般由主要生产工部、辅助生产工部及生产配套设施房间组成。有时一个车间布置在一幢厂房或多幢厂房内，有时一幢厂房布置多个车间，有时将辅助工部、行政生活用房布置在厂房毗连的单层或多层房屋内。采用什么形式组织及布置各工部和房间以适应生产要求和建筑设计要求，应根据工厂性质、生产规模、工艺特点以及总图布置等要求来决定。图16-1所示是一个金工车间，它包括机械加工，装配两大生产工部和为生产配套的高压配电、油漆调配、水压试验、动力平衡场地等房间。

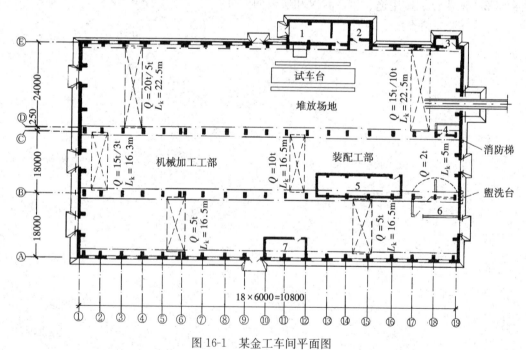

图 16-1 某金工车间平面图

1—高压配电；2—管理；3—油漆调配；4—水压试验；5—动力平衡场地；6—中间库；7—工具分发

二、构件组成

目前，我国单层厂房一般采用的结构体系是装配式钢筋混凝土排架结构。这种体系由两大部分组成，即承重构件和围护构件，如图 16-2 所示。

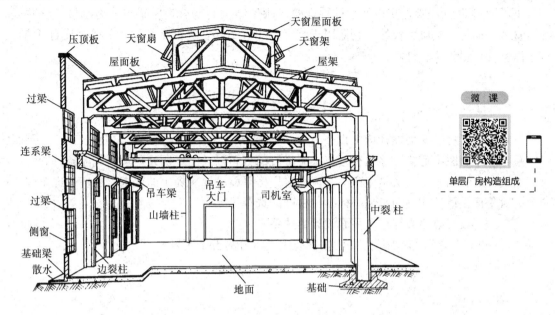

图 16-2　单层厂房构件组成

（一）承重构件

（1）排架柱，是厂房结构的主要承重构件，承受屋架、吊车梁、支撑、连系梁和外墙传来的荷载，并把它传给基础。

（2）基础，承受柱和基础梁传来的全部荷载，并将荷载传给地基。

（3）屋架，是屋盖结构的主要承重构件，承受屋盖上的全部荷载，通过屋架将荷载传给柱。

（4）屋面板，铺设在屋架、檩条或天窗架上，直接承受板上的各类荷载（包括屋面板的自重，屋面维护材料，雪、积灰及施工检修等荷载），并将荷载传给屋架。

（5）吊车梁，设在柱子的牛腿上，承受吊车和吊车运行中起重的重量，并将其传给框架柱。

（6）基础梁，承受上部砖墙重量，并把它传给基础。

（7）连系梁，是厂房纵向柱列的水平连系构件，用以增加厂房的纵向刚度，承受风荷载和上部墙体的荷载，并将荷载传给纵向列柱。

（8）支撑系统构件，分别设在屋架之间和纵向列柱之间，其作用是加强厂房的空间整体刚度和稳定性，它主要传递水平荷载和吊车产生的水平刹车力。

（9）抗风柱，单层厂房山墙面积较大，所受风荷载也大，故在山墙内侧设置抗风柱。

（二）围护构件

（1）屋面，单层厂房的屋顶面积较大，构造处理较复杂，屋面设计应重点解决好防水、排水、保温、隔热等方面的问题。

（2）外墙，厂房的大部分荷载由排架结构承担，因此，外墙是自承重构件，除承受自重及风荷载外，主要起着防风、防雨、保温、隔热、遮阳、防火等作用。

（3）门窗，供交通运输及采光、通风用。

（4）地面，满足生产及运输要求，并为厂房提供良好的室内劳动环境。

在厂房结构类型中，除了以上介绍的排架结构体系外，还有墙承重结构和刚架结构。墙承重结构是用砖墙、砖壁柱来代替钢筋混凝土排架柱,适用于跨度在15m以内,吊车起重量不超过5t的小型厂房以及辅助性建筑。刚架结构的特点是屋架与柱为刚接,合并成一个整体,而柱与基础为铰接,它适用于跨度不超过18m,檐高不超过10m,吊车起重量在10t以下的厂房。

第二节 单层厂房平面设计

单层厂房的平面设计应从以下几个方面进行考虑:首先是单体厂房与工厂总平面的关系,总平面图中运输道路的布置、人流货流的分布以及工厂所处环境、气象条件等对厂房平面设计的影响等;其次是生产工艺流程对厂房平面设计所提出的要求;还应考虑车间生产特征对平面设计的作用和影响,标准化柱网的选择等问题。

一、工厂总平面与厂房平面设计的关系

如图16-3所示,工厂总平面按功能主要可分为五个区域:

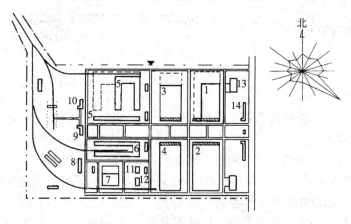

图 16-3 某机械制造厂总平面图

1—辅助车间;2—装配车间;3—机械加工车间;4—冲压车间;5—铸工车间;
6—锻工车间;7—总仓库;8—水工车间;9—锅炉房;10—煤气发生站;
11—氧气站;12—空气压缩站;13—食堂;14—厂部办公室

(1)生产区。该区布置主要生产车间,以机械制造为例,主要生产车间包括冷加工车间和热加工车间。冷加工车间如金工车间和装配车间,而铸工车间,锻工车间则属于热加工车间(车间生产过程中有余热散发)。

(2)辅助生产区。辅助生产区由各种类型的辅助车间组成,如维修车间等。

(3)动力区。动力区内布置各种动力设施,如变电所等。

(4)仓库区。区内布置各种仓库和堆场。

(5)厂前区。本区包括厂部办公室、食堂及工人生活福利设施、文化娱乐和技术学习培训等民用类型建筑。

生产区是工厂的主要组成部分,设计时应注意与其他区域保持密切的联系。

在总平面设计中,一般是厂前区与城市干道相衔接,职工通过厂前区的主要入口进厂。为兼顾职工上、下班方便,厂房的平面设计应把生活间设在靠近厂前区的位置上,使人、货流分开。同时,辅助生产区是为生产区服务的,所以与生产区也应有方便而直接的联系。生

产车间的原料入口和成品出入口应该与厂区铁路、公路运输线路以及各种相应的仓库堆场相结合，使厂区运输方便而快捷。

二、厂房生产工艺与平面设计的关系

厂房与民用建筑在平面设计中的一个重要区别，在于厂房的平面是由工艺设计人员进行工艺平面设计，建筑设计人员在生产工艺平面图的基础上与工艺设计人员配合协商进行厂房的建筑平面设计。

一个完整的工艺平面图，主要包括以下五个内容：①根据生产的规模、性质、产品规格等确定的生产工艺流程；②选择和布置生产设备和起重运输设备；③划分车间内部各生产工段及其所占面积；④初步拟定厂房的跨间数、跨度和长度；⑤提出生产对建筑设计的要求，如采光、通风、防震、防尘、防辐射等。

生产工艺流程是指某一产品的加工制作过程，即由原材料按生产要求的程序，逐步通过生产设备及技术手段进行加工生产，并制成半成品或成品的全过程。

图 16-4 为金工装配车间生产工艺平面图。

金工车间的工艺流程为：由铸工与锻工车间运来的毛坯和金属材料，在厂入口处有临时堆放仓库，属于车间的辅助生产工部。机械加工是该厂

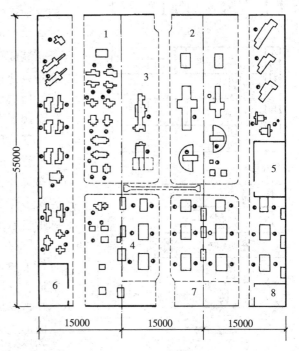

图 16-4　生产工艺平面布置示意
1—金属材料；2—毛坯堆放；3—机械加工；4—拆卸装配；
5—成品库；6—工具发放；7—试验及存放；8—办公

房的主要生产工部，它面积大，位置适中，要具有良好的采光通风条件。将材料加工成零部件后，送入中间仓库或堆场。然后在装配工部进行部件装配、检验、总装配和试验。最后在油漆包装工部进行油漆和包装。除上述生产部分外，为配合生产，还有工具室、检查量具和产品检查室等。在平面设计中，将主要生产工部设在厂房主体中，具有方便的生产运输条件和充足的生产工作空间。辅助部分面积小，在不使用吊车的情况下，空间可以降低。

根据工艺要求，如机械加工和装配工部两个主要生产车间（工部）的平面组合形式，决定了厂房的平面形式。一般有以下三种组合。

1. 直线布置

这种生产方式是将装配工部布置在加工工部的跨间延伸部分，如图 16-5（a）所示。毛坯由厂房一端进入，产品从另一端运出，生产线为直线形。零件可直接用吊车运送到加工和装配工段，生产路线短捷，连续性好，这种方式适用于规模不大，吊车负荷较轻的车间。

2. 平行布置

平行布置是将加工与装配两个工部布置在互相平行的跨间，零件从加工到装配的生产线

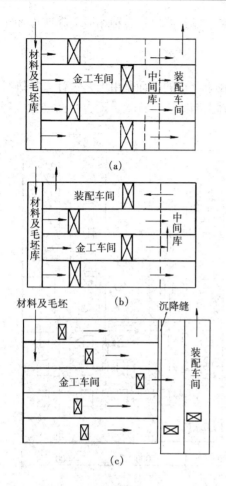

图 16-5　金工装配车间平面组合示意
(a) 直线布置；(b) 平行布置；(c) 垂直布置

路呈"┓"形，运输距离较长，如图 16-5 (b) 所示，须采用传送装置、平板车或悬挂吊车等越跨运输设备。这种形式具有建筑结构简单，便于扩建等优点，适用于中、小型车间。

3. 垂直布置

加工与装配工部布置在相互垂直的跨间，两跨之前设沉降缝，如图 16-5 (c) 所示。零件从加工到装配的运输路线短捷，但须有越跨的运输设备。装配跨中可设吊车运输与组装，跨内各工种联系方便。这种垂直的布置形式，虽然结构较复杂，但由于工艺布置和生产运输有优越性，所以广泛用于大、中型车间。

三、厂房的平面形式及特点

厂房的平面设计除了考虑总图的布置和设备的布局外，还有特殊的采光、通风要求，尤其是连续多跨的大型厂房，如果内部在生产时有热量和烟尘散出，那么在平面设计中就要特殊处理。

厂房平面形式与生产工艺流程、生产特征有直接关系。在建筑实践中常用的厂房平面形式有矩形、方形、L 形和山形等，如图 16-6 所示。

矩形平面中最简单的是单跨，它是构成其他平面形式的基本单位。当生产规模较大要求厂房面积较多时，常用多跨组合的平面，其组合方式多随工艺流程而异。有的将跨度平行布置，有的将跨度相垂直布置。平行跨布置适用于直线式的生产工艺流程，如图 16-6 (a) 所示。同时，它也适用于往复式的生产工艺流程，如图 16-6 (b) 所示。这种平面形式较其他形式平面各工段之间靠得较紧，运输路线短捷，工艺联系紧密，工程管线较短；形式规整，占地面积少；如整个厂房柱顶及吊车轨顶标高相同，结构、构造简单，造价省，施工快；在宽度不大的情况下室内采光通风都较容易解决，跨度相垂直布置适用于垂直式的生产工艺流程，如图 16-6 (c) 所示。

生产特征也影响着厂房的平面形式。当宽度不大时（三跨以下）可选用矩形平面。但当跨数多于三跨时，如仍用矩形平面则必将影响厂房的自然通风，故一般将其一跨或二跨和其他跨相垂直布置形成 L 形，如图 16-6 (d) 所示。当产量较大，产品品种较多，厂房面积很大时，则可采用 U 形或山形平面，如图 16-6 (e)、(f) 所示。为避免浪费可利用两翼间的室外地段做露天仓库。

L、U、山形平面的特点是厂房各部宽度不大，厂房周长较长，可以在较长的外墙上设置门窗，使室内的采光通风条件良好，有利于改善室内劳动条件。这三种平面形式都有纵横跨相交的问题，在相交处结构构造复杂，而且由于外墙面积大，增加了投资，室内管线也较长，因而只用于生产中产生大量余热和烟尘的热加工车间。

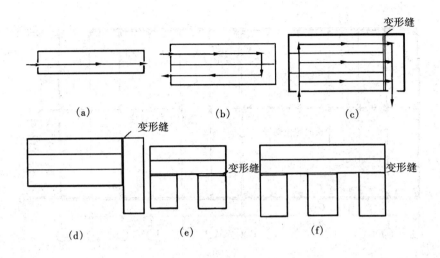

图 16-6　单层厂房的平面形式

(a) 矩形（单跨）；(b) 矩形（平行多跨）；(c) 矩形（垂直多跨）；

(d) L 形（垂直多跨）；(e) U 形（垂直多跨）；(f) 山形（垂直多跨）

现代工业生产对产品质量与生产环境的要求越来越高，一些现代化生产项目需要采用空气调节设备来达到恒温恒湿的条件。这种厂房宜采用联跨整片式平面，并将仓库、生活间等室内温湿度要求不严格的房间设在主要生产工部的外围，以保证生产环境不受阳光直射和室外气温变化的影响，减少能源的消耗，如图 16-7 所示。

四、柱网的选择

柱子在平面中排列形成的网络称之为柱网。柱网尺寸由柱距和跨度组成。图 16-8 为单层厂房柱网示意。从图中可以看出，柱距（横向定位轴线间的距离）决定着屋面板、吊车梁的跨度尺寸，跨度（纵向定位轴线间的距离）决定了屋架的尺寸。

柱网尺寸是根据生产工艺的特征，综合建筑材料、结构形式、施工技术水平、基地状况、经济性以及有利于建筑工业化等因素来确定的。

（一）跨度尺寸的确定

跨度尺寸首先是根据生产工艺要求确定的，设计中应考虑如下因素：设备大小、设备布置方式、交通运输所需空间、生产操作及检修所需的空间等，如图 16-9 所示。

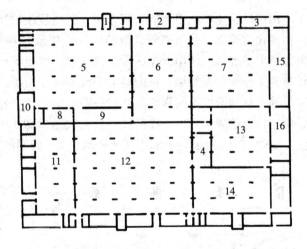

图 16-7　某毛纺厂平面布置

1—空调机房；2—配电房；3—成品库；4—织尼分等；

5—后纺车间；6—前纺车间；7—整理车间；8—细纱库；

9—粗纱库；10—蒸纱；11—准备车间；12—织尼车间；

13—染色车间；14—修补；15—成品车间；16—烘干

除了满足工艺要求外，跨度尺寸还必须符合《厂房建筑模数协调标准》（GB/T 50006—2010）的规定，使屋架的尺寸统一化。根据规范规定，凡跨度小于或等于 18m 时，采用扩大模数 30M 的数列即 3m 的倍数，其跨度尺寸是 9、12、15、18m；当跨度大于 18m 时，采

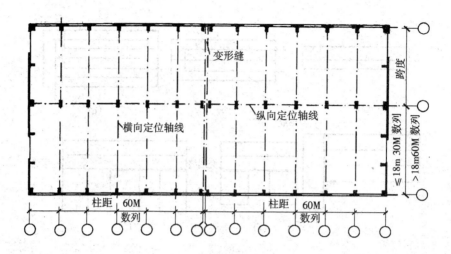

图 16-8 单层厂房柱网示意

用扩大模数 60M 的数列即 6m 的倍数,其跨度尺寸是 24、30、36、42m 等。除工艺布置上有特殊要求外,一般不采用 21、27 和 33m 等跨度尺寸。

在一些机械加工车间中,由于生产设备布置比较灵活,故它们的跨度大小常常是根据技术经济比较来决定的。在厂房总宽度和柱距不变的情况下,适当加大跨度在许多情况下是经济的,如在一个中型机械厂中,用 2 个 18m 跨代替 3 个 12m 跨,生产面积可增加 3%。

(二)柱距尺寸的确定

由于厂房生产线多为顺跨间布置,所以柱距的尺寸主要取决于结构形式与材料,以及构件标准化的要求。我国装配式钢筋混凝土单层厂房使用的基本柱距是 6m。6m 柱距厂房的单方造价最经济,所用的屋面板、吊车梁、墙板等构配件已经配套,并积累了比较成熟的设计与施工经验。但如果厂房内有大型设备需要布置,则设备的外部尺寸、加工工件大小、起重运输工具的形式等因素,就会对柱距提出比较特殊的要求。为了布置大型生产设备,有时就要在相应位置采用 6m 整倍数的扩大柱距、即 12m 或 18m 的柱距,这即是局部的抽柱做法,如图 16-10 所示。上部用托架梁承托 6m 间距的屋架,有条件时,也可采用 12m 屋面板

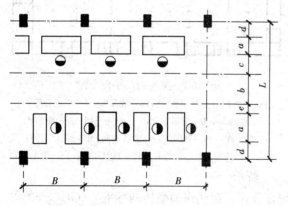

图 16-9 跨度尺寸与工艺布置的关系示意
a—设备宽度;b—行车通行宽度;c—操作宽度;
d—设备与轴线间距;e—安全距离;L—跨度;B—柱距

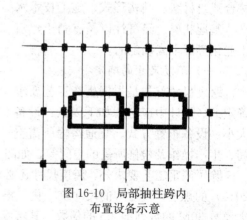

图 16-10 局部抽柱跨内
布置设备示意

等构件。图 16-11 所示为设托架（下承式）方案举例，由设在 12m 柱距间的托梁，托住 6m 间距的屋架，屋架支撑在托架的上弦上，屋面板仍为 6m 跨度，此托架也可设计成 18m 的跨度，柱距进一步扩大，从而利于更大型设备的布置。

另外，柱距尺寸还受到材料的影响，当采用砖混结构的砖柱时，其柱距宜小于 4m，可为 3.9、3.6、3.3m 等。

（三）扩大柱网

柱网尺寸的选择依据，不外乎以下两个方面，一是生产工艺的要求，二是结构造价的比较。

从生产工艺的要求来看，除了少数大型设备外，目前一般的厂房，

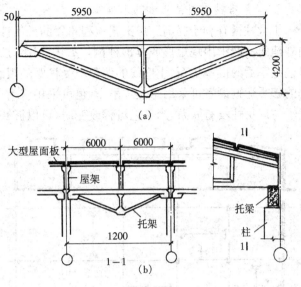

图 16-11 设托架承重方案
(a) 托架；(b) 托架布置

6m 柱距、18m 跨度是可以满足生产工艺要求的，但从长远来看，国内外工业生产发展实践表明，厂房内部的设备和工艺都是随着技术的进步而发生变化的，每隔一个时期就要更新设备，重新组织生产流程，以满足现代化生产的需要。同时，工业生产的迅速发展变化，还需要厂房有一定的通用性，适合调整生产工艺甚至改动生产流程性质的要求。所以，厂房设计不仅要满足当前的生产要求，而且要为将来的发展、变化提供可行性。要做到这一点，就要将 6m 柱距进一步扩大，采用较大的柱网，即扩大柱网。

扩大柱网的作用如下。

1. 提高厂房面积的利用率

在厂房中每个柱子周围都有一块不好利用的面积，对基础较深的设备来说，与柱基础的关系就不容易很好地处理，如柱子断面为 400mm×600mm，设备离柱的最小距离应为 500mm，则每柱周围就有 $2m^2$ 的面积不好利用，如图 16-12 所示。如将柱距扩大，设备的数量就可增加，如图 16-13 所示。

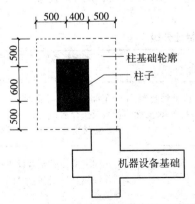

图 16-12 柱周围不能布置较深基础的设备

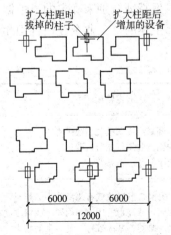

图 16-13 扩大柱距后设备布置情况

2. 使厂房具有灵活性和通用性

扩大柱网有利于提高厂房工艺流程布置的灵活性，以适应扩大生产的要求。如近年来国内外建筑实践中出现矩形或方形柱网，如图 16-14 所示，其优点是纵横向都能布置生产线，工艺改革后的设备更新、生产线的调整不受柱距的限制，具有很强的灵活性和通用性。厂房内部的起重运输设备可采用悬挂式吊车，也可采用将吊车梁支承在专用柱子上的桥式吊车，这种柱子与厂房柱没有联系，当工艺流程改变时，可以拆卸，保证厂房的通用性。

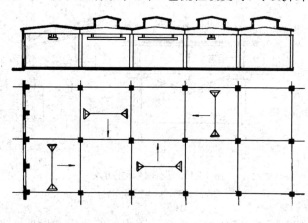

图 16-14 方形柱网选择

3. 有利于加快厂房施工速度

目前，在我国的单层厂房中，采用扩大柱网可减少厂房构件数量，如果将 6m 柱距扩大到 12m 时，采用前面提到的托架方案，则混凝土消耗量增加 3%，钢材消耗量增加 11%，造价增加 10% 左右，虽然一次投资加大了，但它的使用面积也增加了（18m 跨为 1.7%，24m 跨为 3.3%)，而且提高了厂房的通用性，所以从长远看还是经济、合理的。同时，构件数量减少了，加快了构件制作、运输及安装的速度，有利于建设工期的缩短。

另外，扩大柱网还能提高吊车的服务范围，减少柱基础土石方工程量。

五、生活间

为了满足生产、卫生及生活上的需要，给工人创造良好的劳动卫生条件，除在全厂设有行政管理及生活福利设施外，每个车间也应设有这类用房，称之为生活间。

（一）生活间的组成

根据车间的生产特征、职工人数、男女职工比例、地区气候条件等因素，确定生活间的内容。一般来说，生活间包括下面四个内容：

（1）生产卫生用室，包括浴室、盥洗室、存衣室等，其面积大小和卫生用具的数量是根据车间的卫生特征级别来确定的，根据某些生产特殊需要尚可包括洗衣房、衣服干燥室等。我国卫生部主编的《工业企业设计卫生标准》（GBZ 1—2010），将车间卫生特征分为 4 级，参看表 16-1。

表 16-1　　　　生产卫生用室按卫生特征分级

卫生特征级别	有毒物质	粉　尘	其　他	需设置的生产卫生用室（最低限）
Ⅰ	即易经皮肤吸收引起中毒的剧毒物质（如有机磷、三硝甲基苯、乙基铅等）	—	处理传染性材料，动物原料（如皮毛等）	车间浴室，必要时设事故淋浴，便服及工作服应分设存衣室、洗衣室、盥洗室
Ⅱ	易经皮肤吸收或有恶臭的物质，或高毒物质（如丙烯氰、吡啶、苯酚等）	严重污染全身或对皮肤有刺激的粉尘	高温作业、井上作业	车间浴室，必要时设事故淋浴及工作服可同室分开存放的存衣室、盥洗室

续表

卫生特征 级　别	有毒物质	粉　尘	其　他	需设置的生产卫生用室 （最低限）
Ⅲ	其他物质	一般粉尘 （如棉尘）	重作业	车间（或厂区）附近设集中浴室， 便服与工作服可同室存放，盥洗室
Ⅳ	不接触有毒物质或粉尘， 不污染或轻度污染身体（如 仪表、金属冷加工、机械加 工等）	—	—	浴室（可在厂区或居住区内设 置），工作服（可在车间适当地点存 放或与休息室合并），盥洗室

（2）生活卫生用室，包括休息室、厕所、饮水室、吸烟室、车间卫生站、小吃部、女工卫生室、孕妇休息室、保健站、婴儿哺乳室及交通工具的存放设施等。上述用房并非每个车间均需设置，设计时可参照《工业企业设计卫生标准》（GBZ 1—2010）和各地已有经验合理确定。图16-15是一般厂房生活间平面布置示例。

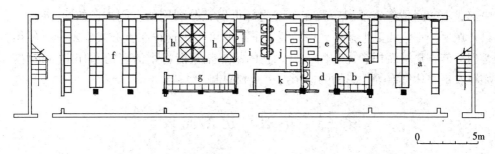

图 16-15　一般厂房生活间平面布置示例

a—女存衣室；b—女更衣；c—女淋浴；d—女盥洗；e—女厕所；f—男
存衣室；g—男更衣；h—男淋浴；i—男盥洗；j—男厕所；k—开水间

（3）行政办公室，包括党、政、工、团、青、妇等办公室以及会议室、学习室、值班室、计划调度室等。

（4）生产辅助用室，包括工具室、材料库、计量室等。

（二）生活间的布置

生活间的位置应便于职工上下班，避免生产中产生的有害物质及高温的影响。生活间的布置应尽量减少对厂房天然采光和自然通风的影响。此外，生活间布置应有利于地面、地下及高空各种管线的布置，亦不应妨碍厂房的扩建。生活间的造型及色彩应与厂房统一协调。

如图16-16所示，生活间的布置方式有三种：

1. 毗连式生活间

紧靠厂房外墙（山墙或纵墙）布置的生活间称为毗连式生活间，如图16-16（a）所示。毗连式生活间的主要优点是：①生活间至车间距离短、联系方便；②生活间与车间之间共用

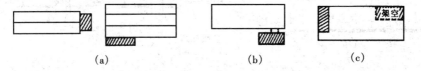

（a）　　　　（b）　　　　（c）

图 16-16　生活间的布置方式

（a）毗连式；（b）独立式；（c）车间内部式

一道墙，节省材料；③可将车间层高较低的房间布置在生活间内，以减小建筑体积；④易与总平面图人流路线协调一致；⑤可避开厂区运输繁忙的不安全地带等。毗连式生活间的缺点是：①不同程度地影响车间的采光和通风；②车间内部如有较大振动、灰尘、余热、噪声、有害气体时，对生活间有干扰，危害较大等。

毗连式生活间和厂房的结构方案不同，荷载相差也很大。所以在两者毗连处应设置沉降缝。

2. 独立式生活间

距厂房一定距离、分开布置的生活间称为独立式生活间，如图 16-16 (b) 所示。它的优点是：生活间和车间的采光、通风互不影响；生活间布置灵活；生活间和车间的结构方案互不影响，结构、构造容易处理。它的缺点是：占地较多，生活间至车间的距离较远，联系不够方便。

独立式生活间适用于散发大量生产余热、有害气体及易燃易爆炸的车间。

独立式生活间与车间的连接方式有三种：走廊连接、天桥连接和地道连接。

3. 厂房内部式生活间

内部式生活间是将生活间布置在车间内部可以充分利用的空间内，如图 16-16 (c) 所示，只要在生产工艺和卫生条件允许的情况下，均可采用这种布置方式。它具有使用方便、经济合理、节省建筑面积和体积的优点。它的缺点是只能将生活间的部分房间布置在车间内，如存衣室、休息室等，车间的通用性也受到限制。

第三节 单层厂房剖面设计

单层厂房的剖面设计是在平面设计的基础上进行。厂房的生产工艺流程对剖面设计的影响很大，它包括生产工艺流程特点，生产设备的形状、大小与布置，加工件的大小，起重运输设备的类型等。具体设计要求是，合理确定厂房高度，使其有满足生产工艺要求的足够空间；妥善解决厂房的采光和通风，使其有良好的室内环境；选择合理的结构方案和围护结构形式；满足建筑工业化要求等。

一、厂房高度的确定

单层厂房的高度是指地面至屋架（屋面梁）下表面的垂直距离。一般情况下，屋架下表面的高度即是柱顶与地面之间的高度，所以单层厂房的高度也可是地面到柱顶的高度，如图 16-17 (a) 所示。

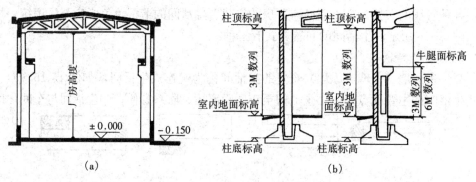

图 16-17 厂房高度示意
(a) 厂房高度；(b) 厂房各标高及要求

根据《厂房建筑模数协调标准》（GB/T 50006—2010）的规定，柱顶标高应按 3M 数列确定，牛腿标高按 3M 数列考虑，当牛腿顶面标高大于 7.2m 时按 6M 数列考虑，钢筋混凝土柱埋入段长度也应满足模数化要求，如图 16-17 (b) 所示。

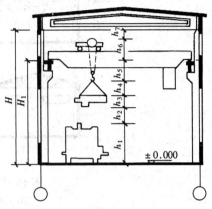

（一）柱顶标高的确定

柱顶（非下撑式屋架下弦的底面）标高的确定对有吊车厂房和无吊车厂房是不一样的。

1. 有吊车厂房

在有吊车厂房中，不同吊车对厂房高度的影响各不相同。图 16-18 是有吊车厂房内部影响厂房高度的因素。

柱顶标高	$H = H_1 + H_2$
轨顶标高	$H_1 = h_1 + h_2 + h_3 + h_4 + h_5$
轨顶至柱顶高度	$H_2 = h_6 + h_7$

图 16-18 厂房高度的确定

式中 h_1——生产设备或隔断的最大高度；

h_2——被吊物件安全超越高度，一般为 400～500mm；

h_3——被吊物件的最大高度；

h_4——吊索最小高度，根据起吊物的大小和起吊方式决定，一般＞1m；

h_5——吊车距轨顶面的最小距离，可由吊车规格表中查出；

h_6——轨顶至吊车小车顶面的距离，由吊车规格表中查得；

h_7——小车顶面至屋架下弦底面之间的安全距离，应考虑到屋架的挠度、厂房可能不均匀沉陷等因素。根据国家标准《通用桥式起重机》（GB/T 14405—2011）根据吊车起重量可取 300、400、500mm。

2. 无吊车厂房

在无吊车厂房中，柱顶标高通常是按最大生产设备的高度和安装、检修时所需的高度来确定的，同时还应满足采光通风要求。柱顶标高一般不低于 3.9m。

（二）室内地坪标高的确定

一般情况下，单层厂房室内地坪与室外地面需设置高差，以防雨水侵入室内。厂房室内地坪的绝对标高是在总平面设计时确定的，室内地坪的相对标高定为 ±0.000。为了运输车辆出入方便，室内外地坪高差不宜太大，一般取 150～200mm，且常常用坡道连接。

（三）厂房高度的调整

以上仅是单层厂房高度的确定原则，对于多跨厂房和有特殊设备要求的厂房，需做相应的厂房高度调整。

在工艺有高低要求的多跨厂房中，由于厂房高低不齐，在高低错落处需增设墙梁、女儿墙、泛水等，使构件种类增多，剖面形式、结构构造复杂，造成施工不便，增加投资。故当生产上要求厂房高度相差不大时，将低跨抬高与高跨齐平较设高低跨更为经济合理，有利于统一厂房结构，灵活变动工艺，如图 16-19 所示。《厂房建筑模数协调标准》（GB/T 50006—2010）中规定：当高差不大于 1.5m 或高跨一侧仅有一个低跨且高差不大于 1.8m 时，不宜设置高度差。

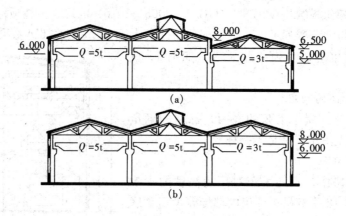

图 16-19 某单层厂房高度的调整

(a) 原方案；(b) 修改后方案

当厂房内有个别高大设备或需高空间操作的工艺环节时，为了避免提高整个厂房的高度，可采取在厂房一端屋架与屋架之间的空间布置个别高大设备，如图 16-20 所示，或降低局部地面标高如设地坑来放置大型设备的方法，如图 16-21 所示。

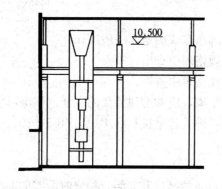

图 16-20 利用屋架空间布置设备

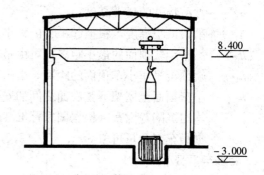

图 16-21 利用地坑布置大型设备

二、天然采光

在白天，室内利用天然光线进行照明的方式叫做天然采光。由于天然光线质量好，因此，单层厂房大多数采用天然采光。天然采光分直射光和散射光，晴天时有直射光和散射光，阴天时只有散射光。

在厂房设计时，应首先考虑天然采光，根据生产性质对采光的要求，进行采光设计，确定采光窗的大小，选择窗的形式与布置。在进行天然采光设计时，需保证室内光线均匀，避免眩光。

(一) 天然采光的基本要求

1. 满足采光系数标准值

室内工作面上应该有一定的光线，光线的强弱是用照度来衡量的。由于天然光的照度时刻都在变化，室内工作面上的照度也随之改变，因此，室内某点的采光设计不能用变化的照度来作依据，而是用采光系数的概念来表示采光标准。室内某一点的采光系数 C 等于室内某一点的照度 E_n 与同一时刻室外全阴天水平面上天然照度 E_w 比值的百分数。

$$C = E_n/E_w \times 100\%$$

式中　C——室内某点的采光系数,%;

　　　　E_n——在全阴天空漫射光照射下,室内给定平面上的某一点由天空漫射光所产生的照度,lx;

　　　　E_w——在全阴天空漫射光照射下,与室内某一点照度同一时间、同一地点在室外无遮挡水平面上由天空漫射光所产生的室外照度,lx,如图 16-22 所示。

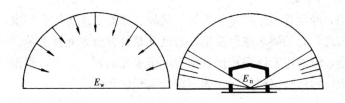

图 16-22　确定采光系数示意

根据厂房对采光要求的不同,我国颁发的《建筑采光设计标准》(GB 50033—2013)中规定,各采光等级参考平面上的采光标准值应符合以下规定,见表 16-2。

表 16-2　　　　　　　　　　　　各采光等级参考平面上的采光标准值

采光等级	侧面采光		顶部采光	
	采光系数标准值 (%)	室内天然光照度 标准值（lx）	采光系数标准值 (%)	室内天然光照度 标准值（lx）
Ⅰ	5	750	5	750
Ⅱ	4	600	3	450
Ⅲ	3	450	2	300
Ⅳ	2	300	1	150
Ⅴ	1	150	0.5	75

注　1. 工业建筑参考平面取距地面 1m。

　　　2. 表中所列采光系数标准值适用于我国Ⅲ类光气候区。采光系数标准值是按室外设计照度值为 15000lx 制定的。

2. 满足采光均匀度和避免产生眩光

满足采光均匀度和避免产生眩光,是防止工作人员视觉疲劳影响视力和保证正常操作的基本要求。采光均匀度是指工作面上采光系数最低值与平均值之比。因此,采光标准中规定:当顶部采光时,表中Ⅰ~Ⅳ采光等级的采光均匀度不宜小于 0.7。为保证采光均匀度 0.7 的规定,相邻两天窗中线间的距离不宜大于工作面至天窗下沿高度的两倍,通常工作面取地面以上 1.0~1.2m 高。当为侧窗采光时,由于照度变化大,未做规定。

检验工作面上采光系数是否符合标准,通常是在厂房横剖面的工作面上选择光照最不利点进行验算。将多个测点的值连接起来,形成采光曲线,该曲线显示整个厂房的光照情况,如图 16-23 所示。

在厂房工作区人的视野范围内出现比周围环境突出明亮而刺眼的光称眩光,它使工作人员视觉感到不舒适或无法适应,影响工作。因此,工作区内不要出现眩光。

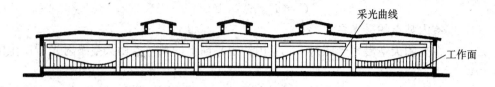

图 16-23 采光曲线示意

（二）采光面积的确定

在实际工作中，经常是根据厂房的采光、通风、立面处理等综合要求，先大致确定窗面积，然后根据厂房对采光的要求进行校核，验证其是否符合采光标准值。对于采光设计不需要十分精确的厂房，可通过窗地面积比来确定厂房采光面积。首先，根据厂房的使用情况确定厂房的采光等级，然后根据窗的形式确定窗地面积比，见表 16-3。

表 16-3   窗 地 面 积 比 A_c/A_d

采光等级	侧面采光	顶部采光
I	1/3	1/6
II	1/4	1/8
III	1/5	1/10
IV	1/6	1/13
V	1/10	1/23

在确定窗的面积的同时，还要考虑厂房采光均匀、通风良好以及立面效果等综合因素。

（三）采光方式

单层厂房的采光方式，根据采光口的位置可分为侧面采光、顶部采光以及侧面和顶部相结合的混合采光三种方式，如图 16-24 所示。采光口面积相同的情况下，由于其所在的位置不同，采光效果也是各不相同的。侧窗采光及混合采光在实际中采用得较多。

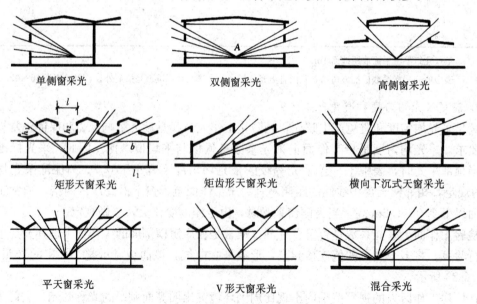

图 16-24 单层厂房天然采光方式

1. 侧面采光

侧面采光分单侧采光和双侧采光两种。根据侧窗在外墙上的位置高低的不同，又分为高侧窗和低侧窗。当厂房进深不大时，可采用单侧采光。单侧采光的有效深度约为工作面至窗口上沿距离的两倍即 $B=2H$，如图 16-25 所示。这种采光方式，光线在深度方向衰减较大，光照不均匀，工作面上近窗点光线强，远窗点光线弱。双侧窗采光是单跨厂房中常见形式，它提高了厂房采光均匀程度，可满足较大进深的厂房。

在有吊车梁的厂房中，吊车梁处没有必要开设侧窗。为了加大侧窗的采光面积，可采用高低侧窗的采光方式，如图 16-26 所示。高侧窗的下沿距吊车轨道顶面 600mm，低侧窗下沿略高于工作面，这样透过高侧窗的光线，提高了远离窗户处的照度及采光效果，同时也改善了厂房天然采光的均匀程度。

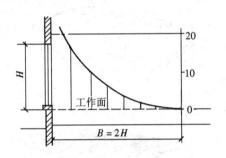

图 16-25　单侧窗采光光照衰减示意

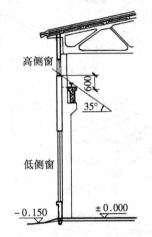

图 16-26　高低侧窗示意

靠近侧窗纵向工作面光线分布均匀情况与窗和窗间墙宽度有关。窗间墙越宽，光线越明暗不均，因而，窗间墙不宜设得太宽，一般以等于或小于窗宽为宜，如必要可设不带窗间墙的通长带形窗。

2. 顶部采光

顶部采光通常用于侧墙不能开窗或连续多跨的厂房，它照度均匀，采光率较高，但构造复杂，造价较高。顶部采光是通过设置天窗来实现的。

天窗的形式很多，常见形式有矩形天窗、M 形天窗、锯齿形天窗、横向下沉式天窗和平天窗等几种，如图 16-27 所示。

(1) 矩形天窗。矩形天窗一般为南北布置，光线比较均匀，通风效果良好，积尘少，易于防水，但增加了厂房空间和屋面荷载，对抗震不利，且构造复杂，造价较高。为保证厂房照度均匀，天窗的宽度一般取 1/3～1/2 的厂房跨度，相邻两天窗的距离 l 应大于相邻两天窗高度之和的 1.5 倍，如图 16-28 所示。

(2) M 形天窗。M 形天窗是将矩形天窗的屋盖由两侧向内倾斜而成，由于屋盖的倾斜，其内表面可增强光线的反射作用。M 形天窗较矩形天窗的采光、通风都更有利，但构造较矩形天窗复杂，天窗屋面需设置内排水或形成纵向长天沟外排水。

(3) 锯齿形天窗。厂房的屋顶呈锯齿形，在两齿之间设天窗扇，它的特点是，窗口一般朝北向开设，光线不直接射入，室内光线比较均匀柔和，无眩光。它适应于要求光线稳定，并对温湿度有要求的厂房，如纺织车间、印染车间等，如图 16-29 所示。

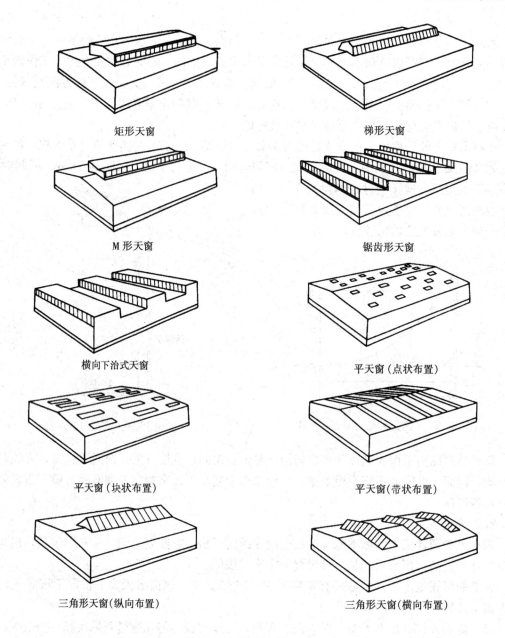

矩形天窗

梯形天窗

M 形天窗

锯齿形天窗

横向下沉式天窗

平天窗（点状布置）

平天窗（块状布置）

平天窗（带状布置）

三角形天窗（纵向布置）

三角形天窗（横向布置）

图 16-27　采光天窗的形式

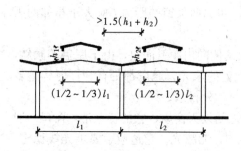

图 16-28　天窗宽度与跨度的关系

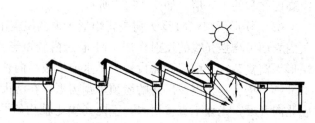

图 16-29　锯齿形天窗厂房剖面

（4）横向下沉式天窗。当厂房东西朝向时，如采用矩形天窗，则朝向不好，可采用横向下沉式天窗。它是将屋顶的一部分屋面板布置在屋架下弦，利用上下弦之间屋面板位置的高差作为采光口和通风口。特点是天窗可隔一个柱或几个柱布置，形式灵活，但屋面排水比较复杂，如图 16-30 所示。

（5）平天窗。在屋面上直接开设采光口的是平天窗，特点是采光效率高，在采光面积相同的条件下，平天窗的照度比矩形天窗高 2～3 倍，结构和构造简单，布置灵活，施工方便。但在寒冷和严寒地区玻璃易结露滴水，在炎热地区，不利于通风，玻璃上容易积尘污染。它适用于一些冷加工车间，如图 16-31 所示。

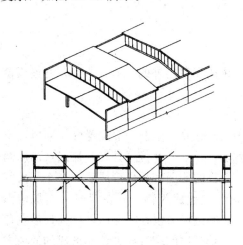

图 16-30　横向下沉式天窗示意

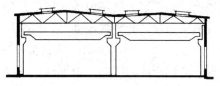

图 16-31　平天窗示意

3. 混合采光

当厂房很宽，使用侧窗采光不能满足整个厂房的采光要求时，则需在屋面上开设天窗加以补充，采用混合采光的方式解决天然采光的问题。

三、自然通风

厂房的通风方式有两种，即自然通风和机械通风。自然通风是利用空气的自然流动将室外的空气引入室内，将室内的空气和热量排至室外，这种通风方式与厂房的结构形式、进出风口的位置等因素有关，通风效果不稳定。机械通风是以风机为动力，使厂房内部空气流动，达到通风降温的目的，它的通风效果比较稳定并可根据需要进行调节，但设备费较高，耗电量较大。

在无特殊要求的厂房中，尽量以自然通风的方式解决厂房通风问题。

（一）自然通风的基本原理

自然通风是利用室内外温差造成的热压和风吹向建筑物而在不同表面上造成的压力差来实现通风换气的。

1. 热压原理

厂房内部由于生产过程中所产生的热量（如炉子和热部件所发出的热量等）和人体散发热量的影响，使室内空气膨胀，密度减小而上升。由于室外空气温度相对较低，密度较大，当厂房下部的门窗敞开时，室外空气进入室内，使室内外的空气压力趋于相等。如将天窗开启，由于热空气的上升，天窗内侧的气压大于天窗外侧的气压，使室内热气不断排出。如此循环，从而达到通风目的，这种通风方式称为热压通风，如图 16-32 所示。

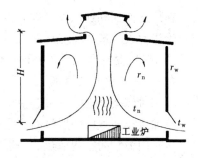

图 16-32　热压通风示意图

由室内外温差造成的空气压力差叫热压。热压越大，通风效果越好，热压值用下式计算

$$\Delta p = H(\rho_{\mathrm{w}} - \rho_{\mathrm{n}})$$

式中　Δp——热压，Pa；

　　　H——进排风口中心线的垂直距离，m；

　　　ρ_{w}——室外空气密度，kg/m³；

　　　ρ_{n}——室内空气密度，kg/m³。

从上式中可看出热压值的大小取决于进排气口的距离和室内外的温差。所以，开设天窗和降低进风口高度，都是加大热压的有效措施。

2. 风压原理

当风吹向建筑物时，遇到建筑物而受阻，如图 16-33 所示，在Ⅰ—Ⅰ位置处，迎风面空气压力增大，超过了大气压力为正压区，用"＋"表示，在Ⅱ—Ⅱ位置处，气流通过房屋两侧和上方迅速而过，此处气流变窄，风速加大，使建筑物的侧面和顶面形成了一个小于大气压力的负压区，用"－"表示。风到Ⅲ—Ⅲ处时，空气飞越建筑物，并在背风一面形成涡流，出现一个负压区。因此，根据这一现象，应将厂房的进风口设在正压区，排风口设在负压区，使室内外空气更好地进行交换。这种利用风的流动产生的空气压力差而形成的通风方式为风压通风。

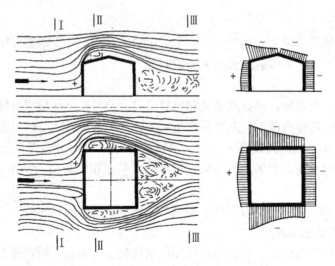

图 16-33　风绕房屋流动状况及风压分布

在厂房剖面和通风设计时，要根据热压和风压原理考虑二者共同对厂房通风效果的影响，恰当地设计进、排风口的位置，选择合理的通风天窗形式，组织好自然通风。

图 16-34 是热压和风压共同工作时的气流状况示意。

(二) 厂房的自然通风

1. 冷加工车间

冷加工车间室内一般没有大量的余热产生，热源主要来自人体散热、设备散热、围护结构（包括门窗）向室内散热。一般按采光要求设置窗户，其上有适量的开启扇和为交通运输设置的门就能满足车间内通风换气的要求。在剖面设计中，应合理地选择进、排风口的位

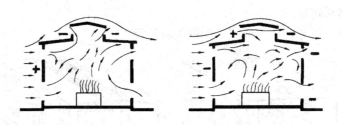

图 16-34　热压和风压共同作用时的气流情况

置，使其有利于"穿堂风"的组织，加速室内空气的流动。

2. 热加工车间

热加工车间在生产中产生大量的余热和有害气体，应更加要求能有效地组织好自然通风。

（1）进、排风口的布置。根据热压原理，热压值的大小与进、排风口的中心线距离 H 成正比。热加工车间主要利用低侧窗进风，利用高侧窗和天窗排风，因此，热加工车间进风口布置得越低越好。根据上述原理，进排风口之间的高差越大，通风效果越好，图16-35所示是进、排风口位置与高度的关系。

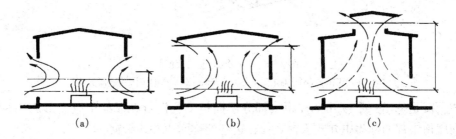

图 16-35　进排风口位置与高度关系
(a) 只设低侧窗；(b) 设高、低侧窗；(c) 设低侧窗及天窗

（2）通风天窗的类型。以满足通风为主的天窗称为通风天窗，无论单跨或多跨厂房的热车间，仅靠侧窗通风往往不能满足车间生产要求，一般在屋顶上设置通风天窗。通风天窗的类型主要有矩形通风天窗和下沉式通风天窗。

1）矩形通风天窗。矩形天窗通常能起到一定的通风作用，但很不稳定。往往有以下几种现象产生：当风压小于室内热压时，不仅背风面排风口可以排气，迎风面排风口也可以排气，但由于迎风面风压的影响，使排风口排气量减少；当风压等于热压时，迎风面排风口不能排气，但背风面排气口照样排气；当风压大于热压时，迎风面的排气口不但不能排气，反而会出现风倒灌现象。因此，为防止室外气流进入室内，即保证在天窗两侧排风口始终处于负压区，在天窗两侧设置挡风板，如图 16-36 所示。设置挡风板的天窗通常称为通风或避风天窗。挡风板距天窗的距离一般为 1.1～1.5 倍的排风口高度，即 $L=(1.1～1.5)h$。

2）下沉式通风天窗。利用铺设在屋架上弦和下弦的屋面板之间的空间作为排风口的天窗称为下沉式通风天窗。下沉天窗的排风口在任何风向时均

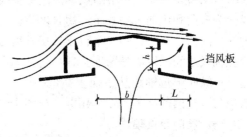

图 16-36　矩形通风天窗

处于负压区,排风效果较好。

下沉式天窗有以下三种常见形式,如图 16-37 所示。

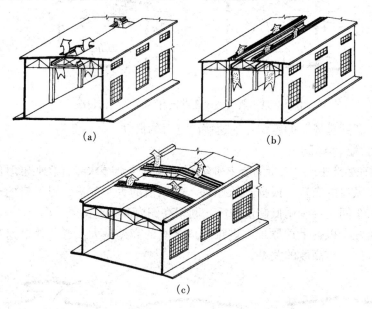

图 16-37 下沉式通风天窗

(a) 井式天窗;(b) 纵向下沉式通风天窗;(c) 横向下沉式通风天窗

井式天窗是每隔一个或几个柱距将部分屋面板下沉搁置在屋架下弦而形成"井"式天窗,处在屋顶中部的称为中井式天窗,处在边部的称为边井式天窗。

纵向下沉式通风天窗是沿厂房纵向将一定宽度范围内的屋面板下沉搁置在屋架下弦形成的天窗。这种天窗要求纵向每隔 30m 设挡风板,以保证风向变化时的排风效果。

横向下沉式通风天窗是在厂房纵向每隔一个柱距或几个柱距,将屋面板全部下沉搁置在屋架下弦形成的天窗。这种天窗采光均匀,排气路线短,适用于对采光、通风都有要求的热加工车间。

第四节 单层厂房定位轴线的标定

单层厂房的定位轴线是确定厂房主要承重构件位置及其标志尺寸的基准线,同时也是设备安装、施工放线定位的依据。厂房设计应执行我国现行的《厂房建筑模数协调标准》(GB/T 50006—2010) 中的规定。定位轴线的划分与柱网布置是一致的,通常把厂房定位轴线分为横向和纵向。垂直于厂房长度方向(即平行于屋架)的称为横向定位轴线,横向定位轴线之间的距离是柱距。平行于厂房长度方向(即垂直于屋架)的称为纵向定位轴线,纵向定位轴线之间的距离是跨度。在厂房平面图中,横向定位轴线从左到右按①、②、③等顺序编号;纵向定位轴线从下而上按Ⓐ、Ⓑ、Ⓒ等顺序编号。编号时不用 I、O、Z 三个字母,以免与阿拉伯数字 1、2、3 相混,如图 16-38 所示。

一、横向定位轴线

横向定位轴线用来标注厂房纵向构件如屋面板、吊车梁、连系梁、纵向支撑等的标志长度。

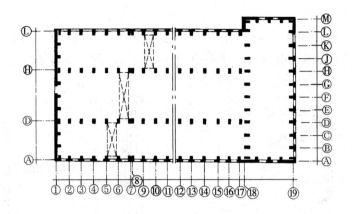

图 16-38 单层厂房平面柱网布置及定位轴线划分

（一）中间柱与横向定位轴线的联系

厂房中间柱的横向定位轴线与柱的中心线相重合，屋架的中心线也与横向定位轴线相重合，如图 16-39 所示。

（二）横向伸缩缝、防震缝与横向定位轴线的联系

横向伸缩缝、防震缝应采用双柱及两条横向定位轴线划分的方法，考虑到模数及施工的要求，两柱的中心线应自定位轴线向两侧各移 600mm。两条横向定位轴线之间加插入距 a_i，a_i 是伸缩缝或防震缝的宽度 a_e，即 $a_i = a_e$，如图 16-40 所示。

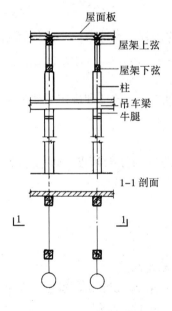

图 16-39 中间柱与横
向定位轴线的联系

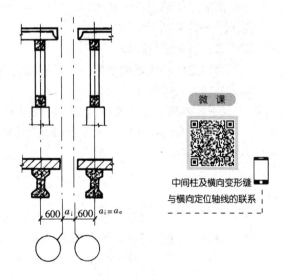

图 16-40 设缝处柱与横
向定位轴线的联系

微 课

中间柱及横向变形缝
与横向定位轴线的联系

（三）山墙与横向定位轴线的联系

山墙与横向定位轴线的联系按山墙受力情况不同，分为承重墙和非承重墙两种定位方法。

1. 山墙为非承重墙

此时横向定位轴线与山墙内缘相重合，端部柱的中心线应自横向定位轴线向内移600mm。其主要目的是保证山墙抗风柱能通至屋架上弦，使山墙传来的水平荷载传至屋架与排架柱，如图16-41（a）所示。

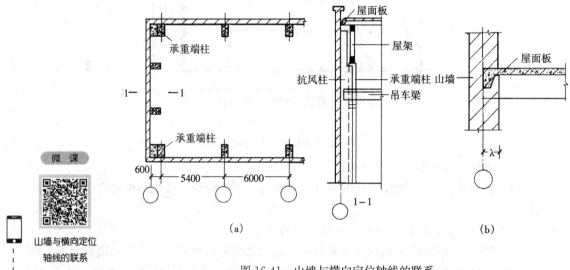

图16-41 山墙与横向定位轴线的联系
（a）非承重山墙与横向定位轴线；（b）承重山墙与横向定位轴线

2. 山墙为砌体承重墙

横向定位轴线应设在砌体块材中距墙内缘半块或半块的倍数以及墙厚一半的位置上，如图16-41（b）所示。

二、纵向定位轴线

纵向定位轴线是用来标注厂房横向构件如屋架或屋面梁的标志长度和确定屋架或屋面梁及排架柱等构件的相互关系。

（一）外墙、边柱与纵向定位轴线间的联系

在有吊车的厂房中，为了保证吊车的安全使用，吊车跨度与屋架跨度之间应满足以下关系：

$$L = L_k + 2e$$
$$e = B + K + h$$

式中　L——厂房跨度（纵向定位轴线之间的距离）；

　　　L_k——吊车跨度，吊车两条轨道之间的距离（吊车的轮距）；

　　　e——纵向定位轴线至吊车轨道中心线的距离，其值一般为750mm，当吊车为重级工作制而需设安全走道板，或者吊车起重量大于50t时，采用1000mm，如图16-42所示；

　　　B——轨道中心线至吊车端头外缘的距离，可从吊车规格表中查到；

　　　K——安全空隙，它根据吊车吨位和安全要求来确定；

　　　h——上柱截面高度。

由于吊车形式、起重量、厂房跨度、高度、柱距等不同，以及是否设置安全走道板等条件，外墙、边柱与纵向定位轴线的联系方式可出现下述两种情况：

1. 封闭结合

当定位轴线与柱外缘和墙内缘相重合，屋架和屋面板紧靠外墙内缘时，称为封闭结合，如图 16-43 所示。它适用于无吊车或只设悬挂式吊车的厂房，以及柱距为 6m，吊车起重量 $Q \leqslant 20/5t$ 的厂房。当吊车起重量 $Q \leqslant 20/5t$ 时，查吊车规格表，得出相应参数 $B \leqslant 260mm$，$K \geqslant 80mm$，上柱截面高度 $h = 400mm$，$e = 750mm$。由下式验算安全空隙：$K = e - (h + B) = 750 - (400 + 260) = 90mm$，说明实际安全空隙大于必需安全空隙（$K \geqslant 80mm$），符合安全要求。

采用封闭结合的纵向定位轴线，具有构造简单，无附加构件，施工方便，造价经济等特点。

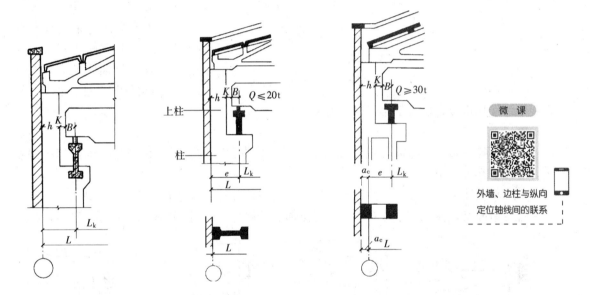

图 16-42　吊车与纵向　　图 16-43　外墙边柱与纵向定　　图 16-44　外墙边柱与纵向
边柱定位轴线的关系　　位轴线的联系（封闭结合）　　定位轴线的联系（非封闭结合）

微课
外墙、边柱与纵向
定位轴线间的联系

2. 非封闭结合

非封闭结合是指纵向定位轴线与柱子外缘有一定的距离，因而，屋面板与墙内缘也有一段空隙，这段距离用 a_c 表示，a_c 值应为 300mm 或其倍数。当墙体为砌体时，可采用 50mm 或其倍数。它适用于吊车起重量 $Q \geqslant 30/5t$ 的情况，如图 16-44 所示。

当吊车吨位 Q 为 30/5t 时，其参数 $B = 300mm$，$h = 400mm$，$K \geqslant 80mm$，$e = 750mm$。若按封闭结合的情况下考虑，$K = e - (H + B) = 750 - (400 + 300) = 50mm$，不满足安全空隙 $K \geqslant 80mm$ 的要求，这时则需将边柱自定位轴线外移一个距离 a_c，称为联系尺寸。如墙为砌体时，a_c 值取 50mm，安全空隙为 50 + 50 = 100mm，大于必需安全空隙 80mm。

采用非封闭结合的纵向定位轴线，尚需注意保证屋架在柱上应有的支承长度（屋架与柱刚接时除外）不得小于 300mm，如不足时则上柱头应伸出牛腿保证支座长度。

（二）中柱与纵向定位轴线的联系

在多跨厂房中，中柱有平行等高跨和平行不等高跨两种形式，而且中柱有设变形缝和不设变形缝的情况。下面仅介绍应用较广的不设变形缝的中柱和纵向定位轴线的联系，设变形缝的情况参见《厂房建筑模数协调标准》（GB/T 50006—2010）。

1. 平行等高跨中柱

这种情况通常设置单柱和一条定位轴线，柱的中心线一般与纵向定位轴线相重合。上柱截面一般为600mm，以保证屋架结构的支承长度，如图 16-45（a）所示。

当等高跨中柱需采用非封闭结合时，即需要有插入距 a_i，可采用单柱双定位轴线的方法，插入距 a_i 应符合 3M。柱中心宜与插

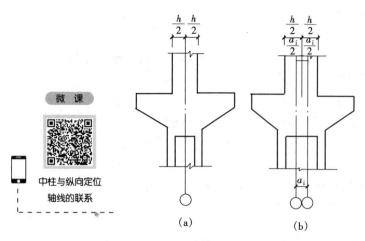

图 16-45　等高跨中柱与纵
向定位轴线的联系
（a）单轴线；（b）双轴线

入距中心线相重合，如图 16-45（b）所示。

2. 平行不等高跨中柱

平行不等高跨中柱与纵向定位轴线的关系，根据吊车吨位、屋面结构、构造情况来决定，有以下几种类型：

（1）单轴线封闭结合。当相邻两跨都采用封闭结合时，高跨上柱外缘、封墙内缘和低跨上屋架（屋面梁）标志尺寸端部与纵向定位轴线相重合，如图 16-46（a）所示。

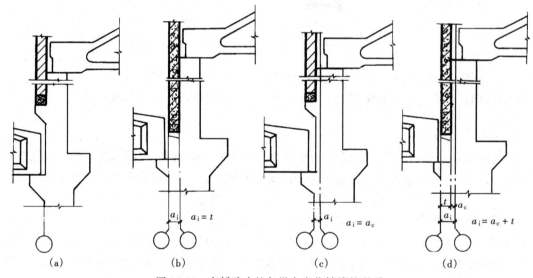

图 16-46　高低跨中柱与纵向定位轴线的联系
（a）单轴线封闭结合；（b）双轴线封闭结合；（c）双轴线非封闭结合 $a_i=a_c$；（d）双轴线非封闭结合 $a_i=a_c+t$

（2）双轴线封闭结合。当高低跨都是封闭结合，但低跨屋面板上表面与高跨柱顶之间的距离不能满足设置封墙的构造要求时，应设插入距 a_i，$a_i=t$，t 为封墙厚度。此时，封墙设于低跨屋架端部与高跨上柱外缘之间，如图 16-46（b）所示。

（3）双轴线非封闭结合。当高跨为非封闭结合时，该轴线与上柱外缘之间设联系尺寸 a_c，低跨处屋架定位轴线应设在屋架的端部，这样两轴线之间有插入距 a_i，此时 $a_i = a_c$，如图 16-46（c）所示。

当高跨上柱外缘与低跨屋架端部之间设有封墙时，则两条定位轴线之间的插入距 a_i 应等于联系尺寸和墙厚之和，即 $a_i = a_c + t$，如图 16-46（d）所示。

（三）纵横跨相交处定位轴线的联系

厂房有纵横跨相交时，为了简化结构和构造常将纵跨和横跨分开，各柱与定位轴线的关系按上面所讲的原则处理，然后再将纵横跨厂房组合在一起。此时，要考虑到二者之间设变形缝等问题。

当纵跨的山墙比横跨的侧墙低，长度小于或等于侧墙，且横跨为封闭结合时，可采用双柱单墙处理，如图 16-47（a）所示。纵横跨相交处两定位轴线的插入距 $a_i = a_e + t$，a_e 为变形缝宽度，t 为墙厚。横跨为非封闭结合时，则 $a_i = a_e + t + a_c$，a_c 为非封闭结合的联系尺寸，如图 16-47（b）所示。

当纵跨的山墙比横跨的侧墙短而高时，应采用双柱双墙处理。当横跨为封闭结合时，插入距 $a_i = t + a_e + t$，即两墙厚度之和加变形缝宽度，如图 16-47（c）所示。如横跨为非封闭结合时，插入距 $a_i = t + a_e + t + a_c$，如图 16-47（d）所示。

微 课

纵横跨连接处
定位轴线的联系

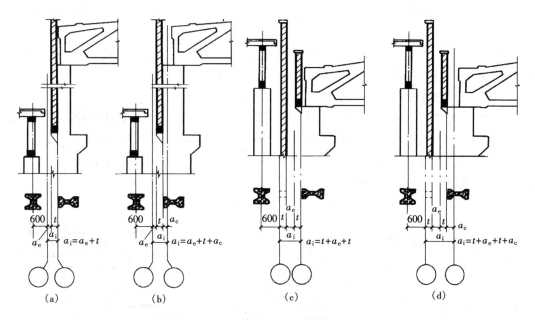

图 16-47 纵横跨相交处定位轴线的联系

单层厂房定位轴线的划分是一项非常具体而严谨的工作，设计时必须根据具体要求，严格执行国家颁布的《厂房建筑模数协调标准》（GB/T 50006—2010）。

第五节 单层厂房立面设计

单层厂房的立面设计与生产工艺、平面形状、剖面形式和结构类型有密切的关系，厂房体型决定了建筑的立面形式。在设计时应根据工艺性质、技术水平、经济条件，运用建筑艺术构图规律和处理手法，创造内容与形式统一、大家喜爱的外观形象。建筑平面、立面、剖面三者是一个有机体，设计时自始至终应将三者统一考虑和处理。

厂房立面设计是以厂房体型组合为前提的。不同的工艺流程有着不同的平面布置和剖面处理，厂房体型也不同。

1. 影响单层厂房立面设计的因素

单层厂房立面设计受许多因素的影响，归纳起来，主要有以下三点：

(1) 使用功能的影响。生产工艺流程、生产状况、运输设备等不仅对厂房平面、剖面设计有影响，而且也影响着立面的处理。建筑的形象应反映建筑的内容。

(2) 结构、材料的影响。结构形式和材料对厂房体型也有着直接的影响，同样的生产工艺，可以采用不同的结构方案，因而厂房的结构形式，特别是屋顶的结构形式在很大程度上决定着厂房的体型。

(3) 环境、气候的影响。不同的环境和气候对厂房的体型组合也有一定的影响，气候条件主要指太阳辐射强度、室外空气温度、相对湿度等。

2. 墙面划分

厂房在立面设计时往往在已有体型的基础上利用柱子、勒脚、窗间墙、窗台线、窗眉线、挑檐线、遮阳板等部件，结合建筑构图规律进行有机的组合与划分，使厂房立面简洁大方、比例恰当，达到完整匀称、节奏自然、色调统一、新颖美观的效果。在工程实践中，墙面划分常采用以下三种方法：

(1) 垂直划分。根据外墙（砌块或板材）结构特点，利用承重柱、壁柱、向外突出的窗间墙、竖向条形组合的侧窗等构件所构成的竖向线条，有规律的重复分布，使厂房立面具有垂直方向感，显得挺拔、有力，形成垂直划分，如图 16-48 所示。

(2) 水平划分。墙面水平划分的处理方法通常在水平方向设置整排的带形窗，利用通长的窗眉线、窗台线、遮阳板、勒脚线等部件，形成效果明显的水平线条，如图 16-49 所示。

(3) 混合划分。在工程实践中，除单独采用垂直划分或水平划分外，常采用将两者结合的混合划分。这样，既能相互衬托，又有明显的主次关系。如图 16-50 所示两种划分达到互相渗透，混而不乱，又有主次，取得了生动和谐的效果。

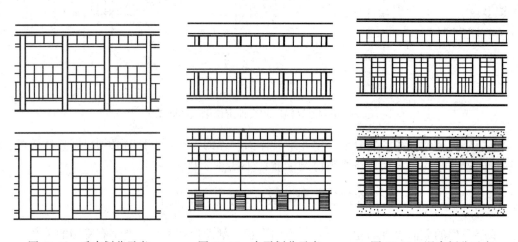

图 16-48　垂直划分示意　　　　图 16-49　水平划分示意　　　　图 16-50　混合划分示意

　　厂房立面中，窗洞面积的大小是根据采光和通风要求来确定的。窗与墙的比例关系有三种情况：①窗面积大于墙面积，立面以虚为主，显得轻巧、明快；②墙面积大于窗面积，立面以实为主，显得敦实、稳重；③窗面积等于或接近墙面积，虚实平衡，显得安静、平稳。设计中往往采用以虚或以实为主的立面处理，而虚实平衡的手法，显得平淡无味而较少采用。

　　建筑色彩受世界流行色的影响，虽然目前世界上趋向清淡或中和色，但鲜艳夺目的色彩仍广泛使用。

思　考　题

　　16-1　装配式钢筋混凝土排架结构的单层厂房主要由哪些构件组成？

　　16-2　常见的厂房平面形式有哪几种？各有什么特点？生产工艺流程和生产特征对厂房平面形式有哪些影响？

　　16-3　什么是柱网？如何确定柱网尺寸？扩大柱网的特点是什么？

　　16-4　生活间包括哪些内容？生活间的布置方式有哪几种？各有什么特点？

　　16-5　单层厂房高度的含义是什么？有吊车的厂房如何确定柱顶标高？厂房高度如何调整？

　　16-6　采光系数的含义是什么？单层厂房的采光方式有哪几种？

　　16-7　常见的采光天窗形式有哪几种？它们的特点各是什么？

　　16-8　自然通风的基本原理是什么？如何布置热加工车间的进排风口？

　　16-9　通风天窗主要有哪几种类型？

　　16-10　中间柱、横向变形缝处和山墙处的横向定位轴线如何标定？

　　16-11　什么是封闭结合、非封闭结合？封闭结合和非封闭结合的边柱纵向定位轴线如何标定？各自的适用范围是什么？

　　16-12　中柱的纵向定位轴线及纵横跨相交处的定位轴线如何标定？

　　16-13　影响单层厂房立面设计的主要因素有哪些？墙面划分常采用哪几种方法？

单 层 厂 房 构 造

第一节 外 墙

单层厂房的外墙，根据使用要求、建造材料和构造形式的不同，可分为砖墙、砌块墙、板材墙及开敞式外墙等。根据承重方式的不同又可分为承重墙与非承重墙。

当厂房的跨度不大（小于15m），吊车吨位较小（小于5t）、柱高较低（低于9m）及柱距不超过6m时，一般可采用承重外墙直接承受屋盖与起重运输等设备的荷载。当厂房跨度和高度较大、起重运输设备吨位亦较大时，通常采用钢筋混凝土排架柱或框架柱来承受屋盖与起重运输设备的荷载，而外墙仅起围护作用，称为非承重墙。非承重墙与承重墙相比，不仅可以减少结构面积、能够适应高大及有振动的厂房、便于建筑施工和设备安装，而且还便于建筑工业化的发展，适应厂房的改、扩建及生产工艺的变更，目前应用很多。

一、砌体填充墙

砌体填充墙是指采用砖或砌块作为填充材料的非承重墙，在单层厂房的围护墙中，砖或砌块填充在钢筋混凝土排架结构或钢排架结构的排架柱中间，或填充在厂房高低跨交接处的围护部位。为避免墙和柱的不均匀沉降所引起的墙体开裂和外倾，该类墙一般不做条形基础，而是由钢筋混凝土基础梁和连系梁来支承墙体重量。

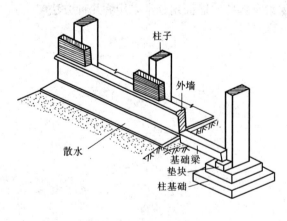

图 17-1 基础梁布置示意

基础梁是由柱基础支承的柱间墙下梁，如图 17-1 所示。通常采用倒梯形，顶面标高一般要比室内地面低 50～100mm，且高于室外地面 50～100mm，以便在洞口处的地面做面层保护基础梁。基础梁与柱基础的连接构造，一般有两种情况：当基础埋置较浅时，基础梁可直接或通过混凝土垫块搁置在柱基础杯口顶面，如图 17-2 (a)、(b) 所示；当基础埋置较深时，可设置高杯口基础或在柱上设牛腿来搁置基础梁，如图 17-2 (c)、(d) 所示。基础梁下部一般用松散材料进行回填，不须夯实，或者留出 50～100mm 的空隙，以使基础梁与柱基础同步沉降。寒冷地区，当回填土为冻胀土时，宜用炉渣等松散材料填充，以防土冻胀后，对基础梁及墙身产生反拱的不利影响，如图 17-3 所示。

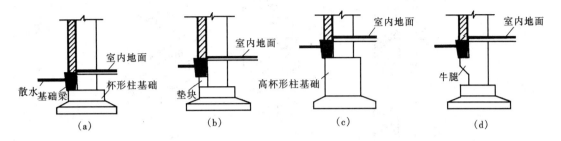

图 17-2　基础梁与基础的连接

(a) 直接放在柱基础上；(b) 放在混凝土垫块上；(c) 放在高杯口基础上；(d) 放在牛腿柱上

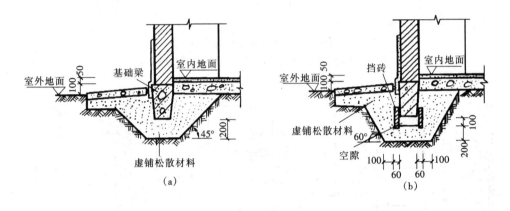

图 17-3　基础梁下部构造处理

(a) 基础梁下部保温；(b) 基础梁底留空隙

连系梁是指厂房纵向柱列的水平连系构件。其作用是联系柱列，增加厂房的纵向刚度。当基础梁支承的墙体（240mm 厚）的高度超过 15m 时，上部墙体由连系梁来支撑（形成框架墙）。对于厂房高低跨交接处的围护部位的填充墙，也应由连系梁来支撑。连系梁支撑在柱子牛腿上，其上部墙体重量经柱牛腿传给柱子，再传至基础。其下部墙体的重量则由基础梁承担并传至柱基础。

连系梁的截面形状一般为矩形和 L 形两种，当墙为 240mm 厚时，用矩形，为 370mm 厚时，用 L 形。它与柱的连接有螺栓固定和预埋钢板焊接两种方式，如图 17-4 所示。

支承在基础梁和连系梁上的墙体应与柱子、屋架端部及屋面板有可靠的连接，以增加墙体的刚度和稳定性。通常墙与柱子的连接方法是，沿柱子高度方向每隔 500～600mm 埋两根 Φ6 的钢筋，伸出柱外，砌入墙体的水平灰缝里，埋入深度一般不少于 120mm。墙与屋架端部的连接做法是，在屋架的上下弦预埋钢筋拉接外墙体。在屋架的腹杆处，可在预埋钢板上焊接钢筋伸入墙体。当外墙檐口有女儿墙时，为了保证女儿墙的稳定性，需在墙内设置钢筋，通过屋面板端头横缝内钢筋与屋面板纵缝内钢筋拉接，形成工字形连接，然后板缝内用 C20 细石混凝土灌牢。为了进一步加强墙体的稳定性，可沿墙高，按上密下疏的原则每隔 3～5m，增设一道圈梁。圈梁的截面高度不小于 180mm，配筋不少于 4Φ12，并且应与柱子、屋架或屋面板牢固锚拉，如图 17-5 所示。

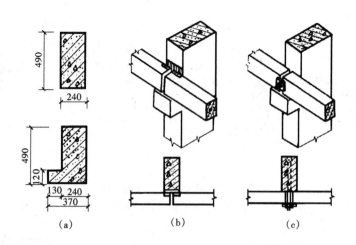

图 17-4　连系梁与柱的连接

(a) 断面形式；(b) 预埋钢板电焊；(c) 螺栓连接

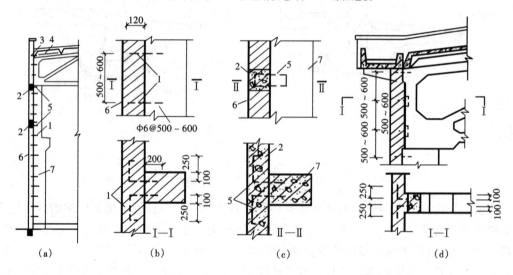

图 17-5　砖墙、圈梁与柱、屋架的连接

(a) 砖墙与承重骨架连接剖面；(b) 砖墙与柱子的连接；(c) 圈梁与柱子的连接；(d) 墙与屋架的连接

1—墙柱连接筋 2Φ6；2—圈梁兼过梁；3—檐口墙内加筋 1Φ12l=1000mm；
4—板缝加筋（1Φ12）与墙内加筋连接；5—圈梁与柱连接筋；6—砖外墙；7—柱

二、板材墙

应用板材墙是墙体改革的重要措施之一。发展大型板材墙不仅能加快厂房建筑工业化、减轻劳动强度，还可充分利用工业废料、节省耕地、加快施工速度、减轻墙体重量、提高墙体抗震性能。因此，板材墙将成为我国工业建筑广泛采用的外墙类型之一。但目前存在的问题是钢材、水泥用量比较大，造价偏高，接缝构造复杂，质量不易保证。

（一）钢筋混凝土板材墙

1. 墙板规格及分类

我国现行的工业建筑墙板的规格为：长度和高度采用扩大模数 3M 数列，厚度采用

20mm 的模数进级。板长有 4500、6000、7500、12000mm 四种，板高有 900、1200、1500 和 1800mm 四种。常用的厚度为 160～240mm。

根据不同需要墙板有不同划分，按其在墙面位置不同可分为檐下板、窗上板、窗下板、一般板、山尖板、勒脚板、女儿墙板等，按其保温需要与否可分为保温墙板和非保温墙板，按其构造和材料组成又分单一材料墙板和复合材料墙板。

（1）单一材料墙板。常见的单一材料墙板有钢筋混凝土槽形板、空心板和配筋轻混凝土墙板，如图 17-6 所示。钢筋混凝土墙板的优点就是耐久性好，可施加预应力。其中槽形板（又称肋形板）的钢材、水泥用量较省，但属非保温隔热板且易积灰，一般适用于热加工车间和保温隔热要求不高的厂房。空心板的双表面平整，不易积灰，且有一定的保温隔热能力，应用较广。这两种板的共同特点是：力学性能合理、制作简单，但均有"热桥"现象。配筋轻混凝土墙板重量轻、保温隔热性能好、比较坚固，但吸湿性较大，故一般须加水泥砂浆等防水面层，适用于对保温隔热要求较高但湿度不很大的车间厂房。目前，该类墙板有陶粒珍珠砂混凝土墙板、加气混凝土墙板、粉煤灰硅酸盐混凝土墙板等。

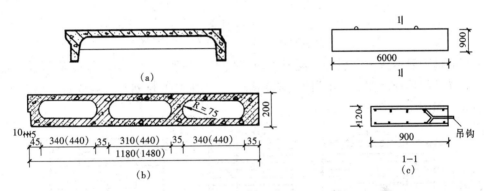

图 17-6　单一材料墙板
(a) 槽形板；(b) 空心板；(c) 配筋轻混凝土墙板

（2）复合墙板。复合墙板是将钢筋混凝土重型外壳或石棉水泥板、塑料板、薄钢或铝板等轻型外壳固定在骨架两面，再在空腔内填充高效保温材料，如容量很轻的炉渣、蛭石、膨胀珍珠岩、陶粒、矿棉、泡沫塑料等，而形成的大型墙板。复合墙板最大的特点是，能充分发挥芯层材料的高效热工性能和外壳材料的承重、耐气候等性能，使材料能各尽所长。该类墙板重量轻、保温、隔热、防水、防火，还具有一定的强度。但制作比较复杂，仍有"热桥"的不利影响，如图 17-7 所示。

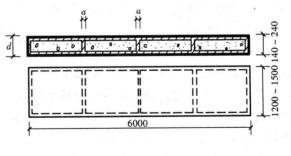

图 17-7　复合墙板示例

2．墙板布置

（1）布置方式和排板。单层厂房墙板的布置方式有：横向布置、竖向布置和混合布置三种，如图 17-8 所示。横向布置是利用厂房柱作为墙板的支承或悬挂点，墙板的重量由厂房柱传递给柱基础。这种布置方式竖缝少，挡风雨效果好，墙板的规格较少，连接构造简单，有助于加强厂房纵向刚度。竖向布置是把墙板固定在柱间水平墙梁上,这种布置方式比较灵活,不受柱距影响,但板长受侧窗高度的限制,竖缝较多,处理不当易渗水、透风。混合布置和横向布置基本相同,只是增加了竖向布置的窗间墙板,虽增加了板型,但立面处理较灵活。

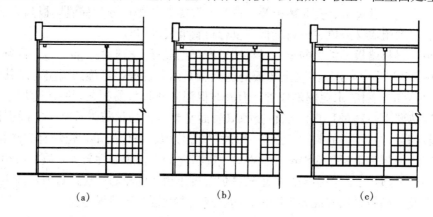

图 17-8 墙板布置方式
(a) 横向布置;(b) 竖向布置;(c) 混合布置

墙板的排列要尽量减少板型,同时适应整块板的高度。如果标准板的基本板型难以满足,可用异型板填补。如横向排列中,在山墙上部山尖处的排列,可排成台阶形、人字形、折线形等,如图 17-9 所示。

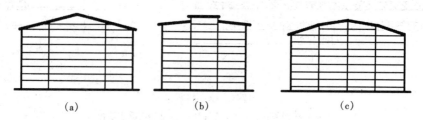

图 17-9 山墙山尖布置示意
(a) 人字形;(b) 台阶形;(c) 折线形

(2) 墙板与柱的连接及板缝处理。墙板与柱的连接一般分柔性连接和刚性连接。

柔性连接是通过墙板与柱预埋件和连接件将二者拉结在一起。常用的连接形式有螺栓连接、角钢挂钩连接、短钢筋焊接连接和压条连接,如图 17-10 所示。柔性连接的特点是墙板在垂直方向每隔 3~4 块板,柱上设钢托,支承墙板重量,水平方向由连接构件拉接。墙板与骨架以及板与板之间在一定范围内可相对位移,能较好的适应各种振动引起的变形。其中,螺栓连接构造简单,连接可靠,焊接工作量小,维修方便,但金属零件暴露太多,易受腐蚀,如图 17-10 (a) 所示;角钢挂钩连接是利用焊接在柱和墙板上的角钢互相挂钩连接而成,因此又叫握手式连接,该法较螺栓连接用钢量少,施工速度快,但金属预埋件的位置要求精确度高,如图 17-10 (b) 所示;短钢筋焊接连接安装比较灵活简便,但焊接工作量较大,如图 17-10 (c) 所示。压条连接是在墙板外加压条,通过焊于柱上的螺栓将墙板和柱压紧拉牢,压条连接在墙板中不须设预埋件,构造简单,压条封盖后的竖缝密封性好,且外形美观,但压条孔不易套进伸出的螺栓,施工较复杂,如图 17-10 (d) 所示。

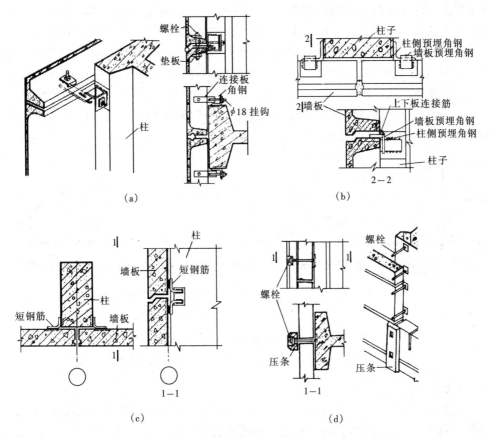

图 17-10 墙板与柱柔性连接示例

(a) 螺栓柔性连接；(b) 角钢挂钩柔性连接；(c) 钢筋焊接连接；(d) 压条连接

刚性连接是在柱子和墙板中先分别设置预埋铁件，安装时用型钢将其焊牢，不须另设钢支托，如图 17-11 所示。刚性连接的特点是构造简单，施工方便，厂房的纵向刚度好。但同时由于刚性连接，也失去了能相对位移的条件，在基础出现不均匀沉降或有较大振动时，墙板容易开裂。

对于板缝的处理无论是水平缝还是垂直缝，都要满足防风雨、保温隔热、施工方便、坚固耐用、经济美观等要求。其构造做法有构造防水和材料防水两种。

（二）波形板墙

对于不要求保温、隔热的热加工、防爆等车间的外墙，可采用波形板墙。其类型有石棉水泥波瓦、镀锌铁皮波瓦、压型薄钢（铝）板、塑料、玻璃钢波瓦等，它们的连接构造基本相同，仅起围护作用，其本身重量也有厂房骨架来承受。

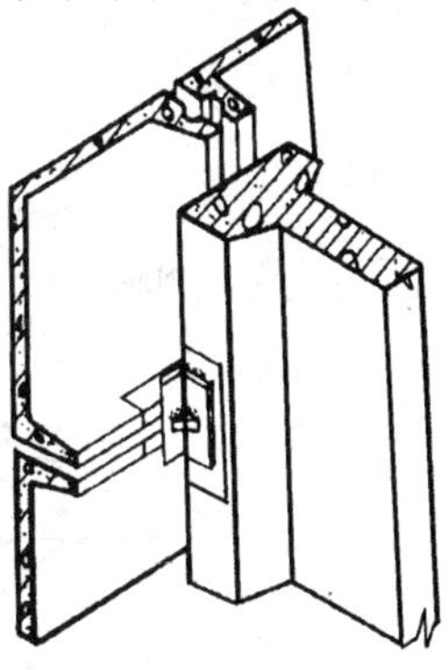

（1）石棉水泥波形瓦。石棉水泥波形瓦有大波、中波、小波之分。工业建筑多采用大波瓦。其优点是自重轻、施工简便、造价低、防水好、绝缘、耐腐蚀。缺点是强度较低、较脆，湿度变化大时易碎裂。石棉水泥波形瓦与厂房骨架连接是通过连接件悬

图 17-11 墙板与柱刚
性连接示例

挂在连系梁上。连系梁垂直方向的间距应与瓦长相适应,接缝处要搭接,上下搭接不小于100mm,左右搭接为一个瓦垅,搭缝应与多雨季节主导风向相顺,以利于防雨防风。

(2) 压型钢板。压型钢板是薄金属钢板经压制成波形断面后而形成的,可有效改善其力学性能。压型钢板一般由施工单位在建厂房的现场将成卷的薄钢板通过成型冷轧机压制而成。其特点是轻质高强、抗震防火、便于施工,且色彩多样,还可根据需要截成不同长度,这样可大大减小接缝处理,有效防止雨水渗漏。压型钢板外墙是通过金属墙梁固定在柱子上。图 17-12 是压型钢板外墙的构造示例。

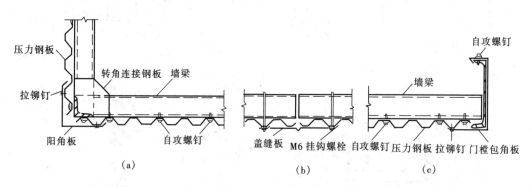

图 17-12 压型钢板外墙构造示意
(a) 外墙转角处连接;(b) 伸缩缝处连接;(c) 大门处连接

三、开敞式外墙

在我国南方的炎热地区,一些热加工车间,为了迅速散热获得良好的通风效果,常采用开敞式或半开敞式外墙。其构造的主要部分是挡雨板的构造,如图 17-13 所示。常见的有:

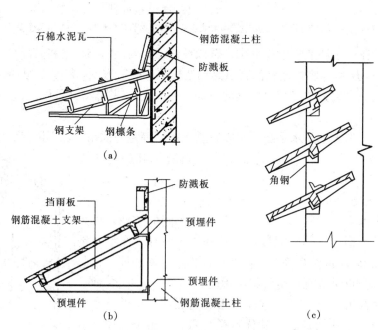

图 17-13 挡雨板构造
(a) 石棉瓦挡雨板;(b) 钢筋混凝土挡雨板;(c) 无支架钢筋混凝土挡雨板

（1）石棉水泥瓦挡雨板。石棉水泥瓦挡雨板的基本构件有钢支架、钢檩条、中小波石棉水泥瓦板和防溅板，如图17-13（a）所示，钢支架通过柱上顶预埋件与柱相连，它的特点是重量轻、施工简便、拆装灵活。

（2）钢筋混凝土挡雨遮阳板。钢筋混凝土挡雨遮阳板又分为有支架和无支架两种，如图17-13（b）、（c）所示，有支架型是柱和板均通过预埋件焊接固定，无支架型的板置于柱之间，板与柱通过角钢与预埋件焊接固定。

第二节　屋　　顶

单层厂房屋顶的作用、要求和构造与民用建筑屋顶基本相同，但在某些方面也存在差异。如单层厂房屋面覆盖面积大，有时多跨成片的厂房各跨间还有高差，使排水、防水构造复杂；为便于采光和通风，单层厂房屋面上常设有天窗；要承受有吊车的厂房中吊车传来的冲击荷载和生产有振动时传来的振动荷载；恒温、恒湿车间的保温、隔热要求一般比民用建筑高；有爆炸危险的厂房要求屋面有防爆、泄压功能；有腐蚀介质的车间屋面应有防腐措施等。因此，在设计时，应根据实际情况，选择既实用又经济的厂房屋面方案。

一、厂房屋顶的类型

（一）屋顶类型

单层厂房屋顶的类型按其是否保温可分为保温屋顶和非保温屋顶；按屋面材料和构造做法分柔性防水屋面、刚性防水屋面和构件自防水屋面。另外，还有一些其他新型防水屋面，如涂料防水屋面、粉剂防水屋面等。

（二）基层类型

屋面基层类型分有檩体系和无檩体系，如图17-14所示。有檩体系是在屋架上弦上先搁置檩条，然后在其上铺设小型屋面板。这种体系构件小、重量轻、吊装施工方便。但吊装次数多，施工周期长。适用于施工机械起吊能力小的施工现场。无檩体系是在屋架上直接铺设大型屋面板。这种体系，虽对吊装机械设备的要求较高，但构件大、类型少，安装速度快，工业化程度高。

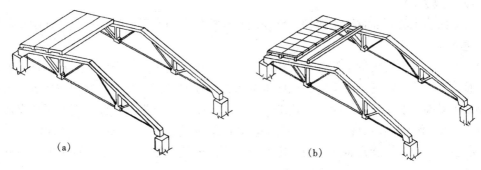

（a）　　　　　　　　　　　　（b）

图17-14　屋面基层结构
（a）无檩体系；（b）有檩体系

二、厂房屋顶的排水及防水构造

（一）厂房屋面排水

与民用建筑一样，厂房屋面排水方式分有组织排水和无组织排水两种。可根据气候条件、厂房高度、生产工艺特点、屋面面积大小等因素综合考虑，确定屋面排水方式。

1. 无组织排水

一般用于年降雨量不大于 900mm，且檐口高度小于 10m 的单跨厂房或多跨厂房的边跨屋面。对于积灰较多或具有腐蚀性介质作用的厂房，也应尽量采用无组织排水，以免雨水管被堵或受腐蚀。

2. 有组织排水

一般用于年降雨量大的地区或厂房较高的情况，有组织排水又分内排水和外排水。

（1）内排水，将屋面雨水经厂房内的雨水竖管及地下雨水管排除，常用于严寒地区的厂房和大型多跨厂房。

（2）外排水是雨水管设在室外的一种排水方案，一般用于冬季室外气温不低的地区。当厂房较高或降雨量较大时，可采用檐沟外排水方式；当厂房为高低跨时，可先将高跨的雨水排至低跨屋面，然后从低跨挑檐沟引入地下排水管网。

在多跨厂房中，中间跨的排水可采用长天沟外排水方式。将中间跨天沟做成贯通厂房纵向长度的长天沟，利用天沟的纵向坡度，将雨水引向端部山墙外的雨水管排除，如图 17-15 所示。

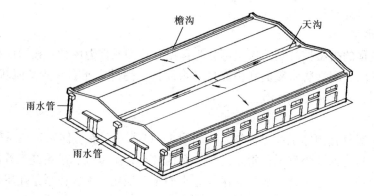

图 17-15 长天沟端部外排水

（二）厂房屋面防水

厂房屋面防水有：卷材防水屋面、钢筋混凝土构件自防水屋面及各种波形瓦防水屋面。

1. 卷材防水屋面

构造做法基本上与民用建筑平屋顶相同，对于采用大型预制钢筋混凝土板做基层的卷材防水屋面，其板缝，特别是屋架上弦屋面板端部相接处的横缝，开裂问题相当严重。若在大型屋面板或保温层上做找平层时，在找平层上沿横缝处做出分格缝，缝中用油膏填充，其上先干铺 300mm 宽卷材作为缓冲层，使屋面卷材在基层变形时有一定的缓冲余地，然后再铺卷材防水层。这样对横缝开裂可起到一定预防作用。纵缝一般开裂较少，可不做分格缝和干铺缓冲层。

2. 钢筋混凝土构件自防水屋面

钢筋混凝土构件自防水屋面是利用屋面板本身的密实性，只对板缝进行局部防水处理而形成的防水屋面。其优点是屋面重量较卷材防水为轻，从而节省了钢材和水泥用量，降低了屋顶造价，施工简便，维修方便。缺点是混凝土在自然条件下易风化和碳化，板面容易出现裂缝而引起渗漏。通常用于不设保温层的大型屋面板厂房，有较大振动和寒冷地区的厂房不适用。

为防止屋面板开裂，应提高施工质量，控制混凝土的水灰比，增强混凝土的密实度，从而增强混凝土的抗裂性和抗渗性。除此之外，还可采取在构件表面涂防水涂料或防水涂料与玻璃纤维布交替铺刷的方法，阻止裂缝的形成。

为了防止板缝漏水，首先，应增强屋面板刚度，以减小因板挠度过大而产生的翘曲变形引起的板端开裂，若采用预应力大型屋面板，可有效减小屋面板的挠度。其次，屋面板的板缝宽度应适当。

根据板缝的处理不同，构件自防水屋面分嵌缝式、脊带式和搭盖式三种。嵌缝式是在大型屋面板缝中嵌灌油膏以防止板缝漏水的方式，如图 17-16 所示；若在嵌缝上面再粘贴一层卷材作保护层，则成为脊带式防水方式，如图 17-17 所示，其防水性能较嵌缝式为佳；搭盖式是采用 F 形大型屋面板作为防水构件，板纵缝上下搭接，横缝和脊缝用盖瓦覆盖，如图 17-18 所示，这种屋面安装简便，施工速度快，但板形复杂，盖瓦在振动影响下易滑脱，造成屋面渗漏。

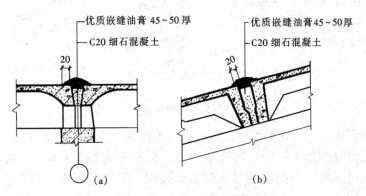

图 17-16　嵌缝式防水构造
(a) 横缝；(b) 纵缝

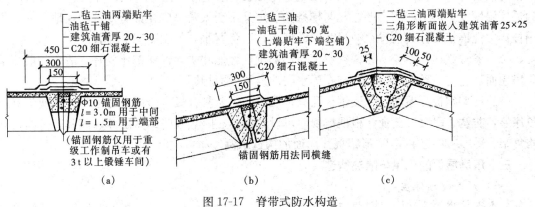

图 17-17　脊带式防水构造
(a) 横缝；(b) 纵缝；(c) 脊缝

3. 波形瓦屋面

波形瓦屋面属于轻型有檩体系，常用的波形瓦有石棉水泥瓦、镀锌铁皮瓦、压型钢板瓦、钢丝网水泥波瓦及玻璃钢瓦等，其构造原理基本相同。

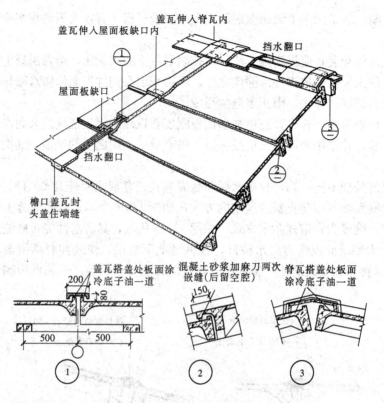

图 17-18 F 板屋面铺设情况及节点构造

（1）石棉水泥瓦屋面。石棉水泥瓦的优点是厚度薄、重量轻、施工简单，缺点是易脆裂、耐久性及保温隔热性差。所以在高温高湿、振动较大、灰尘较多、屋面穿管线较多的车间及炎热地区高度较小的冷加工车间不宜采用，主要适用于一些仓库及对室内湿度状况要求不高的厂房。石棉水泥波瓦的规格有大、中、小三种，厂房屋面多采用大波瓦。

为使石棉水泥瓦与檩条有牢固的固定，每张瓦至少应有三个支承点，但因波形瓦性脆，为适应温度及振动引起的变形，瓦与檩条的固定又不能太紧，应允许有变位的余地。一般采用挂钩柔性连接，挂钩位置在波形瓦的波峰上，以免漏水，如图 17-19 所示。

（2）镀锌铁皮瓦屋面。镀锌铁皮瓦屋面的抗震性能和防水性能都比较好，适合一般高温厂房屋面，它与檩条的连接构造与石棉水泥波形瓦屋面相同。

（3）压型钢板瓦屋面。压型钢板瓦分单层板、多层复合板、金属夹芯板等，表面带有彩色涂层，防锈、耐腐、美观，根据需要也可设置保温、隔热及防结露层等，但其造价高，维修复杂。图 17-20 为单层 W 形钢板瓦屋面的构造示例。

三、厂房屋顶的保温与隔热构造

（一）厂房屋顶保温

冬季需采暖的厂房中，屋顶应采取保温措施。屋顶保温层的做法根据保温层所处位置的不同可分三种。

（1）保温层设在屋面板上部。常用于柔性防水屋面，如图 17-21（a）所示，其做法与民用建筑平屋顶相同，厂房屋顶中也广为采用。

（2）保温层设在屋面板下部。该做法主要应用于构件自防水屋面，分直接喷涂和粘贴两

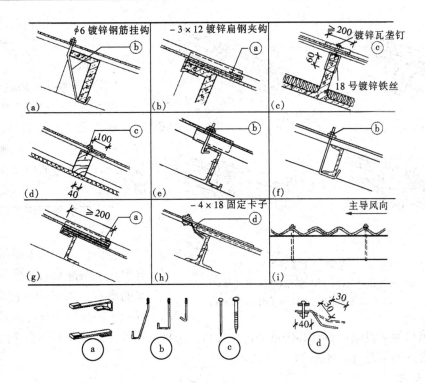

图 17-19 石棉水泥瓦的固定与搭接

(a)、(b)、(c) 钢筋混凝土檩条；(d) 木檩条；(e)、(f)、(g)、(h) 钢檩条；(i) 横向搭接

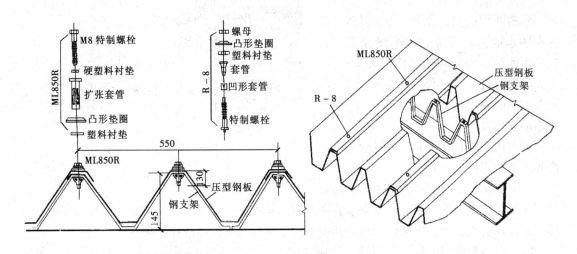

图 17-20 W形压型钢板瓦构造示例

种。粘贴是将轻质保温材料，如聚苯乙烯泡沫塑料、玻璃棉毡、岩棉板、铝箔等，粘贴在屋面板下面，如图 17-21 (b) 所示；直接喷涂是将散状保温材料拌和水泥等胶结材料，用喷浆机喷涂在屋面板下表面，如图 17-21 (c) 所示，每次喷涂厚度约 20~30mm，直到所需厚度。这两种做法存在的问题是容易局部破落和吸附水汽。

（3）保温层设在屋面板中间。这种做法是将保温材料夹在屋面板中间，制成夹心保温屋面板。它集保温、承重于一体，具有多种功效，如图 17-21 (d) 所示。而且施工时，现场

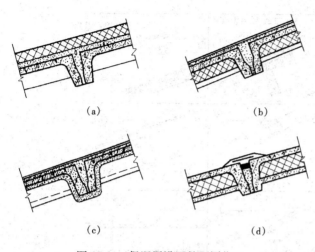

图 17-21　保温层设置的不同位置

(a) 在屋面板上部；(b) 粘贴在屋面板下部；
(c) 喷涂在屋面板下部；(d) 夹心保温屋面板

无湿作业，可加快施工速度，但存在板面易产生裂缝和变形及有"热桥"等问题。

（二）厂房屋顶隔热

夏季炎热的地区，尤其是厂房高度低于 8m 的钢筋混凝土屋顶，需要考虑隔热。隔热措施与民用建筑相同。如采用通风屋面或种植屋面等。

四、厂房屋顶细部构造

（一）檐口

厂房檐口形式根据排水方式可分为无组织排水的挑檐和有组织排水的檐沟。当采用无组织排水时，其做法同民用建筑。当采用有组织

排水时，檐口处应设檐沟板，其构造同民用建筑。考虑屋面检修或清灰时的安全防护，檐沟外壁上应设置金属栏杆，如图 17-22 所示。

（二）天沟

天沟除采用槽形天沟板形成外，还可在大型屋面板上直接作天沟。天沟处的防水构造须较屋面增加一层卷材，以提高防水能力。天沟通常不设保温层，这样可使厂房内部的热量传至天沟，在冬天不致造成天沟冻结，影响排水。为使天沟内的雨水能顺畅流向雨水斗，天沟内应作垫坡。

天沟按所处位置不同，可分为边天沟和内天沟两种。

边天沟采用女儿墙有组织内排水时，

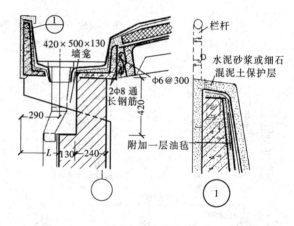

图 17-22　檐沟板排水构造

多在天沟板或屋面板上开孔，使雨水管通入室内排水管，如图 17-23 所示。边天沟有组织外排水时，在女儿墙处设出水口，构造类似于民用建筑的女儿墙外排水做法。

内天沟通常使用两块槽形板或一块宽单槽形板搁置在相邻两个屋架端头上形成，如图 17-24 所示。单槽形天沟板须待两榀屋架安装完以后才能安装，而双槽形天沟板可随一榀屋架安装完后即可安装，施工方便，应用较多。但应注意两天沟板的接缝处理。

（三）雨水口构造

檐沟和天沟内雨水口处的构造基本相同，该处应保证雨水口处接缝严密，排水通畅，不易堵塞和渗漏。当直接在大型屋面板上做天沟时，可在大型屋面板上留孔或凿孔，然后安置雨水斗。也可在屋面板上开口处先安装集水盘，然后再依照前述做法安装雨水斗，如图 17-25 所示。

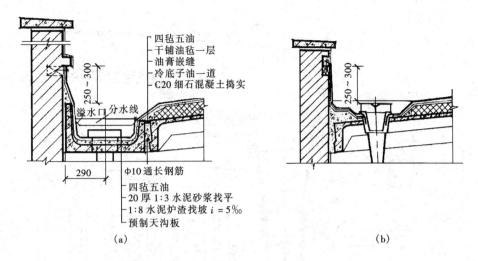

图 17-23 边天沟构造

(a) 天沟板做天沟；(b) 在大型屋面板上做天沟

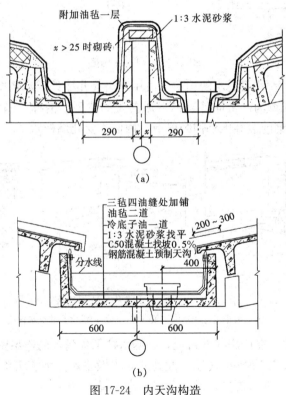

图 17-24 内天沟构造

（四）泛水

泛水是指屋面防水层与高出屋面的墙、烟囱及伸出屋面的管道交缝处的防水构造。通常屋面泛水处应附加一层防水卷材，并将其延伸到墙上距屋面高 250～300mm 的高度。卷材转角处要用水泥砂浆或混凝土做成圆弧形或 45°斜角，以免直角转弯使卷材折断或铺不实。端部要做收头处理，处理方法与民用建筑相同。

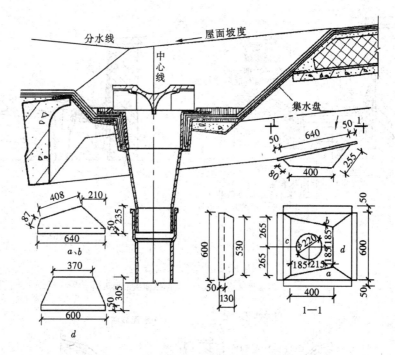

图 17-25　雨水斗构造

（1）女儿墙泛水。女儿墙泛水的构造与民用建筑女儿墙处泛水构造相同。在山墙女儿墙的端部，为封住挑檐或檐沟，常向外延伸形成美观的造型，俗称"马头墙"，如图 17-26 所示。"马头墙"支承在钢筋混凝土外伸卧梁上，内侧作女儿墙泛水。

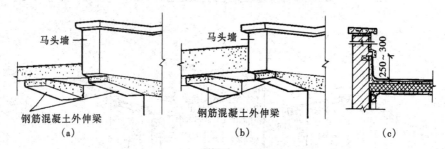

图 17-26　山墙女儿墙及其端部处理
（a）檐口板排水；（b）檐沟板排水；（c）山墙女儿墙泛水构造

（2）高低跨处泛水。在厂房高低跨处，封墙由柱子牛腿上的连系梁支承，封墙以下至低跨度屋面之间空隙一般砌 120mm 砖墙。此处的泛水做法，分为有天沟和无天沟两种，如图 17-27 所示。寒冷地区，有保温要求时，还应考虑保温。

（五）变形缝

单层厂房变形缝主要有等高跨处变形缝和高低跨处变形缝。

（1）等高跨变形缝包括横向变形缝和纵向变形缝。横向变形缝，在其两侧屋面板端肋上砌 120mm 矮墙，如图 17-28（a）所示。对于纵向变形缝，当直接在屋面上作天沟时，也在缝两侧屋面板边肋上砌 120mm 矮墙，如图 17-28（b）所示。当设有槽形天沟板时，变形缝两侧有天沟壁，无论变形缝两侧是矮墙还是槽形天沟，在矮墙或沟壁上均须用预制钢筋混凝

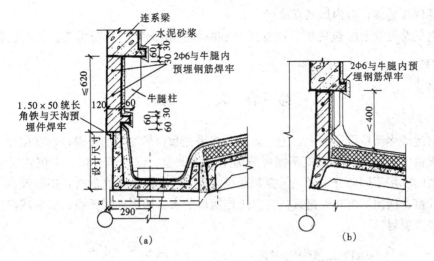

图 17-27 高低跨处泛水

（a）低跨有天沟；（b）低跨未设天沟

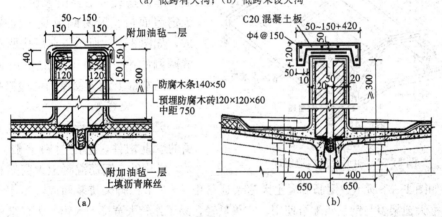

图 17-28 等高跨设变形缝构造

（a）横向变形缝；（b）纵向变形缝

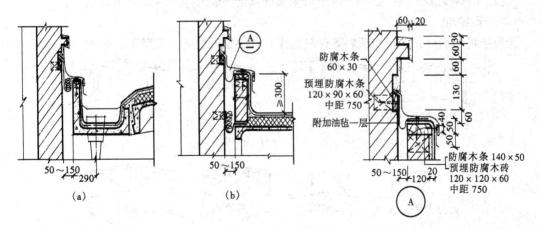

图 17-29 高低跨处变形缝构造

（a）平行高低跨处变形缝；（b）纵横跨处变形缝

土板或镀锌铁皮盖缝，缝内填沥青麻丝。

（2）高低跨处变形缝包括平行高低跨处和纵横跨相交处两种变形缝，其构造做法如图17-29所示。

第三节 天 窗

在大跨度或多跨单层厂房中，为了满足天然采光和自然通风的要求，常在屋顶上设置各种类型的天窗。天窗按构造形式不同可分为上凸式天窗、锯齿形天窗、下沉式天窗和平天窗。按天窗的作用不同可分为采光天窗和通风天窗。主要用作采光的有：矩形天窗、锯齿形天窗、平天窗、横向下沉式天窗等。主要用作通风的有：矩形通风天窗、纵向或横向下沉式天窗、井式天窗等。

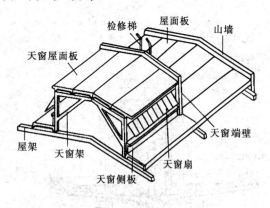

图 17-30 矩形天窗构造组成

一、矩形天窗

矩形天窗横断面呈矩形，两侧采光面与屋面垂直。主要由天窗架、天窗扇、天窗屋面板、天窗侧板及天窗端壁等组成，如图17-30所示。在厂房两端及变形缝两侧的第一个柱间一般不设天窗，在天窗的端壁上设天窗屋面的检修梯。

（一）天窗架

天窗架直接支承在屋架上弦上，是天窗的承重构件，它的材料一般与屋架一致，常用的有钢筋混凝土天窗架和钢天窗架两种，如图17-31所示。钢筋混凝土天窗架通常由2～3个三脚架拼装而成，制作及安装均较方便。钢天窗架多与钢屋架配合使用。它重量轻，易于作较大宽度的天窗。天窗架的跨度一般为屋架跨度的1/3～1/2，为使屋架受力合理，天窗架必须支承在屋架上弦的上节点上。所以，天窗架的跨度应符合扩大模数3M。天窗架的高度一般为跨度的0.3～0.5倍。

（二）天窗扇

天窗扇可用钢材、木材和塑料等材料制作。其中钢天窗扇以其坚固、耐久、耐高温、不

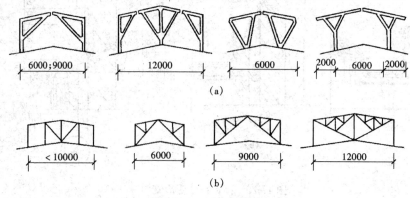

图 17-31 天窗架形式
（a）钢筋混凝土组合式天窗架；（b）钢天窗架

易变形和关闭较严密等优势，得以广泛应用。钢天窗扇的开启方式有上悬式和中悬式两种。

上悬式钢天窗扇由于最大开启角度为 45°，防雨较好，但通风较差。目前的定型产品 J815 型，其窗扇高度有 900、1200、1500mm 三种，也可根据需要将它们组合成一排、二排、三排等不同高度的天窗扇。上悬式钢天窗扇可布置成通长式和分段式两种，如图 17-32 所示。通长式天窗扇是由两个端部固定的窗扇和若干个中间窗扇连接而成，开启扇的长度应根据采光、通风的需要和天窗开关器的启动能力等因素而定。分段窗扇是在每个柱距内设单独开关的窗扇，各窗扇可单独开启。不论是分段式还是通长式，在开启扇之间以及开启扇与天窗端壁之间，均须设置固定窗扇，起竖框的作用。

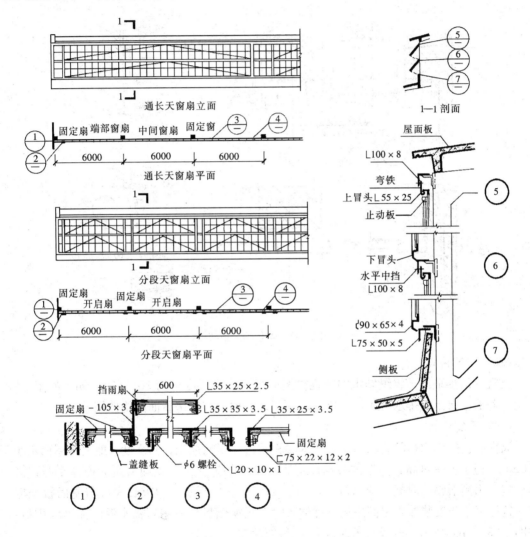

图 17-32 上悬钢天窗扇

中悬式钢天窗扇的开启角度可达 60°～90°，故通风好，但防雨差，因受天窗架的阻挡和转轴位置的限制，只能按柱距分段设置，如图 17-33 所示。目前的定型产品 J812 型中，中悬钢天窗扇的高度有 900、1200、1500mm 三种，可根据窗洞的高度组成不同高度的天窗扇，每个窗扇之间设槽钢作竖框，窗扇转轴固定在竖框上。

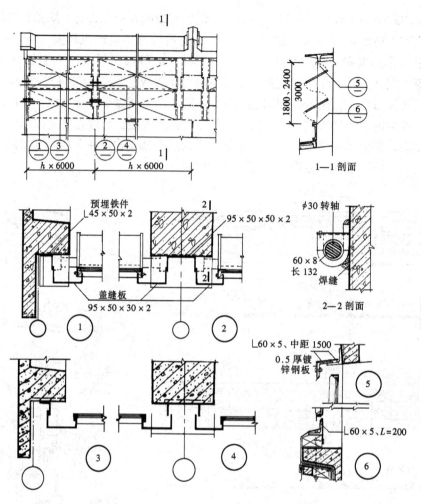

图 17-33 中悬钢天窗架

（三）天窗檐口

天窗屋顶多采用无组织排水的带挑檐屋面板，挑出长度可为 300～500mm，如图 17-34 所示。若采用有组织排水可采用带檐沟屋面板，其构造与厂房屋面的构造相同。

（四）天窗侧板

天窗侧板的作用是防止雨水溅入车间和积雪过高影响采光。其高度一般高出屋面不小于 300mm，但也不宜过高，其形式应与厂房屋面结构相适应。当屋面采用无檩体系时，天窗侧板宜采用槽形钢筋混凝土预制侧板，如图 17-34（a）所示，侧板长度可与屋面板长度一致，这样可便于安装。当屋面采用有檩体系时，天窗侧板可采用石棉水泥波瓦等轻质材料，如图 17-34（b）所示，侧板与屋面板交接处应做好泛水处理。

（五）天窗端壁

矩形天窗的端壁板主要是起围护作用，有钢筋混凝土端壁板、石棉水泥端壁板等。当采用钢筋混凝土端壁板时，还可代替钢筋混凝土天窗架，起到支承天窗屋面板的作用。根据天窗宽度不同，端壁板可由两块或三块预制板拼接做成。端壁板及天窗架与屋架上弦通过预埋件焊接，端壁板下部与屋面相交处同样应做好泛水处理，端壁板的内侧可根据需要设置保温

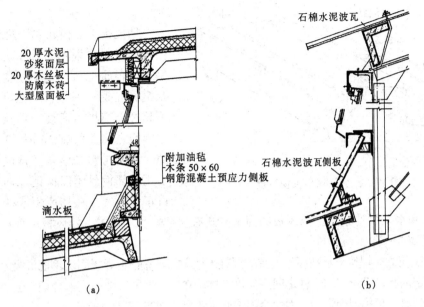

图 17-34　天窗檐口及侧板

(a) 钢筋混凝土挑檐及侧板；(b) 石棉水泥波瓦檐口及侧板

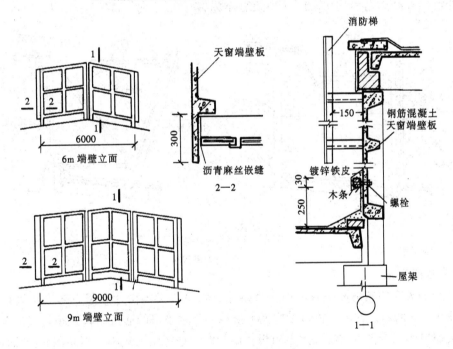

图 17-35　钢筋混凝土端壁

层，如图 17-35 所示。

二、矩形通风天窗

矩形通风天窗是在矩形天窗两侧加挡风板形成的，如图 17-36 所示。为了增大天窗的通风量，除寒冷的北方和保温厂房外，在南方地区，天窗一般不设窗扇，成开敞式。但在进风口处需加挡雨设施。

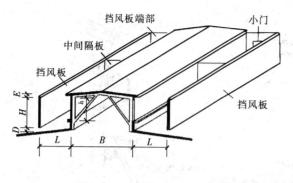

图 17-36　矩形通风天窗示意

（一）挡风板

挡风板由面板和支架两部分组成，面板的材料常采用石棉水泥瓦、压型钢板等轻质材料，支架主要采用型钢及钢筋混凝土等材料。挡风板的高度不超过天窗檐口高度，挡风板下部和屋面板之间要留有 100～200mm 的间隙，以便排水和清灰。挡风板的端部要用端部板封闭以保证风向变化时仍可正常排气。在挡风板或端部板上还应设置检修和清灰用的小门。挡风板的固定方式有立柱式和悬挑式。挡风板可垂直布置，也可向外倾斜 50°～70°。

立柱式是将立柱焊接支承在屋架上弦的混凝土柱墩上，立柱上焊接固定钢筋混凝土檩条或型钢，其上固定面板，天窗架和立柱之间用支撑连接。立柱式挡风板结构受力合理，但挡风板与天窗的距离受到屋面板排列的限制，因而会影响通风效果，如图 17-37 （a）所示。

悬挑式是支架固定在天窗架上，屋面不承受挡风板的重量，挡风板与天窗之间的距离不受屋面板的限制，布置较灵活，但增加了天窗架的荷载，对抗震不利，如图 17-37 （b）所示。

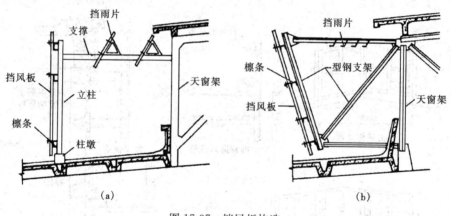

图 17-37　挡风板构造
（a）立柱式；（b）悬挑式

（二）挡雨设施

矩形通风天窗的挡雨设施有屋面作大挑檐、水平口设挡雨片和竖直口设挡雨板三种作法，如图 17-38 所示。在天窗檐口设屋面大挑檐会使水平口的通风面积减小，只适合用于挡风板与天窗口距离较大的情况。水平口设挡雨片时，通风阻力较小，不易积灰。综合考虑防止溅雨及通风的效果，挡雨片与水平面的最佳角度为 60°，其高度为 200～300mm。垂直口设挡雨板时，挡雨板的坡度越小，越有利于天窗通风，但同时考虑排水和防止溅雨时，挡雨板与水平方向的最佳角度为 15°。

三、平天窗

平天窗是在带孔洞的屋面板上安装透光材料而形成的天窗，主要有采光板、采光带和采光罩三种类型。

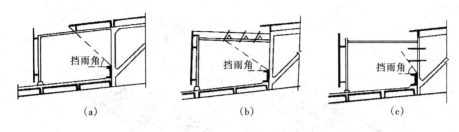

图 17-38 挡雨设施
(a) 大挑檐挡雨；(b) 水平口设挡雨片；(c) 垂直口设挡雨板

采光板是在开孔的屋面板上，或者在抽掉一块屋面板后加设的檩条上安装平板透光材料。一块板上可开设几个分开的小孔，做成小孔板，如图 17-39 (a) 所示，也可开设一个通长的比较大的孔或更大的孔，做成中孔或大孔采光板，如图 17-39 (b)、(c) 所示。采光罩是在屋面板上留孔处设置弧形透光材料，其刚度较平板好，如图 17-40 所示。采光带的采光口长度在 6m 以上，可布置成横向采光带和纵向采光带，如图 17-41 所示。采光板和采光罩还可作成开启式，以便于通风，如图 17-39 (d) 所示。

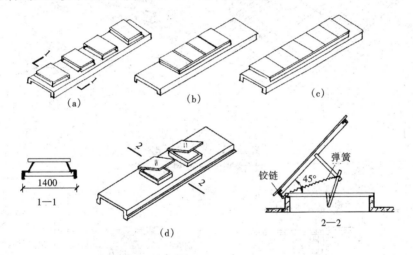

图 17-39 采光板形式
(a) 小孔采光板；(b) 中孔采光板；(c) 大孔采光板；(d) 开启式采光板

平天窗的采光效率高，构造简单，布置灵活，施工方便，造价较低，多用于冷加工车间。但其在太阳直射时，辐射热大，有眩光，防水较差，易产生冷凝水且易积灰，因此为了防止雨水流入天窗，在平天窗采光口周围做 150～250mm 高的井壁，井壁上安放透光材料，井壁与屋面交接处要做泛水处理。井壁有垂直和倾斜两种形式，如图 17-42 所示，大小相同的采光口，倾斜井壁的采光效率比垂直井壁高。钢筋混凝土井壁一般有预制的和与屋面板整体现浇的两种。对有保温要求的车间应采用双层透光材料，中间形成的封闭空气间层具有保温性能。若透光材料下表面产生凝结水，则井壁上应设排水沟，将水排至屋面。

（一）玻璃的固定、拼接构造

平天窗透光材料主要是玻璃，玻璃与井壁的固定处极易漏水，宜用聚乙烯胶泥或建筑油膏等弹性好、不易干裂的材料垫缝，并用卡钩通过螺钉将玻璃固定在井壁的预埋砖上，见图 17-42。

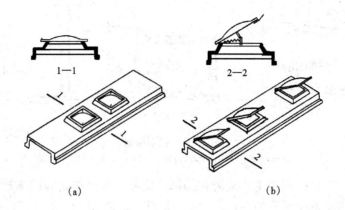

图 17-40　采光罩的形式
(a) 固定采光罩；(b) 开启式采光罩

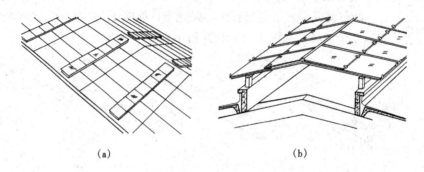

图 17-41　采光带形式
(a) 横向采光带；(b) 纵向采光带

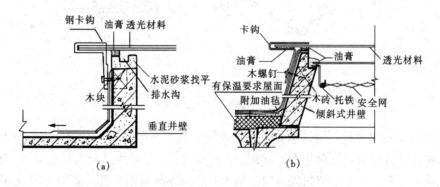

图 17-42　钢筋混凝土井壁构造
(a) 整浇井壁（无保温要求）；(b) 预制井壁（有保温要求）

（二）防止太阳辐射和眩光措施

平天窗若采用普通平板玻璃，在高强度、长时间的阳光直射下，会使车间过热并产生眩光，损害视力，影响生产的安全和质量，应加以改善。可选择有扩散性的透光材料，如夹丝、压花、磨砂玻璃或玻璃上刷涂料等；还可采用双层中空玻璃、吸热玻璃、热反射平板玻璃及变色玻璃等，以达到隔热、保温的效果。当采用普通平板玻璃时，可在平板玻璃下面刷半透明材料，如聚乙烯醇缩丁醛。

（三）安全防护措施

为防止玻璃破碎掉下伤人，可采用安全玻璃，如夹丝玻璃、玻璃钢罩等。若采用非安全玻璃，如普通平板玻璃、磨砂玻璃、压花玻璃时，应在玻璃下面设安全网，安全网一般用托铁与井壁固定。

（四）通风措施

平天窗屋顶的通风方式有三种：一种是单独设置通风屋脊，如图 17-43（a）所示，适用于只用来采光的平天窗；另一种是采用可开启的采光罩或带开启扇的采光板，既通风又可采光，但不够灵活；还可在两个采光罩的相对的侧面做百叶，在百叶两侧加挡风板，构成一个通风井，如图 17-43（b）所示，通风效果比前两种形式好些。

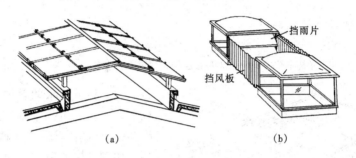

图 17-43　平天窗通风措施
(a) 通风屋脊；(b) 采光罩加挡风板

四、井式天窗

井式天窗是下沉式天窗的一种。下沉式天窗是在一个柱距内，将一定宽度的屋面板下沉，铺在屋架的下弦上，利用上下屋面板之间的高差做采光和通风口。下沉式天窗的其他类型如纵向下沉式天窗和横向下沉式天窗的构造处理，原则上与井式天窗的相同。

（一）井式天窗的布置方式及组成

井式天窗的布置方式有：单侧布置、两侧对称或交错布置和跨中布置等几种，如图 17-44 所示。单侧和两侧布置方式可选择坡度平缓、端部较高的梯形屋架，这样可获得较大的排风口面积，提高通风效果。另外，它的屋面排水清灰处理较简单，故热加工车间常采用。折线形、拱形、三角形等屋架因端部较低，只适于采用跨中布置式。通过利用屋架中部上下弦较高的空间作天窗，可改善采光效果。但这种布置方式通风效果差些，排水处理也较复杂，故多用于对采光、通风有一定要求而余热、灰尘不大的厂房。

井式天窗由井底板、井底檩条、井口空格板、挡雨设施、挡风侧墙及排水装置组成，如图 17-45 所示。

（二）井式天窗的构造

1. 井底板铺设

井底板位于屋架下弦，有横向铺设和纵向铺设两种搁置方式。

（1）横向铺设（又称有檩方案）是先在屋架下弦上搁置檩条，在檩条上铺设井底板，井底板与屋架平行，如图 17-46（a）所示。为了便于铺设檩条，屋架宜采用双竖杆、无竖杆或全竖杆屋架。井底板边缘应做 300mm 的泛水。当屋架上下弦高度确定后，屋架节点、檩

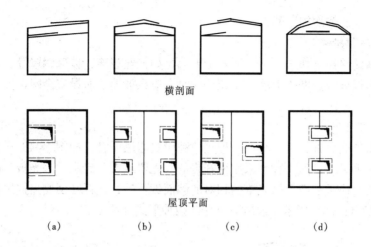

图 17-44　井式天窗布置形式

（a）单侧布置；（b）两侧对称布置；（c）两侧错开布置；（d）跨中布置

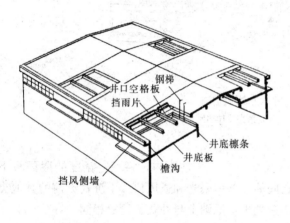

图 17-45　井式天窗构造组成

条、井底板、泛水的叠加高度有时达 1m 以上，较多地占据了垂直通风口的面积。因此，常采用下卧式、槽形、L 形等檩条，如图 17-47 所示，可争取约 200mm 的天窗净高，且槽形和 L 形檩条的反翅部分可兼作泛水。横向铺设法的优点是构造简单，施工吊装方便，故采用较多。

（2）纵向铺设（又称无檩方案）是井底板直接放在屋架下弦上，可省去檩条，增加天窗垂直口的净高，但有时井底板的端部会与屋架腹杆相碰，需作成卡口板或出肋板，如图 17-46（b）所示。

2. 挡雨设施

井式天窗一般用于不采暖的厂房，通风口常不设窗扇而做成开敞式，因此需加挡雨设

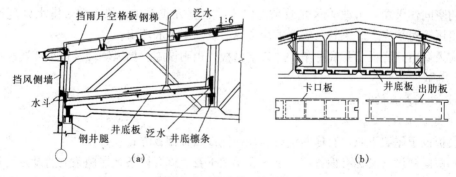

图 17-46　井底板的布置方式

（a）横向铺设；（b）纵向铺设

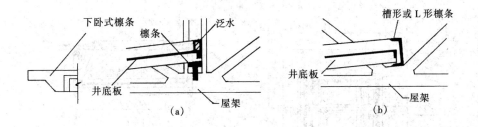

图 17-47　提高垂直口净高的檩条断面形式
(a) 下卧式檩条；(b) 槽形或 L 形檩条

施。其作法有井口上部设挑檐、井口上部设挡雨片、垂直口设挡雨板等方式。

(1) 井口上部设挑檐。一般是直接将井口的纵向屋面板加长挑出，横向增设屋面板成挑檐，或者在屋架上先放檩条，其上固定挑檐板。挑出长度应满足挡雨角的要求，因此挑檐占据水平口的面积较大，会影响通风和采光，故只适用于开口较大的井式天窗，如图 17-48 所示。

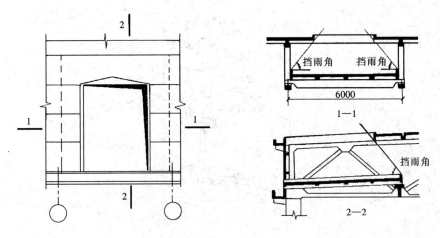

图 17-48　井口上部设挑檐

(2) 井口上部设挡雨片。空格板是将屋面板的大部分板面去掉，只留下板肋和板端一小部分做挑檐，在井口上部铺设空格板，再在其上固定挡雨片，挡雨片所用材料及做法与矩形通风天窗相同，如图 17-49 所示。

(3) 垂直口设挡雨板。在垂直口设置挡雨板，既便于通风，又能防雨，挡雨板的材料与构造和开敞式外墙挡雨板相同，如图 17-50 所示。

3. 排水装置

井式天窗排水需同时考虑屋面排水和井底板排水，构造处理较为复杂，设计时应根据天窗的位置、厂房高度、车间灰尘量的多少和年降水量的大小等因素，选择排水方式。排水处理主要有以下几种：

(1) 边井外排水。可采用无组织外排水，即上下层屋面均做成自由落水，如图 17-51 (a) 所示，这种方式适用于年降雨量较小的地区及高度不大的厂房；也可采用单层天沟排水，即井上口屋面或井底板设通长天沟，相应的下层井底板或井上口屋顶做成自由落水，如

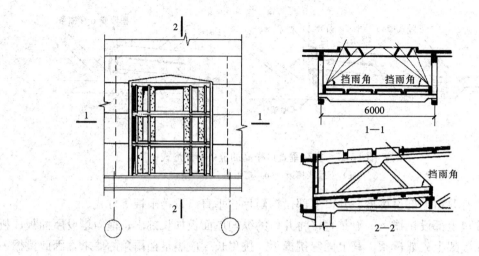

图 17-49　井口上部设挡雨片

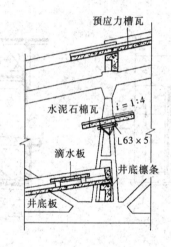

图 17-50　垂直口设挡雨板

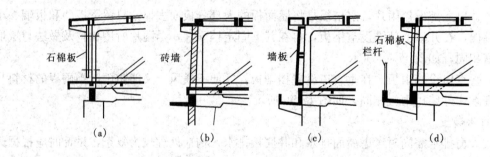

图 17-51　边井外排水

(a) 无组织排水；(b) 上层通长天沟；(c) 下层通长天沟；(d) 双层天沟

图 17-51 （b）、（c）所示，分别适用于年降雨量较大、灰尘较少的厂房和年降雨量较大、灰尘较多的厂房；还可采用双层天沟外排水，即上层屋顶和井底板均设通长天沟，如图 17-51（d）所示，适用于降雨量大、灰尘较多的厂房。

当井底板外设通长天沟时，可兼作清扫灰尘的走道，因此通长天沟应设栏杆。

（2）中井式天窗排水。又称连跨内排水，即在多跨厂房相连处，对于灰尘不大的车间，可在屋顶和井底设间断天沟，如图 17-52（a）所示，并设若干雨水口、雨水管，采用内排水方式将雨水排走。对于雨大、灰尘大的车间，则可设上下双层通长天沟，如图 17-52（b）所示，或下层设通长天沟，上层设间断天沟。

跨中布置井式天窗时，井底板设雨水口、雨水斗，用悬吊管将雨水排出室外。

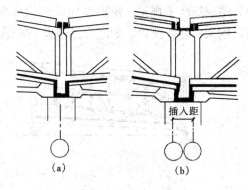

图 17-52　连跨内排水
（a）间断天沟；（b）上、下通长天沟

4. 泛水

为防止雨水溅入和流入车间，井底周围应设高度不小于 300mm 的泛水。同样为防止厂房屋面雨水流入井内，在井口周围也应设 150~200mm 高的泛水，如图 17-53 所示，泛水一般为砖砌或做混凝土挡水条。

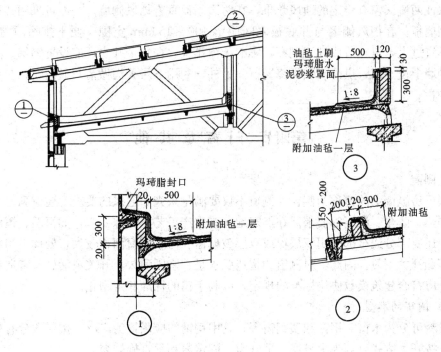

图 17-53　井口或井底板泛水构造

5. 窗扇的设置

当井式天窗用于采暖的厂房时需设窗扇，窗扇可设在水平口上或垂直口上。

（1）水平口设窗扇。设窗扇有两种形式：一种是中悬式，即窗扇支承在空格板或檩条上，开启角度可任意调整；另一种是推拉式，即在窗扇两侧安装滑轮，窗扇可沿水平口两边的导轨开启和关闭。这两种均因密封性差，使用不便而较少被采用。

（2）垂直口设窗扇。沿厂房纵向的垂直口呈矩形，窗扇开启方式可以采用上悬式或中悬式。而横向垂直口因受屋架腹杆的阻挡，且受屋架坡度的影响，呈倾斜状，窗扇只可用上悬式，可选用平行四边形和矩形的两种形式的窗扇，如图 17-54 所示。平行四边形窗扇制作麻烦，玻璃形状不规整。矩形窗扇虽形状标准，但由于窗扇沿屋架坡度设置，开启时窗扇受扭，耐久性差。所以，如需设置窗扇，宜采用跨中布置的天井。

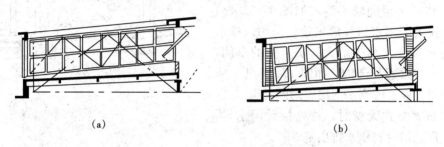

(a)　　　　　　　　　　　　　(b)

图 17-54　横向垂直口窗扇的设置
(a) 平行四边形窗扇；(b) 矩形窗扇

6. 其他设施

为保证两侧天窗有稳定的通风效果，在跨边须设垂直挡风侧墙。一般可采用砖墙、石棉瓦或预制墙板。在挡风侧墙与井底板之间应留 100～150mm 空隙，便于排除雨雪和灰尘。此空隙不宜过大，以免造成气流倒灌，影响天窗排气。在每个井内还应设置钢梯，或在边跨的挡风侧墙上设小门，供清灰和检修通行。另外，利用下层天沟做清灰通道时，应在天沟外设安全护栏。

第四节　门 窗 及 其 他

一、侧窗

单层厂房纵墙上的窗称为侧窗。侧窗不仅要满足采光和通风的要求，还应满足工艺上的保温、隔热、防尘、泄压等要求。在严寒地区或生产工艺有特殊要求，如恒温、恒湿、洁净等车间，还要部分或全部采用双层窗或双层玻璃窗。由于侧窗面积较大，处理不当容易产生变形损坏和开关不便。因此，对侧窗的构造要求是：坚固耐久、开关灵活、节省造价，同时洞口尺寸应符合建筑模数协调标准的规定，以利于窗的标准和定型化。

（一）侧窗的类型

按材料可分为木窗、钢窗和塑钢窗等，其中钢窗的应用最为广泛。按层数分有单层窗和双层窗。按开关方式可分为中悬窗、平开窗、固定窗和垂直旋转窗。

中悬窗的窗扇沿水平中轴转动，开启角度可达 80°，通风效果好，便于利用机械和手动开关，还可作为泄压窗。但构造复杂，窗扇四周有缝隙，易漏雨，不利保温。

平开窗的构造简单、开关方便，通风效果好，便于做成双层窗，但防雨较差，不便设置联动开关器，常布置在外墙下部，作为通气口。

固定窗构造简单，节省材料，常设在外墙中部，主要用于采光。

　　垂直旋转窗又称立转窗，它的窗扇可沿垂直轴转动，可根据不同的风向调节开启角度，通风效果良好，常用于热加工车间的外墙下部作为进风口。

　　通常可根据厂房的通风要求和洞口尺寸的大小，将中悬窗、平开窗、固定窗组合在一起，形成组合窗，如图 17-55 所示。组合窗在同一横向高度内，应采用相同的开启方式，以便于窗扇的开关和使用。

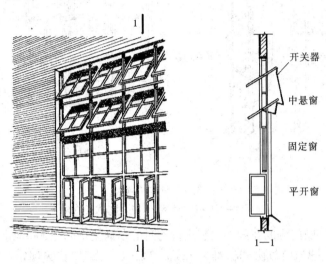

图 17-55　侧窗组合示例

　　（二）木侧窗

　　单层工业厂房多采用中悬窗，有进框式和靠框式两种。进框式窗扇关闭后，窗扇全部进入框内，因此密闭性好，但受潮后会变形，影响开关。靠框式关闭后下冒头靠在下框上，形成一定的倾斜度，因此防水、排水效果好，而且窗扇变形时也不会影响开关。目前，除对保温和防风有要求的厂房外，多采用靠框式中悬侧窗。

　　木侧窗施工方便，造价较低。但耗木材量大，易变形，耐火及耐腐蚀性差，不适用于高温、高湿的厂房，常用于木材盛产地区和中、小型辅助性车间及对金属有腐蚀性的车间，如电镀车间。

　　（三）钢侧窗

　　目前我国生产的钢窗主要有实腹钢窗和空腹薄壁钢窗两种。大面积的钢侧窗必须由若干个基本窗拼接而成。横向拼接时相邻窗框间须加竖梃，竖向拼接时上下窗框间须加横档。横档、竖梃与相邻窗框的拼接构造及窗框与窗洞口四周墙体的连接与民用建筑基本相同。

　　钢侧窗具有坚固耐久、防火、关闭紧密、遮光少等优点，比较适合于工业厂房。但其导热性较大，耐腐蚀性差，不宜用于有酸碱介质侵蚀和湿度较大的厂房。

　　（四）侧窗开关器

　　厂房侧窗面积较大，高处的侧窗必须借助开关器进行开关。开关器按传动杆件的材料可分为刚性和柔性两种；按传动动力可分为电动和手动。图 17-56 所示是手动开关器。

　　二、大门

　　厂房大门主要是用于搬运原材料、成品及生产设备，因此，门的尺寸重量均较大。为便

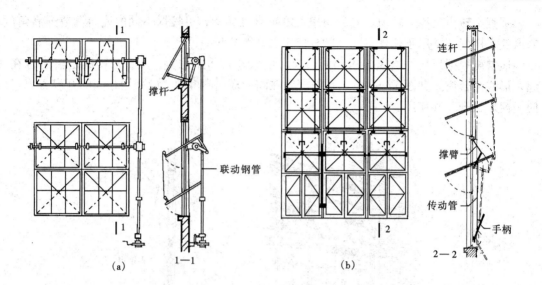

图 17-56 侧窗开关器
(a) 蜗轮蜗杆手摇开关器；(b) 撑臂式开关器

于各种车辆通行，一般门洞的宽度要比装满货物时的车辆宽 600～1000mm，高度应高出 400～600mm，并应符合《建筑模数协调标准》（GB/T 50002—2013）的规定，以 300mm 作为扩大模数进级。常用大门的规格尺寸，见图 17-57。

洞口宽 (mm) / 运输工具	2100	2100	3000	3300	3600	3900	4200 4500	洞口高 (mm)
3t 矿车	🚃							2100
电瓶车		🧍						2400
轻型卡车			🚙					2700
中型卡车				🚗				3000
重型卡车					 🚚			3900
汽车起重机						 🚛		4200
火车							 🚆	5100 5400

图 17-57 厂房大门尺寸

（一）大门的类型

根据门的使用要求、选用材料、开启方式、门洞的大小及门附近可供开关占用的空间，厂房大门可选择的类型很多。

按用途分：有普通门、防火门、保温门、防风沙门等；按材料分：有木门、钢木门、普通型钢和空腹薄壁钢门等；为防止门扇变形，常采用型钢作骨架的钢木大门或钢板门；按开启方式分：有平开门、推拉门、折叠门、上翻门、升降门、卷帘门等，如图17-58所示。

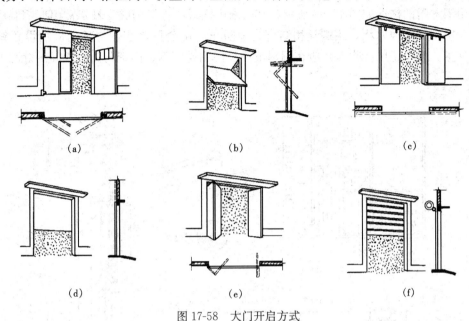

图 17-58　大门开启方式

(a) 平开门；(b) 上翻门；(c) 推拉门；(d) 升降门；(e) 折叠门；(f) 卷帘门

（1）平开门。平开门构造简单，开关方便，是单层厂房中采用最多的一种，但由于尺寸较大，门扇受力大，易变形，当门洞较大时不宜采用。为有效利用室内空间，一般多采用外开门，门上方设雨篷。可在大门扇上开设小门，供人通行。

（2）推拉门。推拉门的开关是通过滑轮沿导轨在水平方向推拉完成，受力状态好，构造简单，不易变形，不占空间，是工业厂房经常采用的一种形式。

（3）折叠门。折叠门的门扇是由几个较窄的门扇相互以铰链连接而成。门的开关是通过固定在门扇上下端的滑轮沿导轨水平移动。门扇开启后几扇折叠在一起，占用的空间较少，适用于较大的门洞。

（4）升降门。升降门开启时，门扇沿导轨向上移动，不占用使用空间，只在门洞上部留有足够的上升高度，适用于较高大的厂房。

（5）上翻门。上翻门开启时，门扇随水平轴沿竖向导轨向上翻起。这种形式可避免门扇被碰损，常用于车库大门。

（6）卷帘门。卷帘门的门扇是由许多冲压成型的金属叶片连接而成。开启时，由安装在门洞上部的转动轴将帘板卷起。卷帘门有手动和电动两种开启方式，构造较复杂，一般用于车库等不经常开关的大门。

（二）大门的构造

工业厂房的大门一般均有国家标准图供选用。此处仅对平开门和推拉门作一简介。

1. 平开门

平开门由门扇、门框及五金零件组成。门扇材料有木、钢板、钢木组合等几种。当门扇面积大于 5m² 时，宜采用钢木组合或钢板式门扇。门框有钢筋混凝土和砖砌两种，门洞尺寸一般在 3.6m×3.6m 以内，门洞小时可采用砖砌门框，当门洞宽大于 3m 时，应设钢筋混凝土门框。门框内在安装铰链处预埋铁件，门扇与门框用铰链相连。

　　常用钢木门的构造如图 17-59 所示，其门扇由面板和骨架构成。骨架常用型钢制成，门芯板一般用 15mm 厚木板，用螺栓相结合。为防止门扇变形，在钢骨架上应加设角钢横撑和交叉支撑。为防止风沙吹入，应在门扇下缘及门扇与门框、门扇与门扇之间的缝隙处加设橡皮条。

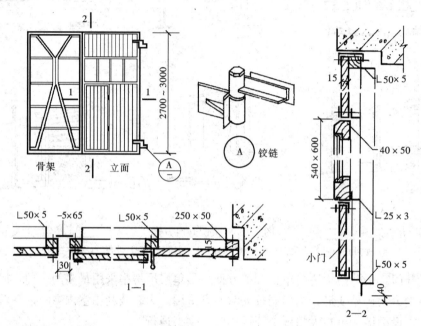

图 17-59　钢木平开门构造

2. 推拉门

推拉门由门扇、上导轨、滑轮、下导轨和门框组成。根据门洞的大小，可布置成单轨双扇、双轨双扇、多轨多扇等形式，如图 17-60 所示。推拉门的支撑方式可分为上挂式和下滑式两种。下滑式是在门洞上下均设导轨，由下面导轨承受门的重量。当门扇高度大于 4m 时，应采用下滑式。上挂式推拉门，如图 17-61 所示，是门扇通过滑轮挂在上方的导轨上。其中上轨和滑轮是使门扇推拉的重要构件。为防止门扇开启时脱轨，导轨端头须设门档。下部的导向装置有凹式、凸式和导饼轨道。目前多采用的是铸铁导饼式轨道。

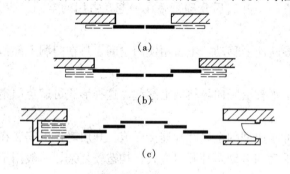

图 17-60　推拉门布置形式
(a) 单轨双扇；(b) 双轨双扇；(c) 多轨多扇

三、地面构造

厂房地面一般由面层、垫层和基层组成。若在使用或构造上有特殊要求时，可增加一些附加层，如结合层、找平层、隔离层、防水层、保温层等。

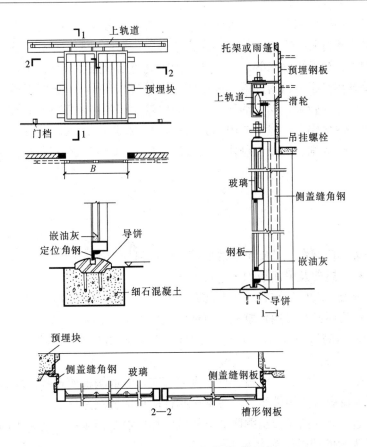

图 17-61 上挂式推拉门构造示例

（1）面层。对面层的选择，一般应根据生产特征、使用要求和技术、经济条件来定。用来做面层的材料，一般有素土、灰土、三合土、四合土、菱苦土、水泥砂浆、水磨石、混凝土、碎石、块石、炉渣、石屑、水泥、铁屑水泥、塑料板、刷涂料板等。

（2）垫层。垫层在面层之下，承受着面层传来的荷载，并将其传给基层。根据厂房的生产特点及面层的类型可选择刚性、半刚性和柔性垫层。刚性垫层是指用混凝土、沥青混凝土和钢筋混凝土等材料做成的垫层。它具有整体性好、强度大、变形小、不透水等特点。当地面有大量水、中性溶液时，或有直接固定安装在地面上的设备时，应采用刚性垫层。另外，现浇整体面层和以胶泥或砂浆结合的板、块面层，也应采用刚性垫层。半刚性垫层是指灰土、三合土、四合土等材料做成的垫层。它受力后有一定的塑性变形能力。柔性垫层是用砂、碎石、矿渣、碎煤渣、沥青碎石等材料做成的垫层。它受力后会产生塑性变形，但局部发生破坏后，修补容易，而且其材料来源广、造价低、施工较方便，所以有较大冲击荷载或有较大振动的地面应选择柔性垫层。另外，以砂、炉渣结合的块材面层，也应采用半刚或柔性垫层。

（3）基层。即厂房的地基，是经过处理的承受上部荷载的土壤层。对基层的处理，最常见的是素土夯实。作为厂房地面的地基应坚实和具有足够的承载力。若地基土较松软，或地面承受荷载较大时，可采用一些加固措施，如先铺灰土层或干铺碎石层，然后碾压夯实，可提高其强度。

（4）附加层。根据作用不同，常设附加层有结合层、隔离层、找平层和找坡层等。当面层为块材、板材或卷材时，面层与垫层间应设结合层，起使上下层结合的作用。所用材料一般有砂、水泥砂浆、沥青玛蹄脂等。隔离层是为隔绝地面腐蚀性液体由上而下或地下水由下向上渗透扩散而设在垫层下的附加层。铺设厚度一般为 30mm，应选用不透气、无毛细管渗透现象的材料，如防水砂浆、沥青油毡等。当面层较薄而要求其平整或有坡度时，需在垫层上设找平层。在刚性垫层上，找平层用 20mm 厚，1∶2 或 1∶3 水泥砂浆，在柔性垫层上宜用厚度不小于 30mm 的细石混凝土制作。找坡层常用 1∶1∶8 水泥石灰炉渣做成，最低处厚度为 30mm。

思 考 题

17-1　基础梁如何搁置？基础梁下的回填土应如何处理？

17-2　墙与柱、屋架及屋面板如何连接？

17-3　钢筋混凝土墙板的布置方式有哪几种？墙板与柱如何连接？

17-4　单层厂房屋面与民用建筑相比有何不同之处？

17-5　什么是钢筋混凝土构件自防水屋面？其特点是什么？如何进行板缝处的防水处理？

17-6　厂房檐口、天沟、雨水口、泛水及屋面变形缝的构造要点各是什么？

17-7　矩形天窗由哪些构件组成？各部分构件的构造要点是什么？

17-8　矩形通风天窗挡风板由哪两部分组成？如何设置挡风板？挡风板的固定方式有哪两种？矩形通风天窗的挡雨设施有哪几种？

17-9　平天窗有哪几种类型？如何解决平天窗的防水、眩光、通风及安全防护问题？

17-10　井式天窗由哪些构件组成？如何进行井式天窗的排水处理？

17-11　厂房大门按开启方式如何分类？平开门和推拉门的构造要点是什么？

多 层 厂 房 设 计 简 介

第一节 概 述

工业建筑中，多层厂房是随着科学技术的进步，轻工、电子、仪表、化工、食品、生物等行业的迅猛发展而增多的。它既能更好地满足生产工艺的要求，又可节约建筑用地、缩短工艺线路、改善城市景观。

一、多层厂房的特点

（1）多层厂房占地面积小。在有限的建筑用地上，不仅节约了建筑场地，而且降低了地基土石方量，减少了基础和屋顶的工程量，同时也缩短了厂区内道路及各种工程管网、管线的长度，从而节约了建筑总投资，也节约了部分管理和维修费用。

（2）相同面积的厂房随着层数的增加，单位面积的外围护结构的面积亦大大减少，可节约大量建筑材料和冬季采暖费用，对有恒温和恒湿要求的厂房还可降低其空调费用。

（3）多层厂房的建筑宽度一般比单层厂房小，可直接采用侧窗获取自然光线，故屋面可不设天窗，使屋盖构造简单化。而且雨雪、积灰容易排除，有利于保温隔热处理。

（4）多层厂房不但可分层组织生产管理，还可以在水平和垂直两个方向布置生产工艺，有利于组织各工段间合理的生产流线。

（5）多层厂房在建筑体形和立面设计上的多样化，有利于改善城市景观，美化城市，创造良好的空间艺术效果。还可扩大绿地面积，保护环境。

（6）多层厂房的承重构件是梁、板、柱，从经济角度考虑，柱网尺寸较小，从而限制了厂房的利用率。另外，由于除底层外，设备均安装在梁、板上，对荷载大、振动大的设备较难适应，即使结构上满足了，也是不经济的。因此，多层厂房不适合重、中型工业企业。

二、适用范围

（1）生产工艺需要垂直运输的工业厂房，如面粉厂、造纸厂、制糖厂、饮品厂和化工厂的某些生产车间。

（2）生产上需要在不同标高作业的企业，如化工厂的大型蒸馏、碳化塔等设备，高度比较高，生产时需在不同楼层操作。

（3）生产设备、原料及产品的体积、重量较轻，运输量也不大的工业企业，如电子、精密仪器、仪表的生产厂房。

（4）对生产环境有特殊要求的厂房，如生产中对恒温、恒湿、洁净度有要求的医药、食品、精密仪器等厂房。

（5）生产工艺无特殊要求，但厂区占地面积有限，或城市用地紧张、售价昂贵，或可向高空发展的改扩建工业厂房。

第二节　多层厂房平面设计

与单层厂房一样，多层厂房的平面设计首先应满足生产工艺流程的要求，并结合建筑、结构、采暖、通风、水电、设备等各个工种的技术要求，合理确定厂房的平面形式、柱网布置及楼电梯间、生活辅助用房的位置。另外还应兼顾节能、经济、环保、发展、美观等因素。

一、平面布置的形式

多层厂房的平面布置形式一般有以下几种。

1. 内廊式

内廊式的平面形式是中间为内走廊，两侧布置用隔墙分隔而成的大小不同的生产及相关用房，如图 18-1 所示。各工段按工艺流程的要求布置在各自的房间内，通过内廊将其联系起来。这种布置形式适合于各工段所需面积不大，在生产上既需相互联系，又不希望相互干扰的厂房。对有恒温、恒湿、防尘、防震等特殊要求的工段，可分别集中布置，这样，既保证了各工段的相对独立、相互联系，又能减少空调等设备投资和工程造价。

2. 统间式

统间式的平面形式是中间只有承重柱，不设分隔墙，各工段按生产工艺流程布置在一个大空间内，有需单独布置的工段或辅助房间，可将其集中起来布置在车间的某一部分，如图18-2 所示。这种布置形式适用于生产工段需要较大面积，各工序间相互联系紧密的车间，具有较大的通用性和灵活性。

3. 大宽度式

当某些生产工艺对车间有特殊要求时，如对恒温恒湿，洁净无菌或通风采光等有要求的车间，为使厂房布置更为经济合理，可采用大宽度的平面布置形式。通常将运输通道及辅助用房布置在厂房中部采光条件较差的部位，而将主要生产工段布置在四周，以满足生产工段对通风采光的要求，如图 18-3（a）所示；对有恒温恒湿、洁净无菌等要求的工段，可采用通道外围环状布置的方式来满足其要求，如图 18-3（b）所示；也可沿通道外围布置一些一般性工段、生活辅助用房等，如图 18-3（c）所示。

4. 混合式

混合式布置形式是由内廊式和统间式混合布置

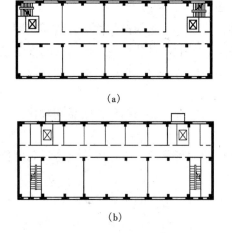

(a)

(b)

图 18-1　内廊式平面布置

(a) 走廊两边房间进深相等；

(b) 走廊两边房间进深不等

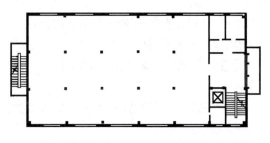

图 18-2　统间式平面布置

形成的,不同的平面空间可用来满足不同生产工艺流程的要求,如图 18-4 所示。这种布置形式灵活性较大,但施工和构造处理麻烦,平、立、剖面复杂,且对抗震不利。

二、柱网布置

与单层厂房一样,多层厂房的柱网布置就是确定厂房的跨度和柱距。

(一)柱网布置原则

(1)应满足生产工艺的需要,尽量使工艺平面布置与建筑平面形状相一致。

(2)应考虑结构形式的需要、建筑材料的经济合理性和施工技术的方便可行性。

(3)应符合《厂房建筑模数协调标准》(GB/T 50006—2010)的有关规定。使厂房结构构件尺寸达到标准化,构件更具通用性和互换性,从而方便构件的预制和施工。

(二)柱网类型

如图 18-5 所示,结合厂房的平面布置形式,常见的多层厂房柱网有以下几种主要类型:

(1)内廊式柱网。适用于内廊式平面布置,一般采用对称式,多用于仪表、电子、电器等企业中的厂房,主要是用于零件加工或装配车间。

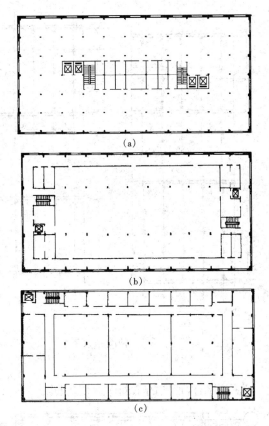

图 18-3 大宽度式平面布置

(a)交通及辅助用房中部布置;(b)通道在外围环状布置;(c)交通在内部环状布置

(2)等跨式柱网。适用于大面积布置生产工艺的厂房,多为机械、纺织、仪表等工业厂房采用。用轻质隔墙分隔后,可作内廊式平面布置。

(3)对称不等跨式柱网。这是指在跨度方向沿中轴对称的柱网布置形式,内廊式就属这种形式,其柱网特点及适用范围与等跨式柱网基本相同。它能较好的适应某些工艺布置的需要,提高了厂房面积利用率,但柱网构件的类型比等跨柱网的多,不利于建筑工业化。

(4)大跨度式柱网。即中间不设柱子,跨度一般在 9m 以上。这样,可为生产工艺变更提供更大的适应性。由于跨度大,楼层常采用桁架结构,桁架空间可作技术层,用来架设通风及其他各种管道。

(三)柱网尺寸

根据《厂房建筑模数协调标准》(GB/T 50006—2010)的规定,多层厂房的跨度小于或等于 12m 时,宜采用扩大模数 15M 数列;大于 12m 时宜采用 30M

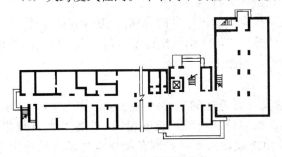

图 18-4 混合式平面形式

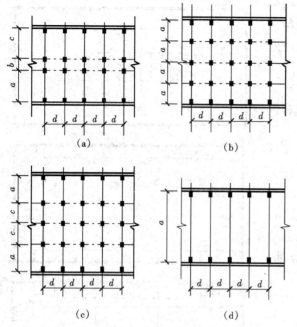

图18-5　柱网布置类型
(a) 内廊式；(b) 等跨式；(c) 对称
不等跨式；(d) 大跨度式

数列，且宜采用 6.0、7.5、9.0、10.5、12.0、15.0、18.0m。柱距应采用扩大模数 6M 数列，且宜采用 6.0、6.6、7.2、7.8、8.4、9.0m。内廊式的跨度宜采用扩大模数 6M 数列，且宜采用 6.0、6.6m 和 7.2m，走廊的跨度应采用扩大模数 3M 数列，且宜采用 2.4、2.7m 和 3.0m，如图 18-6 所示。多层厂房的柱网尺寸因受结构构件的限制，一般较小。为适应生产工艺的不断更新，提高厂房的灵活性，扩大其应变能力，从而提高其综合经济效益，多层厂房的柱网正在逐步趋于扩大。

三、定位轴线的标定

多层厂房定位轴线分横向和纵向两种，根据《厂房建筑模数协调标准》（GB/T 50006—2010）的规定，随厂房结构形式的不同而有所不同。

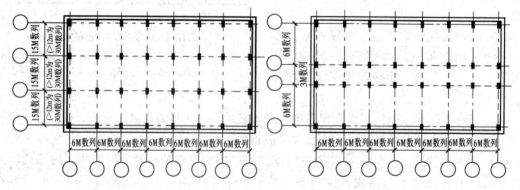

图18-6　跨度和柱距数列示意图

（一）砌体墙承重

对于采用砌块墙承重的小型多层厂房，其内纵、横墙的中心线一般与定位轴线相重合，外纵、横墙的定位轴线与顶层墙内缘的距离可按砌块的块材类别分别位于距砌体墙内缘半块块材或半块的倍数或墙厚的一半处。带有壁柱的外纵墙，纵向定位轴线可与纵墙的内缘相重合，也可定位于砌体墙中半块或半块的倍数处，如图 18-7 所示。

（二）钢筋混凝土框架承重

（1）横向定位轴线的标定。横向定位轴线一般与柱的中心线相重合，如图 18-8 所示。这样可使纵向构件（楼板、屋面板、纵向梁、纵向外墙板等）长度相同，以减少构件规格。横向伸缩缝或防震缝处的横向定位轴线应采用加设插入距并设两条横向定位轴线的标定方法，轴线与柱中心线相重合，如图 18-9 所示。

（2）纵向定位轴线的标定。纵向定位轴线对于中柱，应与顶层柱中心线重合。对于边柱，纵向定位轴线在边柱下柱截面高度（h_1）范围内浮动定位，如图 18-10 所示，浮动值 a_n 主要根据构配件的统一和结构构造等要求来确定。

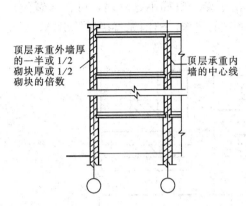

图 18-7　承重砌块墙的定位轴线

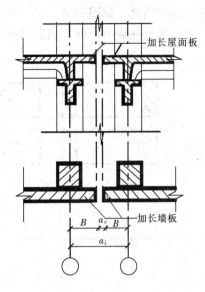

图 18-9　横向变形缝处的轴线
a_e—变形缝宽；a_i—插入距

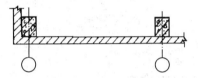

图 18-8　柱与横向定位轴线的定位

四、楼梯、电梯间及生活辅助用房的布置

多层厂房的楼梯一般是用来解决人流的交通和疏散，电梯主要用来解决货物运输。为满足生产使用要求和考虑结构单元上的需要，通常将多层厂房的楼梯和电梯布置在一起，组成交通枢纽，并常与生活、辅助用房组合在一起，以利于方便使用又节约建筑空间。

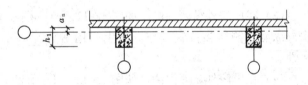

图 18-10　边柱与纵向定位轴线的定位

（一）布置原则

（1）楼电梯间及生活、辅助用房的位置应结合厂区总平面的道路、出入口及使用管理的需要，布置在合适的部位，使货物运输和工作人员上下班路线通顺、短捷，避免人流和货流的交叉。

（2）在保证厂房内生产面积、生产空间完整，满足生产运输和防火疏散的前提下，将其布置在厂房边侧或相对独立的区段之内，并注意满足厂房建筑造型、结构和施工等技术要求。

（3）楼梯、电梯间的主要出入口位置要明显易找，其数量及布置应满足安全疏散及防火、卫生等相关规定。同时楼、电梯间前应有一定面积的通道或过厅，以满足运输工具的外形尺寸及货运回转等需要，避免在此发生堵塞。

（4）结合具体情况，在不影响生产工艺的基础上，生活辅助用房与楼、电梯可集中或分散布置。

（二）楼、电梯间的平面布置

（1）在厂房的端部，如图 18-11（a）所示，这样布置，厂房的生产工艺布置和通风采光不受影响，有利于建筑结构构件的统一和建筑造型的处理。适用于平面长度不长的厂房。

（2）在厂房的内部，如图 18-11（b）所示，由于楼、电梯不靠外墙，可在大宽度厂房中，将生产工段布置在周边位置，满足其通风和采光的要求，但因无直接对外出口，对交通疏散不利。

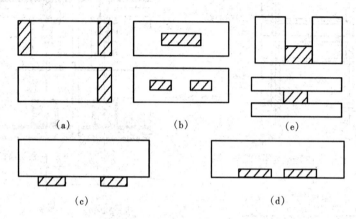

图 18-11　楼电梯间位置
(a) 厂房两端；(b) 厂房中部；(c) 外纵墙外侧；
(d) 外纵墙内侧；(e) 不同区段交接处

（3）在厂房外纵墙外侧，如图 18-11（c）所示，根据使用要求将楼、电梯位置贴建在厂房外纵墙外侧适当位置，与厂房生产用房分开，互不干扰，从而增加生产工艺布置的灵活性。

（4）在厂房外纵墙内侧，如图 18-11（d）所示，虽对生产工艺布置有一定的影响，但结构整体刚度较外侧布置为好。

（5）在不同区段交接处，如图 18-11（e）所示，楼、电梯位于两个生产工部连接处，将两个工部联系起来，相对独立于各个生产单元，便于组织较大规模的生产，使厂房的平面布局和建筑体型更加多样化。

（三）生活辅助用房的平面布置

多层厂房生活辅助用房在建筑平面中的位置一般与楼、电梯间相同。

当位于厂房端部、中部及内侧时，厂房主体结构形式统一、构造简单、施工方便。但生活辅助用房的楼面荷载、柱网、层高和结构形式均与生产用房一样，造成了使用空间上的浪费，相对增加了建筑造价。若考虑今后的发展，这种布置对增加空间使用的灵活性有好处。如当生产工艺变更需要占用生活辅助用房的位置时，可及时移走生活辅助用房，改其为生产用房。

当生活辅助用房位于厂房外侧或不同工段的连接处时，其结构形式可与生产车间的一致。为节约建筑空间，也可根据需要改变层高，自成结构形式。但错层布置会增加剖面的复杂性和使用上的不方便，也将增加结构、施工的麻烦。

第三节 多层厂房剖面设计

多层厂房的剖面设计应结合平面和立面设计同时考虑。剖面设计的主要内容是合理确定厂房的剖面形式、层数、层高和技术管线的布置等有关问题。

一、剖面形式

多层厂房的平面柱网布置、结构形式、生产工艺布置是影响厂房剖面形式的直接因素。根据柱网布置情况不同，目前，我国多层厂房设计中常采用的剖面形式如图 18-12 所示。

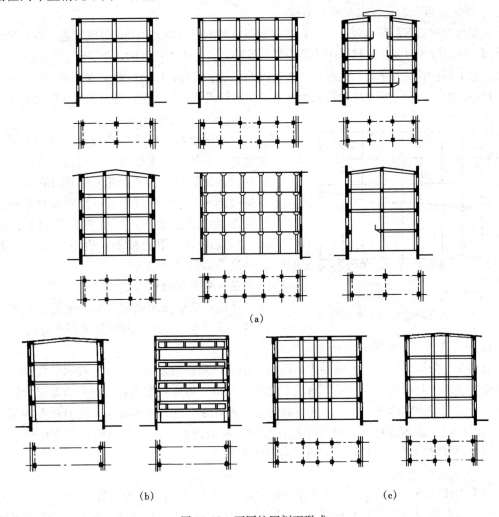

图 18-12 不同柱网剖面形式
(a) 等跨柱网剖面形式；(b) 大跨度柱网剖面形式；(c) 不等跨柱网剖面形式

二、层数的确定

目前常见的多层厂房多为三～六层。考虑节约建筑用地和提高经济效益，在满足生产要求的前提下，还可向竖向发展为更高层的厂房。生产工艺、城市规划、地质条件和经济技术条件是影响厂房层数确定的主要因素。

1. 生产工艺的影响

对于生产工艺要求明确、严格的厂房，根据其竖向生产流程的布置，在确定各工段的相对位置和面积的同时，厂房的层数也就相应地确定了。如面粉加工厂，其竖向生产流程，自上而下分别为除尘、平筛、清粉、吸尘、磨粉、打包等六个部分，相应地确定厂房的层数为六层。对于生产设备、原材料和产品均比较轻，用电梯就能解决所有垂直运输的厂房，如电子、医药、服装等轻工业厂房，因其生产工艺对厂房的限制小，能分层作为生产不同产品的厂房使用，厂房的通用性强，这时，可适当考虑增加厂房的层数，既能节约占地面积，又给使用带来较大的灵活性。

2. 城市规划及其他技术条件的影响

在城市内建造多层厂房时，其层数的确定还应考虑城市规划、城市建筑面貌、与相邻建筑的谐调、环境效果以及工厂群体组合等因素。此外，还应考虑厂址的地质条件、结构形式、施工方法及工程抗震的要求。当地质条件较差或处在地震区时，厂房层数不宜过多。在场地、结构、材料、施工、经济等条件允许的情况下，为节约建筑占地面积，可适当增加厂房的层数。

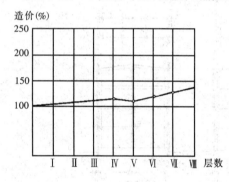

图 18-13　层数和单位
面积造价的关系

3. 经济因素的影响

厂房的层数与厂房的造价有直接的关系。层数增加，会加大技术难度、延长施工周期，直接或间接的影响单位面积的造价。图 18-13 所示是根据我国有关资料统计绘成的层数和单位面积造价关系曲线，层数多，厂房的单位面积造价就高。但层数少，用地浪费，也不经济，一般在 3～5 层最为经济。

三、层高的确定

多层厂房层高的确定与生产工艺、生产运输设备、采光通风及管道的布置等因素有关。

1. 与生产工艺、生产运输设备的关系

层高要充分满足生产工艺的要求，同时考虑生产和运输设备（吊车、传送装置等）对厂房高度的要求。与单层厂房一样，有吊车的多层厂房，也应根据设备、起吊重物尺寸以及吊车规格和安全净空等因素，相应地考虑层高。一般在工艺允许的情况下，把有吊车的工段和重量大、体积大或运输量大的设备布置在底层，相应地加大底层的层高。对个别较高的设备，可将局部楼层加高，形成有不同层高的剖面形式。

2. 与采光通风的关系

对采用双面侧窗自然采光的多层厂房，当厂房宽度增加时，为保证厂房中部的采光效果，应在提高侧窗高度、加大侧窗宽度的同时，增加厂房的建筑层高。在采用自然通风的车间，层高与通风的关系应满足《工业企业设计卫生标准》（GBZ 1—2010）中的有关规定，如按每名工人占有的车间容积，计算每人每小时所需要的换气数量，以此来确定厂房的层高。对散发大量热量、有害气体或粉尘的工段，应根据通风计算确定层高。

通常在天然采光和自然通风的情况下，层高越高，对改善环境越有利，但造价也随之越高。所以对生产有特殊要求的厂房，如要求恒温恒湿、洁净、无菌等厂房，可采用空调与人工照明相结合，在满足卫生标准的条件下，尽量降低厂房的层高。

3. 与管道布置的关系

多层厂房的管道布置，对于底层可利用地面下的空间，其他层除采用结构内部布置方式，如利用空心板、结构空隙布置管道外，都需要占据厂房一定的空间高度，尤其是一些水平管道，如空调管道，其断面较大，一般可达 1.5～2.0m，因此，管道布置对层高的影响较大。

常见的几种管道布置方式如图18-14所示。其中图 18-14（a）、（c）表示干管布置在底层或顶层的形式，这时就需要加大底层或顶层的层高。图 18-14（b）、（d）则表示管道集中布置在各层走廊上部，这时层高也应采取相应变化。

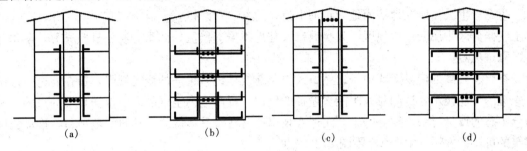

| (a) | (b) | (c) | (d) |

图 18-14　多层厂房的几种管道布置

4. 与经济因素的关系

从图 18-15 中可以看出，层高每增加 0.6m，单位面积造价提高 8.3% 左右。因此，在确定厂房层高的时候，经济的分析不能忽视。目前，我国多层厂房层高常采用 4.2、4.5、4.8、5.1、5.4、6.0m 等几种尺寸。经济的层高为 3.6～6.0m。同一幢厂房内，层高的尺寸不宜超过两种（地下室层高除外）。

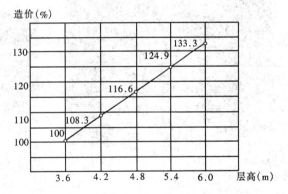

图 18-15　层高和单位面积造价的关系

5. 与室内空间比例的关系

多层厂房平面布置形式不同，其室内空间比例亦各不相同。因此，在满足生产工艺要求与经济合理的前提下，厂房的层高还应考虑室内建筑空间的比例关系，使其空间比例协调。

具体厂房层高的确定，还应根据工程的实际情况和其他因素，进行比较后再进行确定。

思　考　题

18-1　多层厂房的平面布置形式有哪几种？各自的适用范围是什么？

18-2　多层厂房的柱网有哪几种类型？如何确定柱网尺寸？

18-3　楼、电梯间及生活辅助用房如何布置？

18-4　影响多层厂房层数和层高确定的主要因素有哪些？

附录 节能建筑工程设计案例分析

——山东建筑大学生态学生公寓设计

山东建筑大学生态学生公寓 2004 年落成并投入使用，曾被建设部授予建筑节能科技示范工程称号，其综合运用多种节能和太阳能技术手段，实现了建筑节能的最终目标。

一、项目概述

生态学生公寓所在地济南地处黄河下游，北纬 36 度 41 分，东经 116 度 59 分，在我国热工气候分区中属于寒冷地区，是暖温带大陆性季风气候区，四季分明，日照充分，冬季寒冷，夏季炎热。

在生态公寓的建设实践中，自然、人类及建筑被纳入统一的研究视野，旨在通过引进国际先进的节能技术，达到对太阳能多途径的利用、提高室内空气品质、保护环境的目的，并结合生态的设计方法，建立一个利用适宜技术提升建筑品质的生态建筑示范项目，推动我国建筑的可持续发展（附图 1、附图 2）。

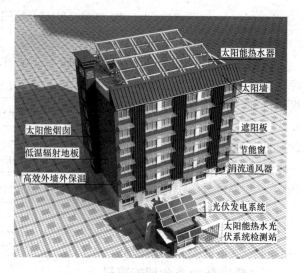

附图 1 生态公寓   附图 2 生态公寓综合技术示意图

二、建筑节能的总体策略

1. 建筑设计

生态公寓建筑面积 2300m²，长 22m，进深 18m，高 21m，共 6 层，72 个房间，均为四人间。该部分通过楼梯间与东部普通公寓相连接。外墙平直，体形系数为 0.26。

内廊式布局，北向房间的卫生间布置于房间北侧，作为温度阻尼区阻挡冬季北风的侵袭，有利于房间保温；南向房间的卫生间于房间内侧沿走廊布置，南向外窗的尺寸得以扩大，便于冬季室内能够接受足够的太阳辐射热（附图 3、附图 4）。

2. 围护结构

采用砖混结构，使用黄河淤泥多孔砖、外墙外保温。西向、北向外墙在 370mm 厚多孔

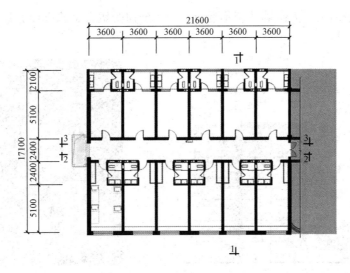

附图 3　生态公寓标准层平面

砖基础上敷设 50mm 厚挤塑板。南外墙窗下墙部分采用 370mm 厚多孔砖加 20mm 厚水泥珍珠岩保温砂浆，安装了太阳墙板的窗间墙部分外挂 25mm 厚挤塑板。楼梯间墙增加了 40mm 厚憎水树脂膨胀珍珠岩。屋顶保温层采用 50mm 厚聚苯乙烯泡沫板。外窗全部采用平开式真空节能窗。

3. 供暖形式

采用常规能源与太阳能相结合的供暖方式：南向房间采用被动式直接受益窗采暖，北向房间采用太阳墙系统；常规能源作补充，即房间配备低温辐射地板采暖系统，设有计量表和温控阀，实现了有控制有计量。将温控阀设置在室内舒适温度 18℃，先充分利用太阳提供的热能，如果室内达不到设定

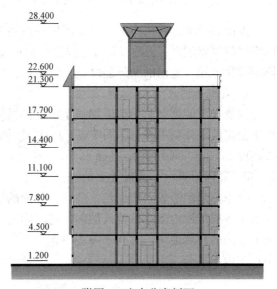

附图 4　生态公寓剖面

温度，温控阀自动打开，由常规采暖系统补上所需热量，达到节约常规能源的目的。

4. 中水系统

卫生间冲刷用水采用学校统一处理的中水。

三、太阳能综合利用策略

1. 太阳能采暖

南向房间采用了比值为 0.39 的窗墙面积比，以直接受益窗的形式引入太阳热能，白天可获得采暖负荷的 25%～35%。北向房间采用加拿大技术太阳墙系统采暖（附图 5）。建筑南向墙面利用窗间墙和女儿墙的位置安装了 157m² 的深棕色太阳墙板。太阳墙加热的空气通过风机和管道输送到各层走廊和北向房间，有效解决了北向房间利用太阳能采暖的问题。太阳墙系统的总供风量为 6500m³/h，每年可产生 212GJ 热量，9 月到第二年 5 月可产生

182GJ 热量。夏季白天，太阳墙系统不运行，南向外窗受铝合金遮阳板遮蔽，能够防止过度辐射（附图6）。

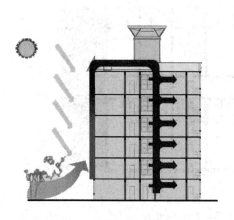

附图5　太阳墙系统供暖示意图　　　　　附图6　太阳墙与遮阳板

　　太阳墙系统送风风机的启停由温度控制器控制，其传感器位于风机进风口处。当太阳墙内空气温度超过设定温度2℃时，风机启动向室内送风，低于设定温度1℃时关闭风机，这样能够保证送入室内的新风温度，并且允许空气温度在小范围内波动，避免风机频繁启停。

　　2. 太阳能通风

　　设置太阳能烟囱利用热压加强室内自然通风是生态公寓的一个重要技术措施。通风烟囱位于公寓西墙外侧中部（附图7），与每层走廊通过6扇下悬窗连接，由槽型钢板围合而成，总高度27.2m，风帽高出屋面5.5m。充足的高度是足够热压的保证，而且宽高比接近1:10，通风量最大，通风效果最好。

　　夏季，烟囱吸收太阳光热，加热空腔内的空气，热空气上升，从顶部风口流出；在压力作用下各层走廊内的空气流入烟囱，房间内的空气通过开向走廊的通风窗流入走廊，如此加强了室内的自然通风，有利于降温（附图8）。冬季，走廊开向通风烟囱的下悬窗关闭，烟囱对室内不再产生影响。

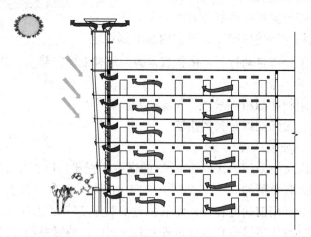

附图7　太阳能烟囱外观　　　　　附图8　太阳能烟囱通风示意图

3. 太阳能热水

学生公寓屋顶上安装了太阳能热水系统，采用 30 组集热单元串并联结构，每组由 40 支 $\phi 47 \times 1500mm$ 的横向真空管组成，四季接受日照稳定，可满足规范要求每天每个房间连续 45 分钟提供 120 升热水（附图 9）。实行定时供水，供水前数分钟打开水泵，将管网中的凉水打回蓄热水箱，保证使用时流出的都是热水，水温为 50～60℃。系统可独立运行，也可以辅以电能。10t 的蓄热水箱放置于七层水箱间内，有利于保温和检修。

为控制和平衡各房间的用水量，采用了智能控制系统，热水的使用由每个房间的热水控制器控制（附图 10）。使用时在控制器上输入密码打开电磁阀即可，水温水量可通过混水阀调节。密码需向公寓管理部门购买。

附图 9 屋面上的太阳能热水系统

附图 10 淋浴器及热水控制器

四、室内环境控制策略

1. 对流通风及新风系统

房间向走廊开有通风窗（附图 11），位于分户门上方，尺寸为 900mm×300mm，安全性能比门上亮子好。通风窗与房间外窗形成穿堂形布局，结合太阳能烟囱，有较广的通风覆盖面，通风直接、流畅，室内涡流区小，通风质量很好。

另外，对于北向房间来说，冬季太阳墙系统为其提供了预热新风；夏季，将太阳墙系统风机的温度控制器设定在较低温度，当室外气温低于设定温度时风机运转，把室外凉爽空气送入室内，能够加快通风降温。

南向房间采用 VFLC 涓流通风器过滤控制新风（附图 12）。通风器安装在窗框上，有 3 个开度，用绳索手动控制，可以为房间提供持续的适量新风，送风柔和，满足卫生要求，四季适用。

附图 11 北向房间太阳墙系统
出风口及通风窗

附图 12　窗上涓流通风器　　　　　　　附图 13　卫生间排气格栅

2. 卫生间背景排风

卫生间的排风道按房间位置分为南北两组，每组用横向风管在屋面上把各个出风口连接起来，最终连到一个功率在 1.5～2.2kW 之间的 2 级变速风机上。室内的排风口装有可调节开口大小的格栅（附图 13）。平时格栅开口较小，室外风机低速运行，为房间提供背景排风。卫生间有人使用时开启排风开关，格栅开口变大，风机高速运行，将卫生间中的异味抽走，有效降低卫生间对室内空气的污染。排风开关由延时控制器控制，可根据需要设定延迟时间，防止使用者忘记关闭开关造成能源浪费。

参 考 文 献

[1]   《建筑设计资料集》编委会. 建筑设计资料集. 北京：中国建筑工业出版社，2003.
[2]   陈保胜. 建筑构造资料集. 北京：中国建筑工业出版社，1994.
[3]   陈保胜，等. 建筑装饰构造资料集. 北京：中国建筑工业出版社，1994.
[4]   王崇杰，崔艳秋. 建筑设计基础. 北京：中国建筑工业出版社，2010.
[5]   王崇杰. 房屋建筑学. 2 版. 北京：中国建筑工业出版社，2008.
[6]   刘建荣. 房屋建筑学. 武汉：武汉大学出版社，1992.
[7]   同济大学，等. 房屋建筑学. 北京：中国建筑工业出版社，1999.
[8]   李必瑜. 建筑构造. 北京：中国建筑工业出版社，2001.
[9]   单层厂房建筑设计编写组. 单层厂房建筑设计. 北京：中国建筑工业出版社，1992.
[10]   崔艳秋. 房屋建筑学课程设计指导. 北京：中国建筑工业出版社，2009.
[11]   本社编. 现行建筑设计规范大全（修订缩印本）. 北京：中国建筑工业出版社，2009.